# 工业设计概论
# （全新图解）

陈根◉编著

电子工业出版社·
**Publishing House of Electronics Industry**
北京·BEIJING

## 内 容 简 介

《工业设计概论（全新图解）》一书紧扣当今工业设计学的热点、难点与重点，涵盖了广义工业设计所包括的设计理论、设计思潮、设计因素、设计形态、设计美学、设计思维、设计心理、设计程序、设计管理、设计营销、设计价值及设计趋势共 12 个方面的内容，全面介绍了工业设计相关学科的相关知识和所需掌握的专业技能，知识体系相辅相成。同时，本书的各个章节中精选了很多与理论紧密相关的图片和案例，增加了内容的生动性、可读性和趣味性，易于广大读者及从业人员理解和接受。

**图书在版编目（CIP）数据**

工业设计概论：全新图解 / 陈根编著. —北京：电子工业出版社，2017.7

ISBN 978-7-121-31733-0

Ⅰ. ①工… Ⅱ. ①陈… Ⅲ. ①工业设计—高等学校—教材 Ⅳ. ①TB47

中国版本图书馆 CIP 数据核字（2017）第 123906 号

策划编辑：秦　聪
责任编辑：秦　聪
印　　刷：北京虎彩文化传播有限公司
装　　订：北京虎彩文化传播有限公司
出版发行：电子工业出版社
　　　　　北京市海淀区万寿路 173 信箱　邮编　100036
开　　本：787×1092　1/16　印张：16　字数：389 千字
版　　次：2017 年 7 月第 1 版
印　　次：2023 年 7 月第 8 次印刷
定　　价：69.00 元

凡所购买电子工业出版社图书有缺损问题，请向购买书店调换。若书店售缺，请与本社发行部联系，联系及邮购电话：(010)88254888，88258888。

质量投诉请发邮件至 zlts@phei.com.cn，盗版侵权举报请发邮件至 dbqq@phei.com.cn。

本书咨询联系方式：（010）88254568；qincong@phei.com.cn。

# Preface/前言

工业设计是以工业产品为主要对象，综合运用科技成果和社会、经济、文化、美学等知识，对产品的功能、结构、形态及包装等进行整合优化的集成创新。作为面向工业生产的现代服务业，工业设计产业以功能设计、结构设计、形态及包装设计等为主要内容。与传统产业相比，工业设计产业具有知识技术密集、物质资源消耗少、成长潜力大、综合效益好等特征。作为典型的集成创新形式，与技术创新相比，工业设计具有投入小、周期短、回报高、风险小等优势。随着"供给侧改革"在国内如火如荼地进行，消费者不断提升对产品的价值需求，作为制造业价值链中最具增值潜力的重要环节，工业设计对于提升产品附加值、增强企业核心竞争力、促进产业结构升级等方面具有不可估量的作用。

《工业设计概论（全新图解）》这本书紧扣当今工业设计学的热点、难点与重点，涵盖了广义工业设计所包括的设计理论、设计思潮、设计因素、设计形态、设计美学、设计思维、设计心理、设计程序、设计管理、设计营销、设计价值及设计趋势共 12 个方面的内容，全面介绍了工业设计相关学科的相关知识和所需掌握的专业技能，知识体系相辅相成，非常完整。同时，本书的各个章节中精选了很多与理论紧密相关的图片和案例，增加了内容的生动性、可读性和趣味性，易于广大读者理解和接受。

本书内容涵盖了工业设计的多个重要流程，在许多方面提出了创新性的观点，可以帮助从业人员深刻了解工业设计这门专业；帮助产品设计及制造企业确定未来产业发展的研发目标和方向，升级产业结构，系统地提升创新能力和竞争力；指导和帮助欲进入行业者加深产业认识和提升专业知识技能。另外，本书从实际出发，列举众多案例对理论进行通俗形象地解析，因此，还可作为学习产品设计、工业设计、设计管理、设计营销等专业的高校师生的教材和参考书。

因此，本书读者包含以下几类。

1. 工业设计行业内从事产品设计、品牌及企业管理、市场营销、生产技术等相关工作的人员。

2. 欲进入工业设计行业的创业、从业人员。

3. 设计咨询公司、设计公司、策划公司等相关从业人员。

4. 设计、管理、营销等专业的高校师生。

编著者

2017 年 7 月

Contents/目录

## 04 设计形态

# 05　设计美学

# 06　设计思维

## 12 设计趋势

# 第1章 设计理论

"所有人都是设计师。几乎我们在任何时候所做的任何事情，都是设计，因为设计是所有人类活动的基础。"

——维克多·巴巴纳克（Victor Papanek）

设计的终极目的就是改善人的环境、工具，以及人自身，其伴随"制造工具的人"的产生而产生的。设计是人类有目的地改变生存方式的创造性活动，是应用科技、经济、艺术的要素系统解决问题，以满足人类的物质需求和精神需求。人类通过设计活动将理想、情感、意志具体化、形象化、情趣化，使其成为人类传承文明、走向未来、不断创新、持续发展的工具和手段。

设计这个名字诞生并普及的契机，是18世纪末发生的工业革命。以往人类所制造的产品，都是由工匠手工制作的工艺品。但是自工业革命以来，产品开始量产，人类可以大量生产外形相同的东西。结果产品的形状愈趋粗劣，人类开始对整体性不够的外观产生不满，于是英国开始了名为"美术与工艺"的艺术运动，德国也出现了包豪斯设计学校，渐渐打下"设计"的概念。

20世纪80年代以来，以新材料、信息、系统科学等为代表的新一代科学技术的发展，极大地拓展了设计学学科的深度和广度，使设计学学科已趋向复杂化、多元化。传统的以造型和功能形式存在的物质产品的设计理念，开始向以信息互动和情感交流、以服务和体验为特征的当代非物质文化设计转化；设计从满足生理的愉悦上升到服务系统的社会大视野中。同时，随着人类社会步入经济全球化，生态资源问题、人类可持续发展问题向设计学的发展发起巨大的挑战。特别是人类进入21世纪，设计已成为衡量一个城市、一个地区、一个国家综合实力强弱的重要标志之一，设计作为经济的载体，已为许多国家政府所关注。全球化的市场竞争愈演愈烈，许多国家都纷纷加大对设计的投入，将设计放在国民经济战略的显要位置。

设计艺术在中国也取得了惊人的成就，特别是改革开放以来，中国的设计艺术教育飞速发展，越来越多的高等院校设置了设计艺术学专业。随着中国经济的迅猛发展，设计艺术不断发展成熟，设计艺术领域不断扩大，设计艺术科目逐渐增加，设计艺术作品层出不穷。

在中国的社会文化发展中，设计已经成为视觉文化中极为突出的一部分，而且被列为一系列相当重要的设计政治、设计经济、设计文化战略，其内容涵盖工业设计、视觉传达设计、环境艺术设计、动漫设计、信息艺术设计、创意产业设计等多个方面，设计艺术在现代化建设中已经占有举足轻重的地位。

目前设计在企业制造产品的过程中也是不可或缺的主角。设计不但可以与其他公司的商品相区别，也是展现企业形象的工具。那么，设计究竟是什么呢？

## 1.1　设计的概念

"设计"这个名词，英文是"design"，源自拉丁文的"designare"，意思是"以符号表示想传达的事情（计划）"。就此可知，设计原本不是指形状，而是计划。当工业时代来临，人类可以大量生产物品之后，必须先提出计划，说明制作过程及成品形式。当"designare"演变为"design"，并传入日本的时候，还被翻译为"图案"或"式样"。

图案一般是指平面，而式样则是用来形容立体物品。两个名字都带有强烈的视觉含义，但是要切记一点，这个词原本就有计划、规划的概念，"图案"中的"案"就有这个概念。比方说"人物设计"，就不单单只考虑人物的外观和形状，还包含人物资料设定。而生涯规划中的规划，也有"设计"生活的意义。从服装设计、汽车设计、海报设计来看，设计大体来说就是思考图案、花纹、形状，然后加以描绘或输出，广泛用来表示产品的形状（外观）。

那么，设计为何会存在呢？只是作为量产过程中的样本吗？设计到底是为了什么而诞生的呢？设计之所以存在，想必是因为"设计是人之所以为人所需要的元素之一。"当人类接触到美妙的设计时，心灵就为之撼动。功能性的设计增加使用方便性，带来舒适生活，而生活舒适，心情自然舒服，也就得到了安全感。

所谓设计，就是对于各种"物品"的创造，思考如何解决问题、什么样才叫美、如何平衡，提出计划、规划，然后以视觉方式表现出"物品"的形状，用美妙的设计来丰富人生。

## 1.2　设计的定义

"设计"既可以指一个活动（设计过程），也可以是一个活动或过程的结果（一个计划或一种形态），这是经常引起混乱的根源，因为通常用形容词的"设计"来指原创性的形态、家具、灯具或服装，而不会提到潜藏在背后的创造性过程。

国际工业设计学会理事会（ICSID）这个把全世界专业设计师协会聚集在一起的组织，对设计提出了如下定义。

### 1. 目标

设计是这样一项创造性活动——确立物品、过程、服务或其系统在整个生命周期中多方面的品质。因而，设计是技术人性化创新的核心因素，也是文化和经济交换的关键因素。

### 2. 任务

设计寻求发现和评估与下列任务在结构、组织、功能、表现和经济方面的关系。

（1）增强全球可持续性和环境保护（全球伦理）。

（2）赋予整个人类以利益和自由（社会伦理）。

（3）尽管世界越来越全球化，但支持文化的多样性。

（4）赋予产品、服务和系统这样的形态：具有一定表现性（语义学的）、和谐性（美学的）和适当的复杂性。

设计是一项包含多种专业的活动，包括产品设计、服务设计、平面设计、室内设计和建筑设计。

这个定义的优势在于，它避免了仅仅从输出结果（美学和外观）的观点来看待设计的误区，它强调创造性、一致性、工业品质和形态等概念。设计师是具有卓越的形态构想能力和多学科专业知识的专家。

另外一个定义使得设计的领域更接近于工业和市场。

工业设计是一项专业性服务，它为了用户和制造商的共同利益，创造和发展具有优化功能、价值和外观的产品和系统的概念及规格。

——美国工业设计师协会（IDSA）

这个定义强调了设计在技术、企业与消费者之间协调的能力。

在设计事务所中专门为企业和其品牌做包装和平面设计的设计师，更倾向于采用将设计、品牌和战略联系在一起的定义。

（1）设计与品牌：设计是品牌链中的一环，或者是向不同公众表达品牌价值的一种手段。

（2）设计与企业战略：设计是一种能够使企业战略可视化的工具。

设计是科学还是艺术，这是一个有争议的问题，因为设计既是科学又是艺术，设计技术结合了科学方法的逻辑特征与创造活动的直觉和艺术特性。设计架起了一座艺术与科学之间的桥梁，设计师把这两个领域互补的特征看成是设计的基本原则。

正如法国设计师罗格·塔伦（Roger Tallon）所说，设计致力于思考和寻找系统的连续性和产品的合理性。设计师根据逻辑的过程构想符号、空间或人造物，来满足某些特定需要。每一个摆到设计师面前的问题都需要受到技术制约，并与人机学、生产和市场方面的因素进行综合，以取得平衡。设计领域与管理类似，因为这是一个解决问题的活动，遵循着一个系统的、逻辑的和有序的过程（见表 1-1）。

表 1-1　设计的定义和特征

| 特征 | 设计定义 | 关键词 |
| --- | --- | --- |
| 解决问题 | "设计是一项制造可视、可触、可听等东西的计划。"——彼得·高博（Peter Gorb） | 计划　制造 |
| 创造 | "美学是在工业生产领域中关于美的科学"——丹尼斯·胡斯曼（D. Huisman） | 工业生产美学 |
| 系统化 | "设计是一个过程，它使环境的需要概念化并转变为满足这些需要的手段。"——A·托帕利安（A. Topalian） | 需求的转化过程 |
| 协调 | "设计师永不孤立，永不单独工作，因而他永远只是团体的一部分。"——T·马尔多纳多（T. Maldonado） | 团队工作协调 |

设计是一门综合性极强的学科，涉及社会、文化、经济、市场、科技、伦理等诸多方面的因素，其审美标准也随着这些因素的变化而改变。设计学作为一门新兴学科，以设计原理、

设计程序、设计管理、设计哲学、设计方法、设计批评、设计营销、设计史论为主体内容建立起了独立的理论体系。设计既要具有艺术要素又要具备科学要素，既要有实用功能又要有精神功能，是为满足人的实用与需求进行的有目的性的视觉创造。设计既要具有独创和超前的功能，又必须为今天的使用者所接受，即具有合理性、经济性和审美性。

设计是根据美的欲望进行的技术造型活动，要求立足于时代性、社会性和民族性。设计艺术表明了设计与艺术的天然联系，设计不能只是理性工具的设计，还必须是美的设计。在美学领域，设计的价值突出表现为审美价值，如果说实用价值和经济价值反映了设计的理性特质，那么审美价值则体现了设计的感性气质。

**[案例1-01]** *中国台北申办2016年世界设计之都广告宣传片《Design X Taipei》*

设计，不仅仅是一句口号、一种工具，更是一种对生活的极致理解和积极应对的态度，设计让城市更美好，人生亦美好。中国台北申办2016年世界设计之都的国际竞标影片，全长7分钟，却是制作团队长达10个月的呕心沥血之作：历经8次的提案、2个月的实景拍摄、6个月的动画及后期制作，从22个人物访谈、47个拍摄地点中，撷取精华剪辑完成。旨在将中国台北设计发展的特色与实力，透过高质量的影像内容加以演绎（见图1-1~图1-3）。整个片子透着一股精心雅致，体现了设计团队追求的精简细致和专属品质，也契合闽南地区固有的婉约性格。

图1-1　中国台北申办2016世界设计之都广告宣传片《Design X Taipei》

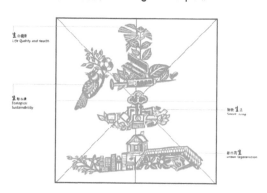

图1-2　中国台北申办2016世界设计之都Logo　图1-3　申办主题：不断提升的城市，设计实现市民生活愿景

## 1.3 设计的基本原则

### 1.3.1 功能性原则

人工物的设计制造首先是为了满足人们的物质需求，然后才能从事精神方面的创造。包豪斯设计学院的创始人格罗皮乌斯曾说："一件东西必须在各个方面都同它的目的性相配合，在实际上能完成它的功能，是可用的……换句话说，要满足它的实际功能，应该是耐用的、便宜的，而且是美的。"

产品设计的功能性原则,体现了人类务实、理性的精神，也是"以人为本"的折射。功能性原则一方面要求设计要达到效率、简便、安全、舒适等，满足人类的使用目的；另一方面要求设计要多样化，从单一功能向多功能开发。产品的功能性原则和时间因素、信息因素、消费因素等有关，即物与人之间、物与周围环境之间的关系必须协调。

**[案例 1-02] 藏桌椅的书柜**

乍看只是一组带有彩条边框的书柜，轻挪以后这些"彩条"即可分离出来一整套桌椅，非常符合如今的家具需求，特别适合小户型使用。书柜还可组合拆分摆放，灵活性极强（见图1-4）。

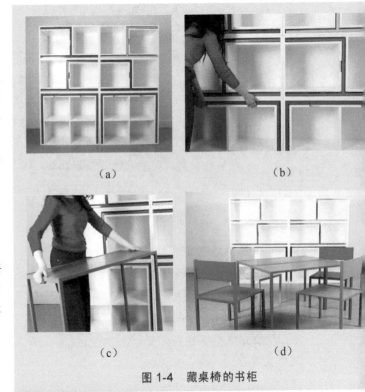

(a)　　　　(b)

(c)　　　　(d)

图 1-4　藏桌椅的书柜

### 1.3.2 经济性原则

人类自古在认识自然、改造自然的过程中，创造了辉煌的物质文明。要最大限度地使更多人共享人类文明成果，我们要求产品设计材料选用节约、加工制作低能耗，经济、科学、有效地设计出功能质量好、使用价值高、购买价格低的产品。这就是设计的经济原则。

经济性原则是设计人道主义的体现，可概括为"适用、经济、美观"，能为人们的经济条件所承受，并在激烈的市场竞争中赢得优势。设计与消费是不可分割的整体，任何商品都是一头连着设计与制作，另一头连着消费者与用户。设计制作的产品，只有经过流通领域到达消费者手中进行消费，才算实现了设计的价值。所以，设计时考虑经济原则至关重要。

比如，"不断降低成本从而降低价格"是宜家公司商业哲学中最重要的组成部分。宜家公司反复强化要为广大中低收入阶层的消费者提供物美价廉的商品和优质服务的理念，并把它真正贯彻到经营的各个环节里去。宜家公司的产品设计师在设计一件产品前，总会根据设计的定位，挑选品质相当的物料，并直接与供应商研究协调如何降低成本，同时又不至于太影响品质的制作方法。

**[案例 1-03] 超简约的洗手槽设计**

设计师 Victor Vasilev 设计了这个看起来超具线条性的洗手槽，整体利用玻璃和大理石制作而成，有着漂亮的现代化风格（见图 1-5）。

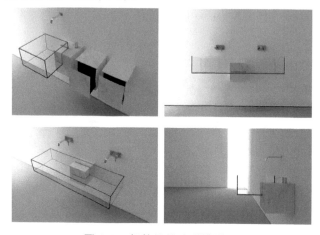

图 1-5　超简约的洗手槽设计

### 1.3.3　美观性原则

人们对物品的要求，一是功能上满足使用；二是审美上满足追求。爱美是人的天性，所以设计的审美原则与实用原则反映了人类的两大基本需求：生理需要和心理需要。

设计是一个有机系统，它一方面要使产品具有一定的使用功能，另一方面又需要有一定的美感，使其与人的审美心理达到一种和谐。设计不能只是理性的设计，还必须是美的设计，不仅要满足人们的物质需要，也要满足人们的精神需要，特别是对美的需要。我们要求产品既是实用的，又是美观的。

如果说实用价值和经济价值反映了设计的理性特质，那么审美价值则体现了设计的感性气质。今天，随着现代工业的发展和社会精神文明的快速提高，人们对审美的要求也越来越高。在产品的美观方面，形式美占有重要的地位，形式美的设计要从功能结构出发构建产品的形体秩序，尽可能简洁、清晰，摒弃无谓的附加装饰。

**[案例 1-04] 根据植物产生构想的新型灯具**

这款新型灯具根据植物的相关特点，采用混合手工制作的木制品和烧结 3D 打印，使其在一个复杂的扩散器中保持细腻，并且由花边状的图案和几何针孔组成。灯光投射阴影一闪而过，然后进入意想不到的视界形成紧凑的光晕（见图 1-6）。

图 1-6　根据植物产生构想的新型灯具

### 1.3.4　协调性原则

设计的使命是使设计物、相关环境、使用者构成一个完整和谐的整体。设计的总体原则，概括地说就是创造物的使用方式、使用功能和形式美关系协调的原则。"协调"是使这三者的关系和谐的总体原则。所谓"协调的有机组合"，就是指物体的内在结构、技术、材料等要素所构成的功能与人的物质需求协调；而物体的造型、色彩、肌理、光感等外在形式影响人的审美观念，满足人的精神需求。内外二者的组合构成了物体的品质和特性，也构成了物—人—环境协调的对应关联。

要实现"协调"，可用类聚手法，用类似的符号语言连续、重复使用；也可清晰显示产品的关键特征，使其总体形象突出；也可用对比的手法，使互相排斥、对立的因素达到整体协调和谐、主次分明的设计效果。

[案例 1-05]　折叠节水座便器

如果洗手间不够大的话，座便器会显得特别占用空间。这是一款名为 Iota 的折叠座便器，在不用时可以向上旋转折叠，靠在底座上，可大大节省空间，并且可以节水50%以上。这款座便器的最大特色在于其管道设计：在使用过程中，座便器内置的 U 型弯头和下水管道分离，并且能够保证密闭性。当把座便器收起，U 型弯头和下水管道重新接通，按下水箱的冲水按钮，即可把水和粪便一起排出。座便器内壁采用圆滑设计，减少污垢附着，水箱则尽量往前突出，增加冲水时的力量（见图1-7）。

图 1-7　折叠节水座便器

### 1.3.5　人性化原则

人是设计的核心。设计必须要考虑到人的需要，直到每一个细节。比如 3 岁以下的儿童玩具的设计，绝不允许出现可拆卸的小零部件，以免幼儿误食。人性化原则还应该考虑到全社会、全人类的生存发展问题。我们可以把设计的美分成内在美和外在美。内在美指的是设计本身包含的对人性的关怀，外在美是指设计外表形态的优美。

人们一度只追求产品功能，20世纪60年代以后，越来越多的设计师开始积极地思考设计物将对周围各种环境会产生怎样的影响，人与物与自然环境之间是否保有互相依存、互促共生的关系等人类可持续发展问题。人性化价值模式产生于现代设计成熟以后，倡导以人为轴心展开设计思考，考虑个体的人、群体的人、社会的人之现实利益与长远利益的结合。

人性化价值模式将以下因素作为设计的出发点：从人的需求动机出发，研究人的生理需求、心理需求甚至智性需求；从人机工学角度出发，研究运动学因素、动量学因素、动力学因素、心理学因素、美学因素；从审美渗透层面出发，通过设计物呈现理想的美学规律，塑造技术与艺术统一的审美形态；从环境因素出发，使设计物在物理方面、风格形式方面与周围环境呈现正态融合；从文化要素出发，使设计物成为一定传统、习俗、价值观的观照物。进入后工业社会，设计的人性化价值模式越来越受到世人重视。

[案例1-06] 啤酒包装设计

这个啤酒包装设计的设计灵感来自冰袋，轻便、简单，而且包装环保设计，可以循环再利用。"Leuven"这种新的设计"牢不可破"，无需担心啤酒会漏出来，每袋拥有330毫升的容量，而且成本低、易生产（见图1-8）。

图1-8　啤酒包装设计

## 1.3.6　可持续性原则

设计的宗旨在于创造一种优良的生活方式，而生态与环境是这种生活方式最基本的前提。优秀的产品设计应该有助于引导一种能与生态环境和谐共生的、正确的生活方式。优秀的设计除了反映出设计师的审美感，还需要考虑市场机遇、人机工程学意义。

人是环境的产物，产品也是环境的组成部分，优秀的产品设计应当在"产品—人—环境"三者之间的关系中，始终处于一种和谐有序的状态。进入20世纪下半叶，对人友好，对环境友好的生态设计受到提倡。对人友好，指的是设计应该有利于人的身心健康、有利于改善人际关系，有利于改善家庭关系和社会关系，有利于改善人的精神心理问题和社会问题。对环境友好，指的是设计在满足使用要求的同时，在制造、应用和回收处理中需要较少资源，对环境造成较少负担。德国未来和技术评价研究所对生态设计提出了一些基本原则：把原材料减到最小；选择无害材料；采用模块化结构，使部件容易安装、拆卸、更换；提高部件标准化，减少部件数目；提高寿命，提高可维修性，提高可维护性；采用易再生的原材料和部件；避免包装，或使用可再使用的、可循环的、可分解的包装材料；提高产品多用途性。

### [案例 1-07] 印度自然风格建筑结构

　　Vana 装置由总部设在伦敦的建筑事务所 Orproject 为"印度设计论坛"所设计，以一系列的算法，数字生成的打开和闭合脉序图案，用来模拟灌木的生长。该系统由一组种子点生长和分支走向为靶点的最大限度地暴露于每一叶片的光。产生的几何形状满足这些要求，为植物提供一个合适的结构和循环系统（见图 1-9）。

### 1.3.7　创新性原则

　　我们所处的信息社会，信息浪潮蜂拥而来，从产品本身来看，任何一件产品都有生命周期，都不能是永恒的。产品从开发、设计到生产、销售，需要经历新生期、成长期、成熟期、衰退期的过程。因此，设计中不变是相对的，变化是绝对的。我们的设计要能预测未来将要流行的趋势，制定导向性的设计目标和策略，在创新、变化中不断前进。

图 1-9　印度自然风格建筑结构

### [案例 1-08] 弯把雨伞

　　这款软把雨伞有一定柔软度的把手可以随意改变形状，缠绕在背带或门把手上，或者弯曲成一个"平面"，可以倚靠着墙面放置（见图 1-10）。

图 1-10　弯把雨伞

# 第 2 章　设计思潮

以工业革命开端的工业史的演进，持续了有将近一百年之久，就当时的工业技术而言，无论是工程师或是设计师，他们所设计出的产物，都必须迁就于现有的钢铁材料与制造技术。随着社会不断地演变，设计活动到了 20 世纪已经分工为许多专业的领域，且影响到设计发展形式，其中牵涉到许多因素，而工业技术的进展是一个主要因素，还有经济市场、社会文化与结构，以及人类生活形态等外在的影响；而属于设计本身内在的因素有美学、生态学、人类心理学、文化哲学等。

## 2.1　现代设计及演变

### 2.1.1　包豪斯设计

包豪斯是 1919 年在德国魏玛成立的一所设计学院，是世界上第一所推行现代设计教育、有完整的设计教育宗旨和教学体系的学院，其目的是培养新型设计人才。包豪斯经过设计实践，形成了重视功能、技术和经济因素的正确的设计观念，其设计思想的核心为：坚持艺术与技术的新统一；设计的目的是人而不是产品；设计必须遵循自然与客观的法则进行。这些观点对现代工业设计的发展起到了积极作用，使现代设计逐步由理想主义走向现实主义，即用理性的、科学的思想来替代艺术上的自我表现和浪漫主义。包豪斯的历史虽然比较短暂，但在设计史上的作用是重要的。

现代设计运动的蓬勃兴起对传统的设计教育体系提出了新的课题，把 20 世纪以来在设计领域中产生的新概念、新理论、新方法与 20 世纪以来出现的新技术、新材料的运用，融入一种崭新的设计教育体系之中，创造出一种适合工业化时代的现代设计教育形式，这也是新时代提出的新任务。真正完成这一使命的就是包豪斯，其对于现代设计乃至人类文明创造的贡献是巨大的，特别是它的设计教育有着深远的影响，其教育体系至今仍被世界大多数国家沿用。

（1）包豪斯创立的设计教育体系奠定了现代设计教育的结构基础，伊顿创立的基础课使视觉教育建立在科学的基础之上，而不是个人的感觉基础之上。

（2）包豪斯确立了以人为中心，以理性主义为基础的设计观。

（3）在设计观念上，包豪斯建立了以解决问题为中心的设计体系，成为现代设计的理念核心。

（4）包豪斯采用现代材料和标准化生产方式，奠定了现代工业产品设计的基本面貌。

图 2-1　马歇尔·布鲁耶设计的钢管桌

（5）包豪斯开始建立与工业界、企业界的联系，使学生体验工业生产和设计之间的关系，开创了设计教育与工业生产联系的先河（见图 2-1）。

（6）包豪斯的设计原则后来被奉为经典现代主义，成为 20 世纪 90 年代兴起的新现代主义的典范。

（7）1973 年以后，包豪斯的大师们先后来到美国，对美国的现代主义设计产生了巨大影响。其后，美国的现代主义设计演变成国际主义风格，并进一步影响到全世界。

包豪斯培养出的杰出建筑师与设计师把 20 世纪的建筑与设计推向了一个新的高度，相比之下，包豪斯设计出来的实际工业产品在范围或数量上都并不显著，包豪斯的影响不在于它的实际成就，而在于它的精神，包豪斯的思想一度被奉为现代主义的经典。

但随着对包豪斯研究的深化，它的局限性也逐渐为人们所认识。例如包豪斯为了追求新的、工业时代的表现形式，在设计中过分强调抽象的几何造型，从而走上了新的形式主义道路，有时甚至破坏了产品的使用功能。另外，严格的几何造型和对工业材料的追求使产品具有一种冷漠感，缺少人情味。对于包豪斯最多的批评是针对所谓"国际风格"的，由于包豪斯主张与传统决裂并倡导几何风格，对各国建筑与设计的文化传统产生了巨大冲击，从事实上消解了设计的地域性、民族性。

### 2.1.2　国际主义设计

现代主义经过在美国的发展成为国际主义风格，在 20 世纪 60～70 年代发展到登峰造极的地步，影响了世界各国的设计。国际主义设计具有形式简单、反装饰性、系统化等特点，设计方式上受"少即是多"原则影响较深，并逐步发展为形式上的减少主义。从根源上看，美国的国际主义与战前欧洲的现代主义运动是同源的，是包豪斯领导人来到美国后发展出的新的现代主义。但从意识形态上看，二者却有很大差异，现代主义的民主色彩、乌托邦色彩荡然无存，变为一种单纯的商业风格，变成了"为形式而形式"的形式主义追求。20 世纪 80 年代以后，国际主义开始衰退，简单理性、缺乏人情味、风格单一、漠视功能引起青年一代的不满是国际主义式微的主要原因（见图 2-2）。

### 2.1.3　后现代主义设计

20 世纪 60 年代，西方一些国家相继进入了所谓"丰裕型社会"，注重功能的现代设计的一些

图 2-2　米斯·凡·德·罗和菲利普·约翰逊设计的西格拉姆大厦

弊端逐渐显现出来，功能主义从20世纪60年代末期的被质疑发展到了严重的减退和危机。生活富裕的人们再也不能满足功能所带来的有限价值，而需求更多更美更富装饰性和人性化的产品设计，催生了一个多元化设计时代的到来。1977年，美国建筑师、评论家查尔斯·詹克斯在《后现代建筑语言》一书中将这一设计思潮明确称作"后现代主义"。

后现代主义的影响首先体现在建筑领域，而后迅速波及其他领域如文学、哲学、批评理论及设计领域中。一部分建筑师开始在古典主义的装饰传统中寻找创作的灵感，以简化、夸张、变形、组合等手法，采用历史建筑及装饰的局部或部件作元素进行设计。后现代主义最早的宣言是美国建筑师文丘里于1966年出版的《建筑的复杂性与矛盾性》一书。文丘里的建筑理论"少就是乏味"的口号是与现代主义"少即是多"的信条针锋相对的。另一位后现代主义的发言人斯特恩把后现代主义的主要特征归结为三点：文脉主义、隐喻主义和装饰主义。他强调建筑的历史文化内涵、建筑与环境的关系和建筑的象征性，并把装饰作为建筑不可分割的部分。后现代主义在20世纪70~80年代的建筑界和设计界掀起了轩然大波。在产品设计界，后现代主义的重要代表是意大利的"孟菲斯"设计集团。针对现代主义后期出现的单调的、缺乏人情味的理性而冷酷的面貌，后现代主义以追求富于人性的、装饰的、变化的、个人的、传统的、表现的形式，塑造多元化的设计特征。

如图2-3所示为文丘里为母亲设计的别墅，住宅采用坡顶，它是传统概念可以遮风挡雨的符号。主立面总体上是对称的，细部处理则是不对称的，窗孔的大小和位置是根据内部功能的需要设计的。山墙的正中央留有阴影缺口，似乎将建筑分为两半，而入口门洞上方的装饰弧线似乎有意将左右两部分连为整体，成为互相矛盾的处理手法。平面的结构体系是简单的对称，功能布局在中轴线两侧则是不对称的。中央是开敞的起居厅，左边是卧室和卫浴，右边是餐厅、厨房和后院，反映出古典对称布局与现代生活的矛盾。楼梯与壁炉，烟囱互相争夺中心则是细部处理的矛盾，解决矛盾的方法是互相让步，烟囱微微偏向一侧，楼梯则是遇到烟囱后变狭，形成折中的方案，虽然楼梯不顺畅但楼梯加宽部分的下方可以作为休息的空间，加宽的楼梯也可以放点东西，二楼的小暗楼虽然也很别扭但可以擦洗高窗。既大又小指的是入口，门洞开口很大，凹廊进深很小。既开敞又封闭指的是二层后侧，开敞的半圆落地窗与高大的女儿墙。文丘里自称是"设计了一个大尺度的小住宅"，因为大尺度在立面上有利于取得对称效果，淡化不对称的细部处理。平面上的大尺度可以减少隔墙使空间灵活经济。

**图2-3　罗伯特·文丘里为其母亲设计的栗子山庄别墅**

### 2.1.4　高技术风格

高技术风格源于20世纪20~30年代的机器美学，反映了当时以机械为代表的技术特征。其实质是把现代主义设计的技术因素提炼出来，加以夸张处理，形成一种符号的效果，赋予工业结构、工业构造和机械部件以一种新的美学价值和意义，表现出非人情化和过于冷漠的特点。高科技风格是现代技术在设计艺术中应用的具体体现，强调技术和商品味，首先表现在建筑领域，而后发展到产品设计之中。其特征是强调精细的技术结构，讲究现代工业材料和工业加工技术的运用，把现代主义设计中技术成分提炼出来，加以夸张处理，形成一种符号的效果，赋予工业构造、机械部件以美学价值，达到具有工业化象征性的特点。高技术风格最为轰动的作品是英国建筑师皮阿诺和罗杰斯设计的巴黎蓬皮杜国家艺术和文化中心（见图 2-4）。

图 2-4　巴黎蓬皮杜国家艺术和文化中心

## 2.1.5　波普风格

波普风格又称"流行风格"，它代表着 20 世纪 60 年代工业设计追求形式上的异化及娱乐化的表现主义倾向。从设计上来说，波普风格并不是一种单纯的、一致性的风格，而是多种风格的混杂。它追求大众化的、通俗的趣味，在设计中强调新奇与独特，并大胆采用艳俗的色彩。波普艺术设计产生于 20 世纪 50 年代中期，一群青年艺术家有感于大众文化的兴趣，而以社会生活中最大众化的形象作为设计表现的主题，以夸张、变形、组合等诸多手法从事设计，形成特有的流派和风格。波普艺术设计的主要活动中心在英国和美国，反映了第二次世界大战后成长起来的青年一代的社会与文化价值观，力图表现自我，追求标新立异的心理，并打破了工业设计局限于现代国际主义风格过于严肃、冷漠、单一的面貌，代之以诙谐、富于人性和多元化的设计，它是对现代主义设计风格的具有戏谑性的挑战。设计师在室内、家具、服饰等方面进行了大胆的探索和创新，其设计挣脱了一切传统束缚，具有鲜明的时代特征。其市场目标是青少年群体，迎合了青年的桀骜不驯、玩世不恭的生活态度及其标新求异、用毕即弃的消费心态。由于波普风格缺乏社会文化的坚实依据，很快便消失了。波普风格设计的本质是形式主义的，它违背了工业生产中的经济法则、人机工程学原理等工业设计的基本原则，因而昙花一现。但是波普设计的影响是广泛的，特别是在利用色彩和表现形式方面为设计领域吹进了一股新鲜空气（见图 2-5~图 2-7）。

图 2-5　波普艺术风格服饰　　图 2-6　波普艺术风格室内装修　图 2-7　波普艺术风格海报

图 2-8　弗兰克·盖里设计的迪斯尼音乐厅

图 2-9　意大利维罗纳 Castelvecchio
博物馆庭院景观设计

图 2-10　公共候车亭设计

图 2-11　苏州博物馆

### 2.1.6　解构主义风格

解构主义是对正统原则、正统秩序的批判与否定。它从"结构主义"中演化而来，其实是对"结构主义"的破坏和分解。解构主义风格的特征是把完整的现代主义、结构主义、建筑整体破碎处理，然后重新组合，形成破碎的空间和形态，是具有个人性、随意性的表现特征的设计探索风格，是对正统的现代主义、国际主义原则和标准的否定和批判。（见图 2-8~图 2-10）。

### 2.1.7　新现代主义风格

20 世纪 60 年代后，设计领域出现了一种复兴 20 世纪 20~30 年代的现代主义，它是一种对于现代主义进行重新研究和探索发展的设计风格，坚持了现代主义的一些设计元素，在此基础上又加入了新的简单形式的象征意义。因此，"新现代主义风格"既具有现代主义严谨的功能主义和理性主义特征，又具有独特的个人表现。

"新现代主义风格"有着现代主义简洁明快的特征但不像现代主义那样单调和冷漠，而是带点后现代主义活泼的特色，是一种变化中有严谨、严肃中见活泼的设计风格。这种独特的设计风格在 20 世纪 60~70 年代极为流行的同时也深深影响了后来的设计界，以至于在当代的一些展览展示设计中依然得到追捧。

"新现代主义风格"所强调的是几何形结构及白色、无装饰的、高度功能主义形式的设计风格。在现代的一些展览展示设计中，这种设计风格被广泛借鉴和利用，比如苏州博物馆的设计，它的建造成为苏州著名的传统而不失现代感的建筑（见图 2-11）。整个屋顶由各种简单的几何形方块组成，看似比较单调，给人一种冷冷的感觉，但设计师将这些看似死板的几何形方块运用科技的力量打造出了一种奇妙的几何形效果，有趣活泼，摆脱了呆板的现状，而且玻璃屋顶与石屋顶的有机结合，金属遮阳片与怀旧的木架结构的巧妙使用，将自然光线投射到馆内展区，既方便了参观者，又营造了一种"诗中有画，画中有诗"的意境美，这充分体现了"新现代主义风格"所追求的功能主义审美倾向。除此之外，博物馆的外观上无太多装饰，大部分采用苏州当地住宅的特色，白墙灰砖，原始自然，使原本生硬的几何造型平添了几分诗意。

### 2.1.8　绿色设计

又称为"生态设计"、"生命周期设计"，是 20 世纪 90 年代开始兴起的一种新的设计方式。绿色设计源于人们对现代技术文化所引起的环境及生态破坏的反思，体现了设计师的道德和社会责任心的回归。设计师转向从深层次上探索工业设计与人类可持续发展的关系，力图通过设计活动，在人—社会—环境之间建立起一种协调发展的机制。

绿色设计着眼于人与自然的生态平衡关系，在设计过程的每一个决策中都充分考虑到环境效益，尽量减少对环境的破坏。不仅要尽量减少物质和能量的消耗、减少有害物质的排放，而且要使产品及零部件能够方便地分类回收并再生循环或重新利用。

绿色设计的核心原则是 3R 原则：减少原则（Reduce），减少对物质和能源的消耗及有害物质的排放；再使用原则（Reuse），设计时要使产品及其零部件经过处理之后能继续被使用；再循环原则（Recycling），即设计应考虑产品材料的可回收性。

绿色（生态）设计是从产品制造业延伸到产品包装、产品宣传及产品营销各个环节，并且进一步扩展至全社会的绿色服务意识、绿色文化意识等领域，是一个牵动着全社会的生产、消费与文化的整体行为。

绿色设计不仅是一种技术层面的考量，更重要的是一种观念上的变革，要求设计师放弃那种过分强调产品在外观上标新立异的做法，而是以一种更负责任的方法去创造产品的形态，用更简洁、更长久的造型使产品尽可能地延长使用寿命。绿色设计，旨在营造更美好的生活环境，重新审视自然界与人类的共生方式，设计在满足人的生理和心理需要的同时，又注意人与自然环境的和谐共处。

如图 2-12 所示的绿色摩天大厦由国际著名的生态建筑大师杨经文所设计，它是基于建筑的绿化带，通过环境友好型设计理念建立的完全依靠自己的生态系统。

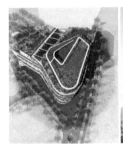

图 2-12　新加坡融合城市绿色摩天大厦

## 2.2　代表性国家的设计发展

20 世纪初，自德国开始倡导工业设计的活动之后，其他如英国、法国、意大利等工业进步的国家也纷纷开始推动工业设计的政策，并在二次大战后流传到美国、加拿大及日本等国家与地区。20 世纪中期，"工业设计"已渐渐地立足于当代的工业社会，它应用了工业生产的技术与新型材料，并考虑使用者本身需求，为使用者的各种需求条件量身定制。一般以强大工业为基础的国家，发展工业设计的脚步就非常快，因为当时的设计产物，都以量产的方式，也就是以工业制造生产商品和生活用品。近代各大工业国的工业设计特色现况如表 2-1 所述。

表 2-1　近代各大工业国的工业设计特色

| | |
|---|---|
| 德国的设计 | 藉由强大的工业基础，将工业生产的观念带进了设计的标准化理念，成功地将设计活动推向现代化。包豪斯时期，将工业设计的理念延续，融合了艺术元素；将"美学"的概念带入了设计，除了改进标准化之外，更加强了功能性的需求 |
| 意大利的设计 | 流线型风格，细腻的表面处理创造出一种更为优美、典雅、独特的具有高度感、雕塑感的产品风格，表现出积极的现代感。其形态充满了国家的文化特质，以鲜艳的色彩搭配了中古时期优雅的线条 |
| 英国的设计 | 在产品设计上，传统的皇室风格是他们的设计守则，其特色多为展示视觉的荣耀、尊贵感，从他们的器皿、家具、服饰都可以看得出来，精美的手工纹雕形态，以及曲线和花纹的设计，透露出保守的作风 |
| 北欧的设计 | 北欧设计究竟美在哪里？最简单的说法，就是那从生活上的每一个动作或是地方，让生活里的每一件平凡事物变成美丽的态度；最终目的是追求美的表现与优质生活，无论是餐厅侍者的动作或谈吐，街上的垃圾桶或是候车亭，简单朴实但都重视品味，不过分装饰，服饰、建筑、公共艺术、餐厅内部、杯子、椅子等大大小小的每一样都经过精心的设计考虑，甚至于医院排队领药的过程也有设计，一切都是在追求最美的感受 |
| 美国的设计 | 有流线型所遗留下来的自由风格，并学习了德国的功能主义，产品中强化功能性的操作接口，由于有着深厚的科技与工业技术，着重于材料与技术的改良，并持续发展整合性的产品，到了 2000 年后，尤其是引进了数字科技，在电子、生活产品设计上，强调的智慧型与人性化的界面设计，苹果电脑就是一个相当成功的例子 |
| 日本的设计 | 源由传统的工艺与文化之形态、材质的精神，追求简朴、自然，以童稚的纯真、最基本的元素，注入了更多的创意，设计处理不仅是外观而已，更能以严谨、内敛的细腻与雅致的态度，在产品的造型上追求创新并融入雅典的协调。让传统的文化工艺美学重新得到了消费者的尊重与喜好。知名的设计师有喜多俊之、原研哉、深泽直人、安藤忠雄等 |

## 2.2.1　德国设计

德国素有"设计之母"的称号，为催生现代设计最早的国家之一，也是全世界先进国家中最致力于推动设计的国家。德国设计史主要包括三个阶段：德国工作联盟（The DeutscheWerkbu）、包豪斯（Bauhaus 1919—1933）和乌姆设计学院（The Ulm Hoschschule）。

在第一次世界大战前，德国工作联盟在 1907 年已开始发展设计，藉由强大的工业基础，将工业生产的观念带进了设计的标准化理念，成功地将设计活动推向现代化。到了包豪斯时期，更将工业设计的理念延续，并融入了艺术元素；而他们将美学的概念带入设计，除了改进标准化之外，更加强了功能性的需求。德国在 1945 年后，努力复兴他们先前在设计上的成就，在工程方面，机械形式加速标准化和系统化，是设计师和制造商的最爱。技术美学思想发展最快的是在 20 世纪 50 年代的乌姆设计学院，其确立德国出现"新机能主义"的基础，该校师生所设计的各种产品，都具备了高度形式化、几何化、标准化的特色，其所传达的机械美学，确实继承了包豪斯的精神，并将功能美学持续发展，除此之外，还引入了人因工程和心理感知的因素，使设计出的产品更合乎人性化的原则，形成高质量的设计风格。

德国的设计教育理念，更影响到世界各地，由于受到包豪斯的影响，战后的德国设计活动复苏得很快，并秉持着现代主义的理性风格，以及系统化、科技性及美学的考虑，其产品形态多以几何造型为主。例如，布朗公司（Braun）所生产的家电产品就是以几何形状为设计风格。德国的设计对工业材料的使用相当谨慎，不断地研究新生产技术，以技术的优点来突破不可能的设计瓶颈，并以工业与科技的结合带领设计的发展与研究，此种风格也影响到后来日本的设计形式。而 Ulm 和电器制造商布朗牌（Braun）的设计关系密切，奠定了德国新理性主义的基础。

1956 年布朗公司推出了著名的 SK4 唱机（被称为白雪公主的棺材），它的设计者便是我们熟知并且敬仰的德国工业设计大师迪特·拉姆斯，不久，迪特·拉姆斯便成为布朗最具影响力的设计师并且领导布朗的设计队伍近 30 年之久，很多他当时的设计作品现在早已经被现代艺术博物馆永久珍藏（见图 2-13）。

图 2-13　SK4 唱机

德国的工业企业一向以高质量的产品著称世界，德国产品代表优秀产品，德国的汽车、机械、仪器、消费产品等，都具有非常高的品质。这种工业生产的水平，更加提高了德国设计的水平和影响。意大利汽车设计家乔治托·吉奥几亚罗为德国汽车公司设计汽车，生产出来的质量却比其在意大利设计的汽车要好得多，因而显示出问题的另外一个方面：产品质量对于设计水平的促进作用。德国不少企业都有非常杰出的设计，同时有非常杰出的质量水平，比如克鲁博公司（Krups）、艾科公司、梅里塔公司（Melitta）、西门子公司、双立人公司等，德国的汽车公司的设计与质量则更是世界著名的。这些因素构成了德国设计的坚实面貌：理性化、高质量、可靠、功能化、冷漠特征（见图 2-14~图 2-16）。

图 2-14　Krups B100 Beertender　　图 2-15　双立人 TWIVIGL　　图 2-16　保时捷汽车
　　　　啤酒机　　　　　　　　　　　　　锅具三件套

德国的企业在 20 世纪 80 年代以来面临进入国际市场的激烈竞争。德国的设计虽然具有以上那些优点，但是以不变应万变的德国设计在以美国的有计划的废止制度为中心的消费主义设计原则造成的日新月异的、五花八门的新形式产品面前，已经非常困窘了。因此，出现了一些新的独立设计事务所，为企业提供能够与美国、日本这些高度商业化的国家的设计进行竞争的服务。其中最显著的一家设计公司是青蛙设计。这个公司完全放弃了德国传统现代主义的刻板、理性、功能主义的设计原则，发挥形式主义的力量，设计出各种非常新潮的产品来，德国越来越多的企业开始尝试走两条道路：德国式的理性主义，主要为欧洲和德国本身的市场；国际主义的、前卫的、商业的设计，主要为广泛的国际市场。

在平面设计方面，德国也同样有自己鲜明的特点。德国功能主义、理性主义的平面设计也是从乌尔姆设计学院发展起来的，乌尔姆学院的奠基人之一——德国杰出的设计家奥托·艾舍在形成德国平面设计的理性风格上起到很大的作用。他主张平面设计的理性和功能特点，强调设计应该在网格上进行，才可以达到高度次序化的功能目的。他的平面设计的中心是要求设计能够让使用者用最短的时间阅读，能够在阅读平面设计文字或者图形、图像时有最高的准确性和最低的了解误差。1972 年，艾舍为在德国慕尼黑举办的世界奥林匹克运动会设计全部标志，他运用了这个原则，设计出非常理性化的整套标志来。通过奥林匹克运动会，他的平面设计理论和风格影响了德国和世界各国的平面设计行业，成为新理性主义平面设计风格的基础。而 1968 年的墨西哥奥运会的设计师 Otl Aicher 在色彩的运用上特意回避了德国的专色——红与黑，而是用冷静而不乏活力的蓝绿搭配贯穿，提倡的"功能至上"和"少就是多"的设计理念，通过色彩、图表和网格对各类信息进行规范和系统管理，实现从平面视觉体系到场馆规划、指示系统等全方位的整合（见图 2-17~图 2-19）。

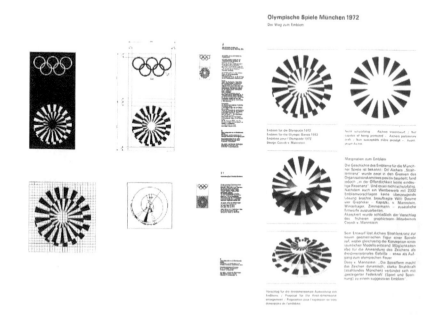

**图 2-17** 右上为被拒绝的第一版设计，左上是由 Coordt von Mannstein 完成的最终设计

图 2-18　Aicher 使用网格设计 180 个图标的例子之一

图 2-19　Aicher 使用运动员的图形设计海报，表现聚集在奥运会的不同的国家

## 2.2.2　美国设计

美国在 20 世纪初期的工业设计发展中，追求一种物质文化的享受（Material culture）。20 世纪 30 年代美国设计事业上有几个重要的突破：率先创造了许多独立的工业设计行业；设计师们自己开业，保留自由的立场而为大型制造公司工作。这些美国新一代的设计师专业背景

各异，不少曾经从事与展示设计或是平面设计相关的行业，如橱窗设计、舞台设计、广告牌绘画、杂志插画等，不少人甚至没有正式的高等教育背景。他们设计的对象也比较繁杂，在他们承接的工业设计事务中，从汽水到火车头设计都有。

第二次世界大战后，美国国力突起，工业引领了设计活动，而经济的进步带领了美国人热络的消费。在电子科技引入商业策略方面，美国 Sears Robebuck 公司首先提供邮购及电视购物的服务，促进美国人大量的消费行为。

图 2-20　大型购物中心

在美国的许多郊区，盖了一些大型购物中心（Shopping mall），不仅提供大量的产品消费来源，也借此带动国人的休闲风潮，以逛购物中心作为休闲的主要活动，提升了整体美国人的生活水平（图 2-20）。而在设计策略的规划下，设计的产物攻占了家庭生活圈，电视是当时美国人家庭生活的重心之一，这与日本人完全以工作为重心的生活形态相比较，有很大的差别。

另外，在建筑方面，20 世纪初期，美国人带领建筑界发展所谓的摩天大楼（Skyscrapers），在各大都市盖起以商业办公为主的高楼大厦，例如：美国纽约市的帝国大厦 Pan-American Exposition Empire State Building（图 2-21）、芝加哥的史考特百货公司（Designed by Louis Sullivan）（图 2-22），这也导因于科技的进步所带领的美国建筑设计发展形态。美国人的求新与冒险精神，使设计活动在美国本土大量地发展，并扎下很深的根基，促使美国成为全世界最大的产品消费市场。由于美国政府与民间企业极力投资高科技的研究，举凡计算机、电子技术、材料改良、太空计划、医学工程、工业技术、生产制程、能源开发等，都在刺激设计整合行为的发展，也因此，美国的工业设计急速地进步，并使得美国成为世界第一强国。

图 2-21　Pan-American Exposition Empire State Building

美国的工业设计理念倡导简单和品质，并大量地发挥于工商业的消费。一位来自法国移民的设计大师雷蒙·罗维（Raymond Loewy），在第一次世界大战后来到美国，为美国各大企业（Coca Cola、Grey Haund、PennRaid Road，NASA、General Motor）设计了大量的商品或交通工具，成为家喻户晓的设计师，他的设计理念为"设计就是经营商业"，且其相

图 2-22　Carson Pirie Scott

当注重产品的外观，影响非常深刻（见图 2-23）。到 2000 年，后起之秀——Apple 计算机，经过其设计师重新诠释计算机的接口，创造了在全世界大受欢迎的 iBook、iPod 及 iPhone，成功转换了工业设计的新思维理念，打破了传统黑盒子式的电子产品形象，成功地奠定 Apple 在计算机市场的地位（见图 2-24）。

图 2-23　1955 年罗维重新设计了可口可乐的玻璃瓶，去掉了瓶子上的压纹，代替了白色的字体

图 2-24　iPod nano

### 2.2.3　英国设计

英国的设计被专家评判为：有风范、坦率、普通、不极端、结实、诚实、适度、家常、缺少技巧、缺少魔力、沉默寡言、清楚的和简单的感觉，因其一直执著于工业技术主导设计，无法接受美学的论点。英国的设计风格在设计史上占有相当重要的地位，主要因为英国是工业革命的发源地，而后又有抗争工业革命的美术工艺运动和新艺术运动。但到了 20 世纪，其设计文化与技术有了相大的改变，这与整个英国的保守与皇室民族性有着相当大的关系。

由于受到 19 世纪的美术工艺运动及战后经济萧条的影响，英国工业设计的发展并无显著进步，尤其在 20 世纪 50 至 60 年代，设计的发展并无现代社会、文化的融入，乃是学习美国和意大利的流行设计风格。虽然英国也是最早发起工业设计运动的国家之一，但是受到保守的古老文化传统影响，英国工业设计发展受到很大的限制，尤其战后的工业一蹶不振，传统的制造业与冶金工业无法与美国和德国的新兴工业（精密电子、计算机科技）国家相比，所以无法以技术带领设计的发展。

英国在设计行业中较有成就的有建筑和室内空间设计，英国皇家建筑师学会（Royal Institute of British Architects）设有全世界最完善的建筑工程管理制度，其行政管理、估价、施工、材料、设计流程、设计法规等守则为最有系统的组织。一些早期的设计方法论、设计流程、设计史等设计理论，都是由英国许多学者着手创始的。英国出现了几位世界级的建筑大师，如设计法国巴黎蓬皮杜中心的 Richard Rogers、设计中国香港上海银行的 Norman Foster（见图 2-25），以及设计德国斯图加特

图 2-25　Norman Foster 设计的中国香港上海银行

现代艺术馆的 James Stirling 等。在产品设计上，英国的设计以传统的皇室风格为他们的设计守则，其特色多为展示视觉的荣耀、尊贵感，从他们的器皿、家具、服饰都可以看出，精美的手工纹雕形态及曲线和花纹的设计，仍存在保守的作风。到了 20 世纪 80 年代，一些年轻的设计师纷纷出现，他们有了新的理念和方法，才渐渐地卸掉多年来的包袱，开始追求现代科技的新设计。

### 2.2.4　意大利设计

意大利在第二次世界大战后的政局稳定，而社会、经济、文化的进步，使工业如雨后春笋般蓬勃。经过短短的半个世纪，其从世界大战的废墟中蜕变成一个工业大国，而它的设计在国家繁荣富强的过程中，扮演着重要的角色。战后 1945—1955 年间，为奠定意大利现代设计风貌的重要阶段。20 世纪 50 年代意大利在设计中崛起，由于战后来自于美国大规模的经济援助与工业技术援助，顺带将美国的工业生产模式引入意大利，进而出现了一系列世界级的设计成果，比如，汽车设计、时装设计、家具设计、首饰设计等，创造了精巧独特的设计风格，是别的国家无法比拟的。一直到今天，众多产业如服装、家具、生活用品、汽车等，意大利设计已经是全世界顶尖设计的代名词。

美国的流线型风格对意大利设计有重大的影响，使意大利的设计通过细腻的表面处理创造出一种更为优美、典雅、独特、具高度感雕塑感的产品风格，表现出积极的现代感。意大利多年来盛享设计王国的美名，从流行服饰、居家用品、家具、汽车等，都有惊人的成果，尤其在 20 世纪 70 年代兴起的后现代主义风格，更是独占世界设计流行的鳌头。许多生活用品在设计时，以塑料材料模仿其他材料，发展独特的美学工业产品风格。例如，具后现代主义风格的意大利 Alessi 设计公司，以设计家庭厨房用品闻名于世，其聘请了许多知名设计师，使用了大量的不锈钢和塑料材料，发展出有欧洲文化风格之创意商品。

意大利的设计文化和德国设计理念完全相反，意大利人将设计视为文化的传承，其设计的依据完全以本国文化为出发点，所以其设计风格不像德国的理性主义化，为使用几何形状和线条来发展商品的形式。意大利的设计师自理性设计中寻求变化、感性的民族特色，这可以从意大利的汽车充满流线造型和迷人的家具设计中看出；尤其是家具的风格设计，更是意大利的设计专长。意大利的设计风格，并未受到现代设计主义太多的影响，其形态充满了国家的文化特质，以鲜艳的色彩搭配中古时期优雅的线条，仿佛又回到了古罗马时代。而在后现代时期著名的阿及米亚（Alchymia）设计群、阿莱西（Alessi）梦工场和梦菲斯（Memphis）设计群，大多为意大利的设计师，他们更以颠覆传统设计原则的理念为出发点，设计出令人难以忘怀的前卫性作品，利用大众文化的象征性表现了他们对设计的另类看法和一种对设计的自我想象力。由此可见，意大利的设计与文化是分不开的。

每逢米兰家具展开幕，人们总是期待意大利最为著名的家具品牌阿莱西（Alessi）又会带来什么惊人设计。这个号称"设计引擎"的阿莱西总是不负众望，每一次都以完美的细节和独特的设计理念令众人折服不已。一些经典产品例如史帝芬诺·乔凡诺尼（Stefano Giovannoni）和乔托·凡度里尼（Guido Venturini）设计的"Lttle Man"系列镂空篮子，亚力山卓·麦狄尼（Alessanfro Mendini）设计的 Anna 肖像系列家居用品、菲利浦·斯塔克

（PhilippeStarck）设计的榨汁机等都已写入了设计教科书中，成为设计经典范例（图 2-26~
图 2-29）。

图 2-26　菲利普·斯塔克为阿莱西设计的柠檬榨汁机，
　　　　　被视为工业设计的偶像作品

图 2-27　Richard Sapper 为阿莱西设计的
　　　　　会唱歌的开水壶

图 2-28　卡洛·阿莱西设计的八边形咖啡壶

图 2-29　Doriana Fuksas 和 Massimiliano Fuksas
　　　　　为阿莱西设计的哥伦比纳系列餐具

在 2011 年的家具展上，Alessi 开始尝试将产品扩展到照明领域，推出了"Alessilux"系
列灯泡，这些形态可爱、富有个性、又充满故事的小灯泡立马受到外界追捧（图 2-30）。

图 2-30　"Alessilux"灯泡

此系列共 10 个灯泡，各自蕴含着 10 个小故事。名为"U2Mi2"（you too.me too）的机器
人小灯泡源自设计师 Frederic gooris 小时候对机器人的喜爱，当时，机器人就是新技术的代言

人，是未来美好生活的象征，但是现在他要用这一形象结合 LED 技术来展示社会对可持续的关注，使用更少的资源维护地球的环境。

因此，我们不难看出意大利设计的发展有其独特的美学面貌与文化风格，其中也保留了传统的文化风貌和精致手工艺，这可以从他们的家具、玻璃和流行设计中看出，在工业设计的功名史上，意大利总算走出自己的风格了。

### 2.2.5　北欧设计

"设计的动力来自文化"，是 VOLVO 首席平台设计师史蒂夫·哈泼（Steve Harper）对于设计的观点。VOLVO 的品牌形象，都与安全画上等号，方方正正、强壮的肩线，一再加深消费者对安全的想象。这强烈的风格，其实是延伸自瑞典的价值观——"以人为本"的设计精神。瑞典讲求均富，国家应该照顾每一个人，也是全世界唯一把国民应该拥有自己的房子写进宪法里的国家。VOLVO 车厂的出发点，是希望让处于工业化高潮的瑞典人，能够拥有安全耐用、环保性高的国产车，这是 VOLVO 的设计传统，也是传承至今的设计核心价值（见图 2-31）。

**图 2-31　Volvo XC90 2013**

北欧国家如瑞典、丹麦、芬兰，全部都具有强烈的本土民俗传统，他们非常热衷追求本土的新艺术风格，并应用于陶瓷、玻璃器皿、家具、织品等传统工艺领域。北欧的现代设计展现出来自于大自然的体验，而"诚实"、"关怀"、"多功能"、"舒适"四大分享是北欧的设计理念。其设计风格带有拥抱自然、体贴入微的幸福风味，且设计的作品范围很广，包括超市、地铁站的艺术走廊、美术馆、旅馆或医院。

Björn Dahlström 是瑞典目前声望最高的设计师之一，他的作品横跨各类，从杯子、袖扣、BD 系列现代家具等，他为 Playsam 设计了这款兼具摆设及玩具功能的摇摇兔。可爱的兔子造型、生动的表情、皮革材质的长耳朵，加上 Playsam 一贯抢眼的色彩呈现，为童年回忆中的

"玩具木马"，做了一番新的诠释，并因此得到了 Excellent Swedish Design 的大奖。充满童趣的设计不但适合小孩，也适合大人收藏（见图 2-32 ）。

北欧人不太在意什么是流行，不会紧张竞争对手是否也走这样的设计路线。来自丹麦的设计师 Georg Jensen 的品牌传承，成长于哥本哈根北部一片最美的森林区，大自然是他灵感的沃土，花草、藤蔓、白鸽都是他的创作主题，而有机线条的自然流动、不对称和曲折缠绕，则是他的设计语汇。在他的设计作品里没有细节，只有简单的线条，再加上强调立体、明亮阴影的对比处理，使他的作品呈现一种历久弥新的永恒感。Georg Jensen 的想法是："我们走这条路是因为我们相信这样的价值，相信设计的精髓是不花哨的、不炫耀的，要寻找、回归到物体、人的本质，这也反映了丹麦和北欧的生活态度，这就是我们的根本（见图 2-33 ）"。

图 2-32　摇摇兔　　　　　图 2-33　设计师 Georg jensen 的作品

北欧的设计师秉持着天时、地利的优良条件，开创了独特的自然风，也为设计界立下了绿色与环保的典范。

瑞典人的骄傲就是 IKEA，用家具输出北欧式的生活美学。宜家家居于 1943 年创建，"为大多数人创造更加美好的日常生活"是宜家公司一直努力的方向。宜家品牌始终与提高人们的生活质量联系在一起并秉承"为尽可能多的顾客提供他们能够负担、设计精良、功能齐全、价格低廉的家居用品"的经营宗旨。在提供种类繁多、美观实用、老百姓买得起的家居用品的同时，宜家努力创造以客户和社会利益为中心的经营方式，致力于环保及社会责任问题。今天，瑞典宜家集团已成为全球最大的家具家居用品商家，销售主要包括座椅/沙发系列、办公用品、卧室系列、厨房系列、照明系列、纺织品、炊具系列、房屋储藏系列、儿童产品系列等约 10 000 个产品。目前宜家家居在全球 34 个国家和地区拥有 239 个商场。

在产品营销方面，宜家紧跟互联网科技发展的步伐，除了传统的实体店营销模式，还建立了自己的官网，并使用了最新的 APP 营销和微信交流手段（见图 2-34 ）。

丹麦进入现代设计的时间晚于瑞典，但是到了 20 世纪 50 年代，丹麦室内设计、家庭用品和家具设计、玻璃制品、陶瓷用具等都达到瑞典的水平。他们的设计在战后非常流行，尤其是家具设计，结合工艺手法的诚实性美学与简洁的设计受人赞佩，设计作品的表现大量使用木材的自然材料，表现了师法自然、朴实的特殊风格。

图 2-34　宜家的 APP 营销和微信

## 2.2.6　日本设计

日本的设计艺术既可简朴亦可繁复，既严肃又怪诞，既有精致感人的抽象面，又具有现实主义精神。从日本的设计作品中，似乎看到了一种静、虚、空灵的境界，深深地感受到一种东方式的抽象。日本是一个岛国，自然资源相对贫乏，出口便成了它的重要经济来源。此时，设计的优劣直接关系到国家的经济命脉，以致日本设计受到政府的关注。

日本的设计以其特有的民族性格，发展出属于自己的特殊风格。他们能对国外有益的知识进行广泛的学习，并融会贯通。日本的传统中有两个因素使它的设计往正确的方向走：一个是少而精的简约风格；另一个是在生活中形成了以榻榻米为标准的模数体系，这令他们很快就接受了从德国引入的模数概念。

日本设计师善于和本国的文化相结合，例如，福田繁雄是日本当代的天才平面设计家，他总是弃旧图新，开启了新概念的设计风格。原研哉以纯真、简朴的意念提升了无印良品简约、自然、富质感的生活哲学，提供给消费者简约、自然、基本，且质量优良、价格合理的生活相关商品，不浪费制作材料并注重商品环保问题，以持续不断地提供具有生活质感的商品（见图 2-35）。另一位设计大师深泽直人为无印良品（MUJI）设计的挂壁式 CD 播放器，已经成为一个经典。他不但延续了"少即是多"的现代精神，在他的作品中你还能找到一种属于亚洲人的宁静优雅；他喜欢放弃一切矫饰，只保留事物最基本的元素。这种单纯的美感，却更加吸引人，并系统地将各种创意、革新加以融会贯通（图 2-36～图 2-38）。

图 2-35　原研哉作品《白金》

图 2-36　无印良品海报："家"

图 2-37　深泽直人为无印良品 Muji 设计的
　　　　　挂壁式 CD

图 2-38　深泽直人为无印良品 Muji 设计的
　　　　　全新 2013 款壁挂式播放器

日本的工业设计历史源于第二次世界大战后，最早是由一群工艺家和艺术家开始，他们

图 2-39　Sony Walkman

图 2-40　电子狗

使用简单的机器设备，制作一些家用品。到了 1950 年，日本开始渐渐有了自己的设计风格，并且可以大量地销售到国外。他们以传统文化为根基，开发现代化的新工商业契机，并不断地学习西方国家的优点。早先以欧洲各国的设计为其学习的对象，并从中再去研发更新的技术，由模仿到创新，由创新到发明，也使日本跃升为世界七大工业国之一，使其设计渐渐地达到国际水平。日本的设计也采用了意大利文化直觉的美学，不像英国那样因为执著于工业技术，仍然以怀疑的眼光不能接受新文化直觉的美学，而导致设计出的产品无法获得大众的喜欢。日本的模仿与学习的价值观，使日本在设计领域里占有一席之地。由于其民族性的强度结合，使日本的产品活跃于国际舞台，特别是在电子商品与汽车工业这方面。

　　日本的设计重建从基础科技引导开始，以相当严谨的态度处理各种设计问题。质量（Quality）就是他们的精神标杆，尤其在家电产品设计上，其产品的市场是全球化的。世界著名的日本家电公司 Sony 更是以一台随身听（Walkman，1979）改写了整个世界的家电历史，使随身听产品在一夜之间受到年轻人的青睐（图 2-39）。

在 20 世纪 80 年代后期，日本产品更是东方文化的主要代表，其卡通动画、电玩产品、家电产品和玩具（电子宠物）更是带动了全球性的流行走向，不得不让科技强国的美国、德国、法国等西方国家另眼相看（图 2-40）。

图 2-41　柳宗理

无论是科技的发展还是对文化的保持，日本人都不遗余力。所以日本的各种设计产物都保有相当周到的设想，使其产品的推出，不只是顾虑到市场的远景，也顾虑到产品的生命力，其管理系统整合了技术的规格化与文化艺术的自由创意，使设计商品真正达到了所需的"科技美学"的概念。

已故日本设计大师柳宗理将民间艺术的手作温暖融入到冰冷的工业设计中，是日本现代工业设计的奠基人之一，也是较早获得世界认可的日本设计师（见图 2-41）。

1915 年出生于东京的柳宗理是第一批被西方认同并载入设计史的亚洲人，他的经典设计"蝴蝶凳"是西方科技与亚洲文化完美结合的里程碑式的象征，此作品出现于战后日本经济重建的时代背景中，在拜访设计大师 Eames 夫妇的工作室后，柳宗理对其"压模夹板"的技术印象深刻，遂使用这种技术设计了蝴蝶凳，由山形县的天童木工生产。1957 年，蝴蝶凳与他的白瓷器等作品在世界最重要的当代设计博物馆之一——"米兰三年中心"（La Triennale diMilano）获得第 11 届米兰设计展金奖，令他自此跃上国际舞台（见图 2-42）。

柳宗理认为，美不是被制造出来的，而是浑然天成的。柳宗理的设计追求的就是这种浑然天成的美感。他设计的用具带有含蓄的美，它们不着痕迹地融入你的生活，你越是使用，越能发觉它们悠长的意味。这份含蓄和传统日本民艺的美感相一致，民艺不出于任何知名艺匠之手，只是为一般日常用途而制造；但民艺之美正存在于这几乎没有刻意的造作与修饰之中，因其朴实无华故而能够真正贴近人的需求与生活的最本真面目。

图 2-42　蝴蝶凳

# 第3章 设计因素

## 3.1 设计——艺术

设计作为艺术和技术的集成，与艺术有着密不可分的关系。设计活动伴随人类生产活动和器物文化一起出现，具有审美属性和精神属性，如西方教堂中的装饰物。19 世纪下半叶，英国工艺美术运动提出"美与技术结合"的原则。20 世纪初，设计在向标准化与合理化发展的同时，欧洲艺术运动也在蓬勃兴起。同时，未来主义、表现主义、构成主义等都在工业文明下努力探索美的形式与功能。在进入信息时代后，人们普遍要求产品既有实用功能又有审美个性，设计与艺术在很多方面已走到了一起。从理论意义上讲，设计一直为它的学科美术和建筑理论所包容，其概念的本身就是从美术与建筑实践中引申出来的理论总结。

真正的美具有积极向上的精神力量，这是现代设计师和纯艺术家们一致的追求。现代设计要考虑产品或作品的艺术性，用恰当的审美形式和较高的艺术品位给受众以美的享受。现代设计与现代艺术之间的距离日趋缩小，新的艺术形式诱发新的设计观念，而新的设计观念也成为新艺术形式产生的契机。另外，现代设计的服务对象不是设计师自己或少数人，而是社会大众，在坚持设计的高雅艺术原则时，现代设计师首先要考虑或关注的不是个别人的审美爱好，而是客观存在的普遍性的美学原则和艺术标准，即某一社会、民族的共同美感。

### 3.1.1 设计与艺术的关系

#### 1. 设计与艺术的渊源

从历史角度来看，人类早期的设计活动与艺术融为一体。工具的使用促成人脑意识的形成，也在客观上孕育着形式美的种子。早期人类创造石器和陶器时，其审美能力隐藏在物品的使用功能中，处于自发状态。随着生产力的发展，人类对所制器具中一些偶然得到的肌理和形态有了模糊的审美意识，导致了原始美感的形成。随着劳动对人的生理、心理结构影响及造物的深入，人类形成了自身的心理结构、审美感官及审美能力，人类造物活动开始具有审美特质。原始造物是设计与艺术的共同土壤。自从人类有意识的创造活动开始，艺术审美性便随着第一件工具的创造体现出来，砍砸器、陶器、骨针、兽皮衣物、玉器等大多数人工制品既是工具或工艺品又是艺术品。

随着生产力的进步和社会的发展，人类的文化内涵由单一性向丰富性发展，社会出现细致分工，音乐、戏剧、舞蹈、绘画、雕塑、文学不再是实用的附属，而转化为一种纯粹的精神性的艺术形式。在工业革命之前，设计、生产、销售都是工匠的个人行为，工匠会尽量地使自己的作品在好用的基础上更加美观。而机器时代的产品不再精雕细琢，一些社会理论学家、艺术家和设计师发起了工艺美术运动，最先提出了产品与美结合的思想，开启了艺术与设计结合的时代。之后，经由新艺术运动、现代主义运动的努力，艺术美的特征开始走向实用，走向人们的日常生活。

设计的发展受到艺术多方面的影响，具体有艺术家、艺术运动及审美观念等。

一件现代设计产品，至少包括两个部分：一部分是数理的、科学的；另一部分是感性的，是艺术范畴的。从机械时代到电气时代，再到今天的信息时代，设计产品的数理科学性日益凸显，但是设计产品若想被人们接受还得具有人性化的特点。如果说设计的内核是理性的、抽象的，那么人机界面就是感性的、具体的。艺术对设计的影响，表现为艺术为设计提供了表达设计意图的手段，使设计构想从观念形态转变为可视形态。在现代产品中，能不能用主要取决于工程技术，而用得舒不舒心就体现在艺术方面，涉及产品的外观造型、形体布局、面饰效果、操纵安排、色彩调配等。

### 2. 设计与艺术的本质区别

设计与艺术有很深的历史渊源，在发展的过程中互相影响，甚至缠绕到一起，难以区分。但设计是一种经济行为，而艺术是一种审美行为。设计的目的是实用，而艺术的目的在于审美。

作为经济行为，设计要考虑技术、成本、市场需求，要能解决实际问题，设计师必须与社会保持紧密联系，不能"闭门造车"；作为审美行为，艺术不受经济的制约，艺术家与社会接触只是为了获得审美经验与创作灵感。虽然也有艺术品市场，但艺术可以不考虑社会需求，甚至远离生活，创作极为自由。设计作品具有广泛的认同性，其好坏优劣由市场来决定；艺术作品具有非广泛认同性，其价值不以经济标准及公众喜好来衡量、区分，甚至往往出现优秀的艺术作品长时间不被公众认可的现象。

另外，设计是沟通、是传达，而艺术是表现、是创作。艺术是感性的，它不追求直接的实用性，不为大众而存在，不求得大众的理解。而设计更趋理性，是为大众而存在，表达大众的感情，有目的性，不仅要美观，还要有实用性。

### 3. 设计与艺术的相辅相成

无论是作为精神存在的艺术，还是面向人们生活的设计，它们都是人创造的，也是为了人而创造的，它们都关注人类的生活世界和生命存在。如果我们从关注人类生命存在的这一点上看，它们有着极为相似的地方，目标都是为更美好的人类生活世界而进行创造的。

设计的艺术化，就是站在一种艺术的价值高度去对待生活，在设计人类活动所需物质的角度，在功用性的基础上，用艺术满足人的精神需求和审美内涵。通过艺术手法把人类的生活世界转化为一种综合的、整体的、多元和谐的艺术世界和人性世界。

设计的艺术化和艺术化的设计所体现的精神便是尽可能完美地把艺术和设计结合起来，充分关注人类多样的物质性需要，在物质性的世界中体现艺术的精神情感，也在艺术化的探索和追求中创造实实在在的物质世界，这两者都是人类生活得以存在和延续的最基本的领域。

### 3.1.2　艺术家和设计师

艺术家和设计师这两种职业有着各自历史演变的轨迹。设计与艺术在人类早期的活动中一直是融为一体的。现代主义之前，艺术几乎等同于技艺，科学家、艺术家和制造者之间没有清晰的界限。工艺匠人既是工匠又是技术专家和艺术家，从设计到装饰、加工、制作都由一个人完成。

文艺复兴之后，随着社会分工越来越细，各行各业的专业性越来越强，工艺和艺术在观念上开始有所区分。纯艺术和手工艺逐渐分离，艺术家作为学者从工匠中独立出来，获得受人尊敬的地位。同时，艺术的社会地位逐渐提高，越来越脱离社会生活、背离人民大众，从事所谓"纯艺术"的艺术家开始孤芳自赏，高傲自大；而从艺术分类中独立出来实用艺术的"匠师"则更多地关注人民大众的生活，提倡艺术和生活相结合。包豪斯设计师纳吉投身于为民众服务的实用艺术（设计）领域中，使现代主义的思想精髓在生活艺术的实践中得以体现，也使艺术通过设计达到了实现民主化的愿望。

虽然社会分工导致艺术家和设计师分属不同的职业，但由于学科的交叉性和职业的自由选择性，艺术家从事设计、设计师从事艺术的现象时有发生，加上艺术家对设计的贡献，设计师对艺术的借鉴，艺术家和设计师有所交叉、有所影响，二者有分有合，处于一个复杂的、共同影响的状况。

艺术家从事设计，赋予了设计活动以创造性和艺术性的特征。从工艺美术运动、新艺术运动、装饰艺术运动，到德国工业同盟和包豪斯，其领袖人物既是艺术家又是带有艺术理想的建筑师。可以说，当这些"艺术家"介入到现代生产并开始被社会接受时起，现代设计作为一种职业也就应运而生了。另一方面，设计师也从艺术和艺术家那里得到了借鉴和收益。设计师采用艺术家们的艺术成果，并将之运用于设计目的，现代主义的各种艺术运动和潮流也为设计师提供了设计制作的话语和灵感。

### 3.1.3　设计中的艺术表现手法

设计的艺术手法主要有：借用、解构、装饰、参照和创造。

（1）**借用**。在设计中借用某句诗、某段音乐或者某个镜头、某一雕塑或其他艺术作品，借用艺术创作的思想与风格、技巧等，是设计的一种手法。这是广告设计经常使用的手法。这种手法使设计直接借用艺术的力量吸引、娱乐观众，达到感动观众、传播信息的效果，从而达到广告的目的。环境设计中借用艺术作品营造特定的文化艺术空间，宣扬特定的精神主题，形成感人的人文氛围。

（2）**解构**。以古今纯艺术或设计艺术为对象，根据设计的需要，进行符号意义的分解，分解成语词、纹样、标志、单形、乐句之类，使之进入符号贮备，有待设计重构。这是建筑、室内、家具、标志、包装、广告等设计的普遍做法。

（3）**装饰**。在解决设计的艺术品质问题时，装饰是最传统又最常用的方法。好的装饰可以掩去设计的冷漠，增添制品的情感因素，增强设计的艺术感染力；好的装饰是设计不可分割的部分，只有多余的装饰才是可以随意增减的附件。

（4）**参照**。设计属于创造。在解决设计的艺术品质问题时，无论是借用、解构、装饰，都不能简单地模仿，而要表现出适度的创新，参照不失为一个简便又有效的方法。参照的对象是前人和当代的艺术成果或设计成果。参照的核心是形式借鉴，规律借用，由此及彼，举一反三。参照的关键是根据设计课题，寻求成功的范例，反复参详考察，找出规律和可变的环节，在基本规律或基本形式不变的前提下，使设计呈现新的艺术面貌。

（5）**创造**。在设计遇到开创性课题时，选用的材料、设备、技术、构造、外形等，都有可能是最新的科学技术成果，设计要实现的艺术和符号功能，也可能没有先例可寻。这时，设计只可能依靠创造方法，在解决物质、技术、经济等功能的同时，予设计对象以合适的艺术形式。创造是设计艺术最根本的方法，是借用、解构、装饰、参照等方法的基础。

下面，我们以广告设计为例，来形象地了解设计中的这些艺术表现手法。

为了使广告画面达到最佳的表现效果，我们可以透过对文字、图形的艺术化加工来做到这一点。广告在传递主题资讯的同时，需注意的是配合广告主题，恰当地使用这些艺术手法。

基本的图形文字摆放在画面中难免有些乏味，如果你的广告充满智慧与想象，那可就不同了。丰富多彩的广告世界里是有规律可循的，首先针对广告的是题材，挑选最合适它的艺术手法，其次将这种手法灵活地运用到画面的各要素中，最后处理好各层次间的关系，这样才能达到最佳的表现效果。当然，艺术的表现效果既是抽象也是因人而异的，我们需要透过许多的思考和实践才能做出既符合主题又能传递艺术效果的广告。

下面列举了广告设计中的六种艺术表现手法。

### 1. 对比手法

对比手法是艺术设计中常用的一种表现手法。主要是将两个或两个以上具有差异或有着矛盾对立的事物放置在一起，然后进行对照比较，令读者能够通过良性对比，直观地明确事物的好与坏，从而做出自己的选择。

在设计中，可以将两个截然相反的事物进行比较，如一正一反、一明一暗等，利用这两者之间鲜明的差异感来突出其中一物的优越性。对比的事物虽然存在极大的差异，但是在根本上两者还是需要有本质上的联系的。

色彩的对比是最为鲜明、效果最为突出的对比方式。为了提升画面的注目度，许多广告都会大胆选用存在明显对比的色彩进行配色，使画面产生强烈的视觉效果，并对读者的视觉神经产生刺激，从而产生更为深刻的记忆。

[案例 3-01] **汰渍洗衣粉平面广告**

如图 3-1 所示，是汰渍洗衣粉的平面广告——《什么是你的衬衫》。

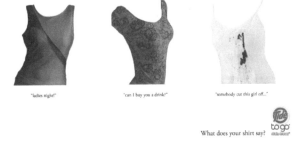

图 3-1　汰渍洗衣粉平面广告

① 将三幅不同清洁程度的衣服等幅、等比例水平排列在一起，三者的对比不言而喻。

② 版面大面积留白，突出版面中心的三幅图片，主体明确。

③ 衣服为灰白色系，只有衣服上的污渍和品牌商标为彩色，更加突出了广告要表达的主题。

**2. 幽默手法**

幽默是一种特定的情结表现，它与趣味一样带给人欢乐，但比趣味来得更深刻。幽默能使生活充满情趣，广告中呈现的幽默能使人的心情舒畅，淡化人的消极情绪，极大地增强了广告给观众的好感。

**[案例 3–02] PPTV 第 1 体育英超系列海报**

语不惊人死不休的网络时代，各种夸张的宣传炒作手段已经见怪不怪。从 2015 年年初开始，PPTV 第 1 体育开始在官方微博、微信、BBS 等众多阵地大面积铺开一套主题为《看球必须有情绪》的英超系列创意海报，一时间，引起了众多网民和球迷的热议，其大胆的画面风格，有趣的互联网式文案，无一不显示出 PPTV 官方突然便撒蹄子般的"任性"。

如图 3-2 所示，三个人物形象——"老奶奶""假正经""小 P 孩"，人物特点分明，夸张的画风与文案搭配在一起似乎画中有话、意有所指。

图 3-2　PPTV 第 1 体育英超"解说"系列主题海报

**3. 渲染手法**

渲染是指物象间的衬托。简单来说，渲染广告的目的就是使其增加真实性，使观者产生身临其境的感觉，当观者将自己"置身"于画面中时，广告的主题已经得到了最佳的宣传。

**[案例 3-03] 德国 Robin Wood 环保组织海报**

《动物家园》这组海报由广告公司 Grabarz & Partner 的泰国设计师 Surachai Puthikulangkura 及波兰设计师 Analog 为德国 Robin Wood 环保组织设计，利用双重曝光效果，使画面有很强的寓意和深刻的细节。图片中一只北极熊、鹿和一只猴子剪影，分别反映了破坏大自然的工业活动、砍伐森林及森林火灾，提高人们对动物的自然栖息地的认识（见图 3-3）。

图 3-3　德国 Robin Wood 环保组织海报——动物家园

### 4. 对称手法

对称是广告设计中常见的构图形式，指将同样的物体或相似的物体以左右、上下或倾斜的交换方式进行着有规律的重复现象。作为形态学的基本原则，对称产出整齐、规范、平衡的美，要素对称的广告往往能在视觉上构成牢固的平衡，给人单纯、值得信赖的印象。

垂直对称是指以画面水平中轴线为轴心，将画面中的视觉元素按此线进行上下的对称摆放，引导视线形成从上至下的浏览视线走向，画面干净、利落，具有简洁的力道感。

水平对称与垂直对称相反，是以画面的垂直中心线为轴心，将画面划分为左、右两部分，并分别将视觉元素放置在左、右页面中，使画面产生对称的平衡美。相比垂直对称，水平对称在视觉上更具延展性和直观性，能够给人留下简单、直观的印象。

**[案例 3-04] 布宜诺斯艾利斯公共自行车系统广告**

什么样的类比才能完美诠释"永不停歇服务"？《冰河世纪》里松鼠对橡果的狂热、狗狗对自己尾巴的追逐、飞蛾与灯泡一生的纠缠，只要他们的生命一直在燃烧，就不会停止这些源自本能的追求。而布宜诺斯艾利斯公共自行车系统的"一周24小时不间断服务"，也正是如此。

飞蛾与灯泡、狗狗与尾巴、幼婴与奶水、松鼠与橡果，都被抽象成车辐辘。虽然画风诙谐有趣看似静止和谐，实则联系前后两个"辐辘"的关系，立马有充满动感的风驰电掣之感，让人顿时觉得滚滚车轮像打鸡血一样在向前飞驰。"永不停止的骑行"就这么妙地表现出来了。

这组平面广告摘得了2015戛纳广告节平面类全场大奖（见图3-4）。

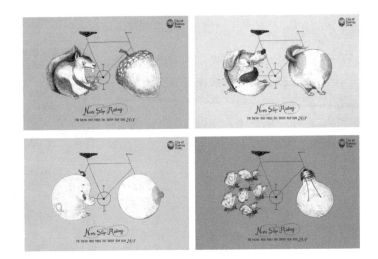

图 3-4　布宜诺斯艾利斯公共自行车系统的"一周 24 小时不间断服务"广告

### 5. 意境手法

设计者通过省去广告中多余的视觉元素，使画面中形成流动的视觉空间，因空旷而产生令人遐想的意境，并使观者的视觉精神得以放松，从而能够将注意力集中在主体信息上。

#### [案例 3-05] 里斯本机场宣传广告

① 版面采用色彩渐变的"线"元素组成鸟类的形象，给人精致、优雅、栩栩如生的感觉，让人立即对里斯本机场产生好感和无限的憧憬。

② 版面中的说明文字也给人以线的形态感，与广告主体图形形成形式上的统一。

③ 除了图形及文字，版面中周围的环境是一片空白，这样容易使观者的注意力都集中在广告的主体物上。大面积的空间色调为冷色系的深蓝色，使人的神经得以放松，而主题也显得更为突出（见图 3-5）。

图 3-5　里斯本机场宣传广告

通过意境手法，不仅能做到集中主题信息的作用，还能打破传统的构图体系制度，达到意想不到的画面效果。意境也是一种简化的过程，它能帮助观者归纳出画面中涵盖信息最深的视觉元素，使其以最迅速的方式找到广告的中心内容。

### 6. 虚实手法

从字面意思上理解，虚实就是虚化与真实的对比。其中虚体现为轮廓不够清晰，给人朦胧之感的物象；而实表现为轮廓坚实、深刻，给人真实感受的物象。在广告设计中，将虚与实的刻画手法同时运用于画面之中，通过对比，使虚者更虚，实者更实，画面层次更加分明，广告主体更加突出。

### [案例 3-06] 体育运动广告

体育运动需要激情，需要像动物一般的凶悍，尤其在体能竞技项目方面。这系列由 NBA 篮球球星为主角的广告设计，很好地将虚幻、空灵、凶猛的动物与球星的善于进攻、动作灵活、飞速弹跳的个人特质做了融合，极具视觉效果冲击力。黑白灰的版面色调，将主体图形元素的形象突出出来，强化了主题的氛围（见图3-6）。

## 3.2 设计——文化

### 3.2.1 设计与文化

图 3-6 体育运动广告

从产品设计角度来看，产品的设计属于器物文化的领域，它是有别于自然物的人工创造物。"人通过自己的活动按照对自己有用的方式来改变自然物质的形态。例如，用木头做桌子，木头的形状就改变了。可是桌子还是木头，还是一个普通的可以感觉的物。但是桌子一旦作为商品出现，就变成一个可感觉而又超感觉的物了。"文化产品区别于自然物的地方，正是它所具有的这种"可感觉而又超感觉"的性质。一块天然的金矿石，可以由人凭借自己的感觉能力判定它的物理特性，而一件人工装饰品，除了具有可感觉的物理特性以外，还包含大量超感觉的文化内涵。它不是仅凭人的感觉能力所能把握的，而要在对它的款式、色彩、造型等的社会意义的领悟中才能把握。这些超自然、超感觉性质的东西，便是文化赋予它的价值和意义。审美的内涵正是产品形象的这种文化底蕴。

设计是通过文化对自然物的人工组合，它总是以一定文化形态为中介的。"客户买的不是钻，是墙上的洞。星巴克卖的不是咖啡，是休闲。法拉利卖的不是跑车，是一种近似疯狂的驾驶快感和高贵。劳力士卖的不是表，是奢侈的感觉和自信。谷歌真正的商品不是广告而是优秀的人，通过将人出售给广告主而获利。苹果卖的不是产品，而是文化和用户体验。"营销大师菲利普·科特勒的这一番话精确地道出了设计与文化之间相辅相成的关系。

尽管至 20 世纪中叶"设计"这一现代概念才流行，但赋予商品和形象以审美与功能特征来吸引和满足消费者与使用者的需求已有很长的历史了，它与所谓的"现代"社会的发展本质相关联。简单地说，它是消费品市场发展和品味大众化的直接结果。批量生产的商品和形象伴随着民众的日常生活并赋予生活的意义，而设计是这些商品和形象的视觉和概念成分。所以，当现代性影响到越来越多民众的生活时，设计便承担起了迄今为止装饰艺术为社会精英所承担的角色。

文化是一个大系统，它包括诸多子系统。根据文化学的观点，可以将文化现象区分为四种形态。

① 物质文化：或称器物文化，是人类生产劳动所创造的物质成果，如工具、器物、建筑和机械设备等。

② 智能文化：是人类认识自然和改造自然的过程中所积累的科学技术知识。

③ 制度文化：是调整和控制社会环境所取得的成果，表现为社会的组织、制度、法律、习俗、道德和语言等规范。

④ 观念文化：表现在人的意识形态中的价值观、世界观、审美观及文学艺术等精神成果。

**[案例 3-07]　长城汽车高端品牌魏派**

2016 年 11 月 16 日，长城汽车在广州发布中国豪华 SUV 品牌——WEY，宣告正式进军中国豪华 SUV 市场，决心抢占价格区间在 15～20 万元的 SUV 市场。"WEY"，引自长城汽车创始人魏建军先生的姓氏，和众多国际知名车企一样，这是第一个以创始人姓氏命名的中国汽车品牌。

此次正式发布的 WEY 品牌 LOGO，其看似简单的"竖"型设计，其实蕴含了深刻的寓意。它的灵感来自于 WEY 的故乡——保定，在这座古城的直隶总督府门前曾经矗立着全国最高的旗杆，表达了 WEY 品牌对故乡保定的由衷敬意。同时，品牌 LOGO 也包含了美好的寓意：WEY 品牌的追求与承诺——成为中国豪华 SUV 的旗帜与标杆（见图 3-7）。

**图 3-7　长城汽车高端品牌魏派**

## 3.2.2　设计与生活方式

设计的目的是为了人，具体地说是为了人的生活。生活方式在一定意义上表现为一种消费方式，一种对产品的消费方式，而产品设计和生产实际上是直接为消费服务的。因此，生活方式与产品的设计与生产密切相关。消费与设计的关系实际上是设计与生活方式的关系。产品构成了人们生活中的物质基础，是生活方式结构要素中环境要素的重要组成部分，也是影响生活活动形成的重要物质力量。自古以来，这一物质的基础始终发挥着重要的作用，而且会通过自身品质和形成的变化，产生更大的影响，甚至成为生活方式的表征之一。

生活方式是文化的具体内容和形式。克鲁柯亨在《文化之镜》中把文化具体定义为十个方面，其中第一个就是"一个民族的全部生活方式"。设计大师索特·萨斯认为设计是研讨生活的途径，是建造一种关于生活形象的途径，设计不应该被限制于赋予蠢笨的工业产品以形式，而应该首先去研究生活，只有生活才能决定最终设计，也就是说人们的生活方式决定了设计。

设计提供了人们日常生活的物质基础和条件。日常生活即以衣食住行、饮食男女、婚丧嫁娶、言谈交往为主要内容的个人生活领域，这一领域中的家具、用具、产品——从碗、杯、餐具到沙发、卧具，从计算机、电话到汽车、飞机等物质设施组成了个人日常生活的物质基础。所以，产品不同于一般意义上的"艺术品"，对人类的日常生活来说，少不了它、离不开它，比如我们每天都要用的牙刷、杯子，再比如现代人对手机、计算机的依赖。因此，产品与人的生活方式的关系，以及它对人的影响，不是一般艺术品意义上的。由此我们可以看出，设计的对象将不再是物，而是一种生活方式。物只是承载生活方式的媒介。设计师应该承担起打造生活方式、生活态度和价值观的责任。设计作为生活方式的创造者，体现了人们对物质和精神的双重要求，承担着人类文明延续的角色。

设计创新了生活方式，设计一旦失去了与人类生活的永恒联系，将无法生存。正是因为如此，设计便没有一个固定的模式，试想如果设计只能作出一个思辨性、逻辑性、唯一确定的理性结论，那就等于给人们铸就了一种凝固的生活模式，那将是一种僵死的文明。所以设计应当始终走在社会发展的前面，不断创造新的生活方式，引导现代社会生活方式的进步，提升人类的生活质量。只有当把设计作为一种目的而不是一种手段去认识的时候，设计便开始真正进入了生活。也就是说，设计师设计了一种功能，而不是为了功能去设计，所以设计师设计的其实是人的生活。设计创新生活方式，从过去的马车代步到如今的汽车、公交车、地铁代步，从过去的写信到如今的智能手机、Email、QQ、人人网、微信，人们的生活因为这些设计而发生了翻天覆地的变化，人们之间的距离变短了，世界变成了地球村落。

**[案例 3-08] 握握智能按摩手套包装**

倍轻松旗下子品牌产品——握握智能按摩手套，模拟真人人手按摩，通过气压挤压手部穴位而达到养生保健的效果。其包装盒的设计使用了点和线，呈现出人体在适当的穴位按摩下能够使脉道流通的感觉。包装盒设计更突破了传统按摩机包装，以简约高端的科技风格去迎合现今时代科技产品的趋势（见图3-8）。

图 3-8　握握智能按摩手套包装

**[案例 3-09] 物联网应用——智能化厨房操控系统设计**

　　这是一个智能的厨房系统，所有的厨房电器都是通过一个智能的终端进行控制。这个装置可以显示各种各样的食品信息，从食品的成分、营养搭配及食物之间的协调推荐进行搭配。相信在不久的未来，智能厨房一定会在家里实现（见图3-9）。

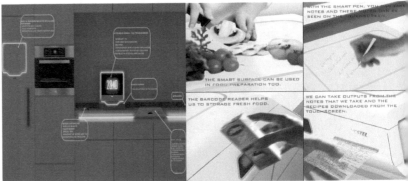

图 3-9　智能化厨房操控系统设计

# 3.3　设计——科技

　　设计在消费增长及市场这一难以被合理化和系统化的现代生活领域的重新确立中扮演社会文化角色，这成为定义现代设计的一个重要方面，但更理性化的批量制造和技术革新是定义现代设计的另一个重要方面。的确，消费和市场需求的增长过程本身不足以说明现代设计这个概念的发展；现代设计的定义也取决于它在大批量标准化产品的制造领域所扮演的关键角色。这些标准化产品尽管是为满足扩大的市场需求而生产的，但由于大批量生产需要较高的投资成本，它们必须依靠有力的销售。设计是技术和文化的交界，作为批量生产的固有环节，同时也是传达社会文化价值的一种现象。的确，要使消费和生产两个领域产生联系并紧密地结合在一起，设计是关键的力量之一。

　　除了在消费的社会文化背景中理解设计的作用之外，到技术革新的历史中去认识设计的位置也很重要，因为设计既影响了制造和材料领域，也同时受它们的影响。技术革新为大量制造自19世纪晚期起诞生的新颖产品奠定了基础。它们挑战和激发设计师的想象力，并构成了一个完整的物质文化新领域，成为对更传统的装饰艺术领域的补充。大量供应的新商品如真空吸尘器、电器和新交通工具，以及这些年中形成的广告和零售展示新方式，为已有的和新的消费者都提供了一种途径，使他们得以为自己创建新的身份认同，并探索步入现代生活的道路。

## 3.3.1　产品设计中的科技应用

**[案例 3-10] C-Thru 消防头盔概念设计**

　　这款 C-Thru 消防头盔概念设计最大的亮点在于在头盔上安装了高科技先进仪器，让消防队员可在浓烟密布的火场中保持清晰的视野（见图3-10）。

图 3-10　C-Thru 消防头盔概念设计

[案例 3-11] 全 LCD 覆盖的概念公交车

设计师 Tad Orlowski 设计的这个概念公交车就如同城市中流动的风景一般。它全身遍布 LCD 屏幕，开动时可以动态展示广告信息，到站时可以向人们告知行车路线和乘坐信息，停止显示任何信息的时候更加如同一个透明的玻璃房子，将内部结果完全暴露在外边（见图3-11）。

图 3-11　全 LCD 覆盖的概念公交车

### 3.3.2　科技发展趋势

我们可以从苹果产品设计教父眼中来了解下科技的 4 大发展趋势。

Hartmut Esslinger 是设计咨询公司 Frog Design 的创始人，曾为苹果、微软、三星、索尼、LV、阿迪达斯等多家全球知名企业设计了经典产品。Hartmut Esslinger 被《商业周刊》称为"自 1930 年以来美国最有影响力的工业设计师"（见图3-12）。

图 3-12　Hartmut Esslinger

1982 年，乔布斯与 Hartmut Esslinger 达成合作，后者为苹果设计出白色、简洁的计算机产品，与当时计算机单调的米色设计截然不同，为苹果打造出全新的设计语言，颠覆了整个 PC 产业。Esslinger 与乔布斯的合作为苹果"以用户为主，以设计为中心"的价值观奠定了基础。

Esslinger 在《保持简单——苹果的早期设计》一书中讲述了他与乔布斯的合作。他在书中提到："当时我很清楚,我们所争取的这次合作不仅仅是为了帮助乔布斯打造一种可视化设计语言。苹果需要的是一个引领潮流的新系统,这样才能让乔布斯把他的愿景转化为市场化产品。我们帮助苹果打造的就是这样的一个产品,这是一次革命,一次远不止于改变苹果命运的革命。"

在那个时代,苹果的复兴是多种元素共同作用的结果。以人为本的设计理念、先进的制造技术及出色的供应链管理一直以来都是苹果成功的关键。那时,乔布斯曾将苹果定位为一家以设计师为中心的公司。Esslinger 在 20 世纪 80 年代为苹果打造的设计语言不仅引领了新一代 PC 的潮流,还为苹果此后设计的触屏式平板,甚至腕表产品奠定了基础。

就在全世界都盼着苹果能再次创造出全新的产品时,Esslinger 已开始专注其他的设计领域。"今天所看到的产品其实已经是很久以前的创意了。我们现在必须为未来的产品进行规划、设计、实验并制作雏形",Esslinger 现在仍清楚地记得他在德国学习时,他的导师向他展示的一款非常实用的产品模型:"我们都知道,未来正在加速发展。过去 40~50 年的产品发展路线将会浓缩为未来 10 年的产品发展规律,遵循这一规律,我们就能把握未来。"

在谈及未来的产品创新时,Esslinger 指出以下 4 个值得关注的领域。

(1)更柔软的硬件。柔性材料在科技产品领域有无限的可能,研究员们提出了"创可贴式处理器","可以像报纸一样卷曲的电子阅读器显示屏"等具有柔性材料元素的产品设想。Esslinger 表示,如今几乎所有的东西都可以弯曲。

(2)更人性化的设备。Esslinger 认为,用户与设备的互动体验也具有较大空间。设备不应该仅是简单实用,未来的设备应该人机互动,最好还能把握用户的性格、脾气及生活习惯。例如苹果的语音助手 Siri,虽常常闹笑话,但依然是一种互动,类似的服务或应用将来会有很大的发展前景。

### [案例 3-12] Safeye 自行车安全系统

Safeye 自行车安全系统由把手、后置摄像头和警示灯组成,另还需要手机的配合使用。手机通过蓝牙连接把手和后置摄像头,如有汽车等物体靠近,把手会通过触觉振动反馈给驾驶者,而后可以通过手机观看摄像头的实时视频,无须回头,如此更安全(见图 3-13)。

图 3-13　Safeye 自行车安全系统

（3）更智能的软件。"硬件制作工序复杂、供应链庞大。制造商会对硬件产品进行改进，因此，新产品可以与上一代产品有天壤之别。软件则不同，它更像是一个永远杀不死的生物。"在 Esslinger 看来，软件过时的版本、驱动程序、代码及其兼容性问题会大大减慢系统运行速度、浪费资源、减缓信息挖掘进度。

他认为，软件开发应该借鉴硬件的生产思路，与硬件一起形成并实施锁步开发程序："软件与硬件的结合开发还有很大的提升空间。"

（4）3D 界面。"3D 是个必然趋势，因为我们生活在一个 3D 的世界中。然而，目前的设备界面还停留在 2D 上"。近年来，从 Kinect 的体感控制设计，到 Leap Motion 的手势控制器，再到 iOS 7 的 3D 视觉效果，3D 界面的发展十分迅速。

当然，如何开发出实用合理的 3D 界面仍是我们面临的挑战。几十年来，用户已经用惯了2D 的界面，但现阶段的硬件创新似乎已经开始引领用户向 3D 界面转变。"我认为 3D 将是一个充满机会的领域，因为如今的计算设备已经具备了搭载 3D 界面的能力。一直以来，实现 3D 最大的瓶颈都在于计算能力，然而，现在的设备计算能力已经很强，而且以后也只会变得更强。"

[案例 3-13] Glyph 视网膜播放设备

想象一套家庭影院绑在了你的头上！并不是开玩笑，Glyph 眼罩+耳机准备将高清显示放在人们的眼球前——它内置了上百万个微镜片，可以将图像直接反射在眼球内视网膜上，颜色逼真、图像锐利，观影的沉浸度比其他产品有大幅提高。能通过 HDMI 线连接不同的设备进行读取文件，接受范围非常广泛，从 iPhone 到 Mac，甚至是 PC 上 Netflix 的视频也能在设备上播放，如果你有 Playstation，还可以接入 Glyph 上玩极品飞车。还要有个优势，因为在 Glyph 上，两只眼睛的投射是相对独立的，所以还可以直接戴上看 3D 电影（见图 3-14）。

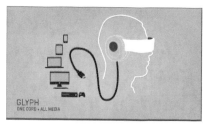
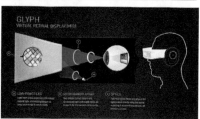

图 3-14　Glyph 视网膜播放设备

## 3.4　设计——材料

整个 20 世纪,新材料的发明与生产技术的变革不断向设计师发出探寻形式与内涵的挑战。制造商一直渴求更高利润,始终在寻找更廉价的产品制造方法,尽可能用适合批量生产的廉价新材料取代手工制作使用的传统材料。这种技术与经济的前进动力本来需要消费者的认可来推动,但现在有了广告和设计构成的积极销售技术,就可以创造"需求"和增加上述材料的现代魅力。设计因而成为技术与文化之间的重要桥梁。它能够预测消费需求,使新技术和材料能进入市场,获得销路。

在 19 世纪和 20 世纪早期,钢铁改造了环境,而平板玻璃将前所未有的景观带进了城市街道。在室内装潢师的推动下,印花棉布走出乡村,取代了维多利亚客厅厚重的天鹅绒和织锦,成为时尚家居的必要元素。艺术家洞察到人们居住环境的新视觉本质,由此形成的关于形式的抽象观念掀起了变化,现代性的大众化也催生了日常生活材料的新面貌。的确,可以说新材料使每一样事物摸起来和看起来都不一样了,从而赋予这些事物自身特有的视觉和触觉现代性。

### 3.4.1　塑料

发明新材料的愿望对激发技术创新起着重要作用。实际上,创造新事物的愿望从没有像 19 世纪那么强烈,塑料和铝都是在 19 世纪中叶发明和发现的,塑料用于替代贵重材料,如供应不足的玻油、黑玉和菇翠。20 世纪 30 年代,塑料和铝都被设计师和消费者视为杰出的现代材料,充满了难于确切描述但象征现代生活的某种微妙的东西。几年后,法国文化批评家罗兰巴特最为贴切地解释了塑料为何对现代物质文化消费者具有超凡魅力,他写道:"塑料……是魔力材料。"

罗伯特 · 弗里德尔在其著作《先锋塑料:赛璐珞的制造与销售》( Pioneer Plastic: TheMaking and Selling of Celluloid )中揭示,这种早期的半合成材料之所以能站住脚,是因为它与早期电影工业的关联和在台球等产品中的应用,以及它能够用来制造新商品,如帽针和裁纸刀等,从而得以初次面市就拥有广泛的用户。

塑料是批量生产的理想材料,在 20 世纪的发展本质上与大众化产品的理念相关联,以致在 1945 年之后,塑料被我国香港等地用来生产廉价、"艳俗"的产品,因而失去了"光环"。然而,它们在 20 世纪 50 年代和 60 年代得到一批顶级意大利设计师的救治,回到高雅文化的安全地带。塑料珠宝甚至在珍贵物品之列获得了一席之地,日常的家庭用品如发刷、粉盒、烟灰缸等也因为与现代性的象征关联而获得某种程度的认可。这类物品有助于巩固中产阶级女性新获得的自由,让她们沉浸在舒适的家庭环境中,尽情打扮。

在"装饰"应用方面,塑料物品在很大程度上只是模仿了现有物品的形式,尽管塑料材料所具有明亮的色彩意味着它必然会将自身的"面貌"融入这些廉价的人工制品。然而,当涉及的是收音机这类新产品时,便有足够的创新空间。许多设计师迎接了挑战,创造了很多令人振奋的新形式。这些形式迅速转变成现代性的象征,现在被看做现代设计的"经典"物品。这些物品的象征意义极其深远，为塑料赢得了大众的高度认可。

塑料种类很多，到目前为止世界上投入生产的塑料大约有三百多种。塑料材料因为性能优异，加工容易，在塑料、橡胶和合成纤维三大合成材料中，是产量最大、应用最广的高分子材料。目前，塑料材料的应用领域仍在进一步扩大，已经涉及国民经济及人们生活的各个方面。

各种不同种类的塑料提供不同容纳需求的品质与属性。它们可以使坚硬或柔软、清澈、白色或彩色、透明或不透明，也可以塑造成许多不同形状与尺寸。热塑性塑料是经加热后熔化为液体，再通过铸模、挤压与压缩等加工技法成形。

以下是包装中最常见的塑料类型。

（1）低密度聚乙烯（LDPE）。指的是具有收缩性的薄膜，专门用来包装衣物与食品。

（2）高密度聚乙烯（HDPE）。是坚硬且不透明的塑料，一般适用于包装衣物洗涤剂、家庭清洁剂、个人护理品与美容瓶罐。

（3）聚乙烯对苯二甲酸酯（PET）。如同透明玻璃，负责承装水及碳酸饮料、芥末、花生酱、食用油与糖浆等食品，以及作为食物与药品的盒子。

（4）聚丙烯（PP）。用于瓶子、盖子与防潮包装。

（5）聚苯乙烯（PS）。有很多不同的形状，透明的聚苯乙烯是应用于 CD 盒或药品罐，耐冲击的聚苯乙烯是以热塑性塑料制成乳制品容器，发泡聚乙烯则是用来做杯子包装与食品对折盒（汉堡）、内衬盘、鸡蛋盒。

塑料的材料与制造过程为结构设计师提供了创造新造型的空间。瓶罐与其他结构性造型包含了模内贴标、色彩选择、特殊金属的色彩与效果、浮雕压印及加工技术（网版印刷、烫金等）。

硬塑料制品在装物品时会维持其形状。瓶子、罐子、管子与管状造型，这些塑料制品都可以现货选购或是委托定做。许多产品类别都是硬塑料制品，如牛奶、汽水、奶油、可微波的面食或米饭、洗发精、身体乳液、感冒药水、清洁剂与肥皂盘等容器。拥有专有外形或形状的塑料包装设计则具有高识别度，并且在产品类别中建立其独特的特征。

[案例 3-14] Live For Tomorrow 清洁产品包装设计

Live For Tomorrow 是一款以植物元素为产品生产原料的清洁产品，环保无污染，设计师将环保生态的理念贯穿到瓶身的设计之中（见图 3-15）。

图 3-15　Live For Tomorrow 清洁产品包装设计

### 3.4.2　金属

与塑料相比，铝更能引起注意，一部分原因是它们无数的应用方式，另一部分原因是它们能够更迅速获得公众的普遍认可。尽管有时它的影响是消极的，但仍然能够获得公众的理解和欣赏。

在铝的早期应用中，无论制造商怎么努力说服消费者相信铝的现代价值，大多数民众仍认为铝是一种不确定的现代材料。直到 20 世纪 30 年代末，铝由于在飞机机身、飞艇、餐具、车身及前卫家具中的应用而获得一种现代形象。铝在早期的交通工具中得到了最有效的应用，特别是在飞机中，因为轻金属铝具有巨大的优势。反过来，飞机又成为拥有现代气质的设计师设计的无数其他形式和物品的灵感来源。家具设计使用了铝材料用来替代沉重的钢材。美国设计师拉瑟尔·赖特的拉丝铝餐具瞄准了获得新女主人形象的家庭主妇，十分畅销，在家庭中和餐桌上广泛使用。随后，美国铝业公司借助设计师吕雷勒·吉德也进入家庭和小装饰品的生产领域。

通过在现代产品中的应用，铝逐渐开始被赋予这个时代的气息，在金属上重复打圆孔的做法形成了有关"轻"的美学理念，分量轻的铝也为赛道上的赛车带来了优势。至 1945 年，由于设计的介入，闪亮的轻金属成为所有现代材料中最富于象征性的材料之一。

20 世纪 30 年代在美国诞生的许多现代设计形式中，新材料扮演了关键角色，设计师塑造的形象通常具有惊人的创新性。新材料拥有自身内在的现代身份这一思想得到许多设计师的响应，他们因此在工作中都选用新材料。越来越多的消费者寻找使用新材料的日常商品，以示他们对现代性的喜爱。

镀铬钢也在两次世界大战之间获得了现代意义。基材上闪亮的反射面吸引着对现代性具有视觉意识的消费者。在现代主义范围内，"人工"概念被看作是进步、民主、亲和的技术的标志，评价高于"自然"。技术能创造它特有的物品，而这些物品又成为现代世界中技术自身力量和权威在材料上的表现，这一观念开始广泛传播。然而同时，人们让技术进入家的程度有限。尤其在欧洲，镀铬钢管家具仅仅出现在最前卫的家庭里。

新材料的使用是由美国大公司推动的，并由美国设计师赋予材料形式，这些设计师很乐于将他们的视觉想象力运用到这些材料上。先进的欧洲建筑师与设计师也尝试运用新材料，尤其是在家具制造领域里。在马塞尔·布劳耶和米斯·范·德·罗厄的努力下，德国在钢管方面取得的成就如同法国建筑师勒柯布西耶的成就一样，得到广泛的记载。钢管是 19 世纪的发明，并因为重量轻、强度高，被用作自行车的车架。钢管在家具设计中可以充当结构材料。经过布劳耶、米斯、勒柯布西耶以及荷兰人马特斯坦的实践，它促进了软座椅从实心向骨架结构的根本转变，这种骨架结构运用空间而非质量的审美可能性。

两次世界大战之间，迅速发展的新工业主要集中在新产品，如汽车和家用器具方面。当生产者努力使用新材料来降低成本并从中获益的时候，设计师的责任便是与消费者建立象征性联系。20 世纪头十年，批量制造的全钢车身最终在美国出现，而后法国雪铁龙首先在欧洲取得了同样成就。在电冰箱制造方面，人们努力使它达到仿佛整块钢板制成的效果，制造技术上的发展也促进了愿望的实现。更传统的产品如陶瓷和玻璃的制造商，也采用现代化的生产技术，尽管最终产品常常保留了传统的外观。

家庭也经历了许多技术变革，被推上现代舞台。家庭环境的革新包括浴室中的油地毡、厨房墙面的层压塑料、起居室内批量生产的家具，以及壁炉架上的模制玻璃和陶瓷装饰品、厨房中的铝壶与锅、餐桌上装着塑料把手的刀叉。由于人造纤维、新的人造丝绸及稍后的尼龙的出现，时装界也发生了重大变革。

随着时代的发展，材料研究集中在新材料的功能性——运动设备要轻盈，汽车工业材料要有强度与弹性，作为可持续发展计划一部分的材料要可回收，同时，设计师也开始发掘材料的美学和符号潜力。20世纪90年代在纽约现代艺术博物馆举办的展览，名叫"变异材料"，开始展示设计师探索一系列新事物的成果。这一展览强调在使用者与材料世界之间建立交互界面的重要性。

21世纪已经过去了十多年，技术革新和变革保持着加速化的步调，并越来越注重材料产生、应用乃至整个生命周期的可持续利用。新的材料不断涌现并应用到产品设计、包装设计、医学、军事等领域。

## [案例 3-15] The New Mac Pro

The New Mac Pro，其整体外形设计是最大的亮点，整个电脑的观感已被改变。采用了铝合金材料，侧面相当薄，并取消了沉重的主机箱（见图 3-16）。

图 3-16　Tne New Mac Pro

## [案例 3-16] UBC Coren 轻质单车设计

这款单车是 UBC 今年新推出名为 Coren 的轻质产品。框架采用的是 Umeco 的 MTM 49-3 环氧树脂体系，该体系在 80～160℃间固化，在适当的固化周期后，其具有优良的耐候性和高温力学性能，是运动休闲和赛车应用的理想材料。整车质量仅有 7.7 公斤（见图 3-17）。

图 3-17　UBC Coren 轻质单车设计

### 3.4.3　木材

当今社会，可持续发展是各行业普遍重视的课题，对于建筑、建材行业也不例外。建筑材料是建筑工程的物质基础，我们对于建筑的可持续发展研究，首先就必须考虑到建筑材料的可持续发展。其中，木材以其自身特点在建筑材料可持续发展研究中占有重要一席。

所谓建筑材料的可持续发展，就是强调使用可再生、可循环、可重复使用、可降低污染的自然资源，即具体表现为"4R"原则：Re-new，Re-cycle，Reuse，Reduce。

在现在的欧洲，木材已经成为首选的可再生建筑材料应用在建筑结构上。建筑师使用木材既是选择生态途径的重要方式，也被认为是建筑材料可持续发展的重要内容。当然，确保木材作为可持续的资源，是以相对丰富的森林资源和相对较高的森林资源科学管理水平为前提的。针对我国森林资源相对匮乏、管理水平相对落后的现状，很难使木材作为结构材料加以大力推广，一方面我国森林资源并不丰富充足，不能很好地满足木材的需求；另一方面，大量使用木材显然就意味着原本就不充足的森林资源将进一步减少，甚至有人简单认为使用木材作为建筑材料将导致整个生态环境的破坏。这种观点与欧洲人对木材作为可再生、可持续资源的理解有一定差距。造成这种差距的原因除了我国本身森林资源缺乏的现状以外，还由于可持续发展在我国还算是一个比较新的概念，对其本质含义很多人还没有具备比较全面、深刻的认识。回首古代社会，中西方因文化意识形态不同，在建筑材料的使用上有很大区别，西方古建筑以石材为主，而以中国为中心的东方古建筑以木材为主。历史发展到今天，我国与西方在木材使用的认识、观念上又一次发生了分歧，这真是戏剧性的转变。

作为一种综合性能优良的建筑材料，木材在建材的可持续发展领域中具有无法替代的优势。木材是一种自然的、较安全、节能、环保、经济的建筑材料。除了可再生以外，木材还是可以循环利用的，越是自然未经过处理的木材，其可循环利用能力就越强。所以我们应该认识到：面对日益严重的环境危机，扩大木材的使用范围、积极尝试对木结构建筑进行一定范围内的恢复，是建筑建材行业可持续发展研究的一个新思路、新方向。

### [案例 3–17] Meze 设计的木质耳塞机和耳机

Meze 设计的木质耳塞机和耳机无论是组件、形状、材料都选得恰到好处，既高贵又不落俗套，凸显了木质材料的特性和风格，无论是从哪个角度哪个方位，都找不到任何的瑕疵（见图 3-18）。

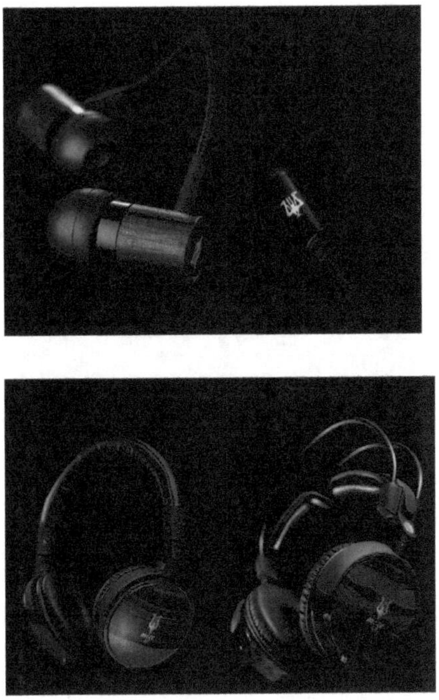

图 3-18　Meze 设计的木质耳塞机和耳机

### [案例 3–18] CONDE HOUSE 木制家具 SPLINTER 系列

CONDE HOUSE 公司是日本高端民用及商用家具制造领域的佼佼者，专注于固体和单板木构建筑，建造精美，采用传统工艺和现代计算机化的工具生产制造，所有的家具精雕细琢制成，风格独特。

公司认为可持续发展是在制造过程中的一个重要的价值。自 2000 年以来，公司在其日本的自有土地种植栎树，并将此木材用于家具材料的主要资源之一。另外还致力于在家具生产中只使用无毒胶水和饰面。

“SPLINTER”系列是日本跨领域设计师 Nendo 为 CONDE HOUSE 公司所做的民用家具系列设计，包括了扶手椅、茶几、衣帽架和镜子。概念源于整块木料的分裂产生出更多细节及完整的结构。设计师对每一件木制部件都拆分开来，从椅子的靠背、扶手、椅腿，到挂衣杆顶端的钩架都能拆分。设计师将大块的木材按其原厚度打造，从而在必要时提供足够的强度，同时利用木材薄件打造更细致的部分。设计师顺着纹理，让木头保持原始的韧度。扶手椅的靠背分裂出椅腿，衣帽架在顶端分裂成挂钩，茶几则是由一条木料自然分裂出三条桌腿。设计师采用较大的木料提供必要的强度，较薄的木料和分裂部分则带来微妙的细节。原木色，简约不花哨。最大限度地保留了木材的原始色彩和质感，贴近自然（见图3-19~图3-22）。

图 3-19　扶手椅细节设计

图 3-20　衣帽架细节设计

图 3-21　茶几细节设计

图 3-22　穿衣镜细节设计

### 3.4.4　玻璃

现在看起来再平常不过的玻璃材料，当初也只是一个偶然的发现，3000多年前一艘满载着天然苏打的商船因为海水落潮搁浅，船员在岸上用天然苏打作为锅的支架在沙滩上做饭，饭后收拾的时候发现一些晶莹明亮的东西，其实这就是最早的玻璃，由天然苏打和石英砂在火焰的加热下形成。后来玻璃用于制作镜子、门窗，由于玻璃不易与其他物质发生化学反应，因此也是各类试剂、化妆品的储存的绝佳材料。它不仅有良好的实用价值，晶莹剔透的外表也极具观赏性，因此也得到了众多设计师的青睐。

在玻璃制造中加入各种溶剂，可以让玻璃呈现不同的色彩；在玻璃加工中加入各种助剂，可以明显地改善玻璃的强度性能，如钢化玻璃比普通玻璃的强度提高许多倍。采用不同的加工工艺，可以得到各种不同的玻璃制品，如中空玻璃、夹丝玻璃等。熔融状态的玻璃可弯、可吹塑成型、可铸造成型，得到不同形状和状态的玻璃制品。玻璃成品可锯、可磨、可雕。玻璃表面可进行喷砂、化学腐蚀等艺术处理，能产生透明和不透明的对比。

## [案例 3—19] Dinuovo 玻璃制品

由 Uufie 和 Jeff goodman 工作室共同推出的手工吹制玻璃制品，它最有趣的地方在于，外形像极了一个倒立的鸡蛋，依托自身重力保持站立，可当做灯具或者花瓶来使用（见图 3-23）。

**图 3-23　Dinuovo 玻璃制品**

在建筑中，玻璃因为其透明性而被广泛使用。然而，玻璃在建筑中的使用是一个巨大的矛盾，因为采用一种透光且抗热性差的材料，可能危及建筑最主要的功能——遮蔽和保护。这些关于玻璃的多种看法，使得人们对于玻璃的重要性和科学使用方法展开了激烈辩论。

纵观中世纪起在建筑中使用玻璃的行为，能够发现：从高超的哥特式风格彩窗到 19 世纪温室建筑，经过短短几个世纪，玻璃实现了从轻薄的易损物质向精致坚硬窗饰的转变。

整合玻璃和铁的技术在 1851 年建造水晶宫的过程中得到了很好的实行，这座建筑被认为是推动现代运动的重要标志。它由约瑟夫·帕克斯顿设计，长 564m、高 3m。建筑使用了大量预制构件和镶嵌玻璃，在 9 个月里使用了 83 600m$^2$ 的吹制玻璃。水晶宫的影响力巨大，成为了铁和玻璃建筑的典范。铁柱、铁艺护栏和玻璃模块的搭配，成为当时大型车站、仓库和市场的标准结构（见图 3-24）。

**图 3-24　水晶宫**

玻璃的技术革新沿着两条相互冲突的道路前进。一条道路是通过减少几何缺陷、色差、表面异常，制造出尽可能透明、无形的玻璃。这个目标是显而易见的，例如，由添加了抗反射涂层的透明玻璃制成的光滑的店面橱窗。第二条道路是追求材料在形式、结构和美学上的多种可能性——更注重尝试而不是完美，物质性而不是透明性。高强度玻璃和先进的夹层叠加技术的发展，使玻璃系统可以在小尺度结构中代替钢材、混凝土和木材。

## 3.4.5　陶瓷

陶瓷通常指以黏土为主要原料，经原料处理、成型、焙烧而成的无机非金属材料。普通陶瓷制品按所用原材料种类不同及坯体的密实程度不同，可分为陶器、瓷器和炻器三大类。

### 1. 陶器

陶器以陶土为主要原料，经低温烧制而成。断面粗糙无光，不透明，不明亮，敲击声粗哑，有的无釉，有的施釉。陶器根据其原料土杂质含量的不同，又可分为粗陶和精陶两种。烧结黏土砖、瓦、盆、罐、管等，都是最普通的粗陶制品；建筑饰面用的彩陶、美术陶瓷、釉面砖等属于精陶制品。

### 2. 瓷器

瓷器以磨细岩粉为原料，经高温烧制而成。胚体密度好，基本不吸水，具有半透明性，产品都有涂布和釉层，敲击时声音清脆。瓷器按其原料的化学成分与工艺制作的不同，分为粗瓷和细瓷两种。瓷质制品多为日用细瓷、陈设瓷、美术瓷、高压电瓷、高频装置瓷等（见图3-25）。

图 3-25　瓷盘墙面装饰

### 3. 炻器

炻器是介于陶质和瓷质之间的一类产品，也称半瓷或石胎瓷。炻的吸水率介于陶和瓷之间。炻器按其坯体的细密程度不同，分为粗炻器和细炻器两种。建筑饰面用的外墙面砖、地砖等属于粗炻器；日用器皿、化工及电器工业用陶瓷等属于细炻器。

**[案例 3-20] 三头怪台灯**

设计师 Jonathan Entler 的系列台灯是他对炽这一材料的探索和对蛇的形态的再创造。

炽器（Cast stoneware）打磨而成一体化的灯体，光滑圆润，管状灯体上的黄铜线圈调节了一体化的单调。每个灯头下安装了一个 3.5W 的 LED 灯。底座尾部有一个很小的金属开关可以控制。相比塑料材质或者金属材质的台灯，这款台灯更有质感。抛光的炽器台灯光滑可爱，不抛光的显得很质朴。颜色分类有黑、白、裸粉、黄色（见图3-26）。

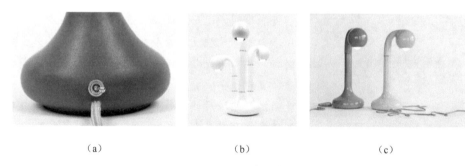

（a）　　　　　　　　　（b）　　　　　　　　　（c）

图 3-26　三头怪台灯

## 3.4.6　石材

石材是一种传统天然材料。天然石材是从天然岩体中开采出来加工成型的材料总称。常见的岩石品种有花岗岩、大理石、石灰岩、石英岩和玄武岩等。

天然石材中应用最多的是大理石，它因盛产于云南大理而得名。纯大理石为白色，也称汉白玉，如在变质过程中混进其他杂质，就会呈现不同的颜色与花纹、斑点。如含碳呈黑色，含氧化铁呈玫瑰色、橘红色，含氧化亚铁、铜等呈绿色等。

天然石材一般硬度高，耐磨，较脆易折断和破损。

天然石材资源有限，加工异型制品难度大、成本高。而人造石材则较好地解决了这些问题。

人造石材是利用各种有机高分子合成树脂、无机材料等通过注塑处理制成，在外观和性能上均相似于天然石材的合成高分子材料。根据使用原料和制造方法的不同，人造石材可以分成树脂型人造石材、水泥型人造石材、复合型人造石材、烧结型人造石材。

### [案例 3-21] kora 浴缸的高贵优雅范儿

Kreoo 是一家来自意大利的年轻的家具公司，钟爱大理石设计，在 2016 年的米兰国际家具展上展出了这款浴缸。

它选用一整块大理石作为原料，首先采用专业的技术去"挖"这块石头，再经过手工对细节进行加工打磨，最终则由铁架来进行固定。

"kora"这个名字和灵感来源于西非的一种椭圆形乐器，安静或流动的水声也正像是人们在沐浴过程中的配乐，让这款浴缸在优雅中又多了几分灵动的气质（见图 3-27）。

图 3-27　kora 浴缸

### 3.4.7　织物与皮革

#### 1. 纤维织物

纤维织物在家具设计中应用广泛，它具有良好的质感、保暖性、弹性、柔韧性、透气性，并且可以印染上色彩和纹样多变的图案。纤维织物种类繁多，面料质地、花样、风格、品种丰富，可以供各种不同的消费者使用。因为质地及材料的不同，化学及物理性能差异较大，所以要求设计师熟悉各种纤维材料的性能，根据需要来选择适合的材料。

纤维织物主要分为以下几类。

（1）棉纤维织物。具有良好的柔软性、触感、透气性、吸湿性、耐洗性，品种多，广泛应用于布艺沙发和室内装饰中。但弹性较差，容易起皱（见图 3-28）。

图 3-28　用毛线织成的凳子

（2）麻、革纤维织物。质地粗糙挺括、耐磨性强、吸潮性强，不容易变形且价格便宜。装饰效果独特，具有古朴自然之感。

（3）动物毛纤维织物。细致柔软有弹性，耐磨损易清洗，多用于地毯和壁毯。但毛纤维制品在潮湿、不透气的环境下容易受虫蛀和受潮，并且价格较昂贵。

（4）蚕丝纤维织物。具有柔韧、光泽的质地，易染色。

（5）人造纤维织物。用木材、棉短绒、芦苇等天然材料经过化学处理和机械加工制成。吸湿性好，容易上色，但强度差，不耐脏、不耐用。一般与其他纤维混合使用。

（6）聚丙烯腈纤维（腈纶）织物。质感好、强度高、不吸湿、不发霉、不虫蛀，表面质地和羊毛织物很相像。但耐磨性欠佳，容易产生静电，所以经常与其他纤维混纺，提高植物的耐磨性，并增加装饰效果，例如天鹅绒就是腈纶的混纺产品。

（7）聚酰胺纤维（尼龙、锦棉）织物。牢固柔韧，弹性与耐脏性强，一般也与其他纤维混纺。缺点是耐光、耐热性较差，容易老化变硬。

（8）聚酯纤维（涤纶）织物。不易褶皱，价格便宜，能很好地与其他纤维织物混纺。

（9）聚丙烯纤维（丙纶）织物。重量轻，具有较高的保暖性、弹性、防腐蚀性、蓬松性等优点，但质感较差，不如羊毛织物，染色性和耐光性欠佳。

（10）无纺纤维布。不经过纺织和编制，而是用粘接技术，将纤维均匀地粘成布。

### [案例 3-22] APPLE WATCH 推出精织尼龙表带

Apple Watch 全新的编织尼龙表带，是个小小的惊喜。新的表带融合了美学、科技和舒适性产品的品牌传统。每个精织尼龙表带都由超过 500 股纤维织造而成，这些纤维被精心编制成独特、缤纷的图案，四层精织纤维再通过多根单丝紧密相连，从而打造出一支具有舒适面料触感的耐用表带（见图 3-29）。

图 3-29　Apple Watch 精织尼龙表带

### 2. 皮革

（1）动物皮革。动物皮革是高级家具常用的材料，主要有牛皮、羊皮、猪皮、马皮等。动物皮透气性、耐磨性、牢固性、保暖性、触感比较好。好的动物皮革手握时感到紧实，手摸时感到如丝般柔软。制作皮质家具要求质地较均匀柔软，表面细致光滑又不失真。

（2）复合皮革。复合皮革是用纺织物和其他材料，经过粘接或涂覆等工艺合成的皮革，主要有人造革、合成革、橡胶复合革、改性聚酯复合革、泡沫塑料复合革等。复合皮革外表很像动物皮革，并且具有价格便宜、易于清洗、耐磨性强等优点，在家具制作中广泛运用。但是，复合皮革不透气、不吸汗、易老化、耐久性差，一般作为中低档产品材料。

### [案例 3-23] 皮革座椅

这把椅子采用了最原始简单的结构，金属支架搭配木腿。座位和靠背部分包裹上全天然的皮革，在交接处进行缝线，使这把座椅有了柔和的温度，并且保持了一种古朴原始的美感（见图 3-30）。

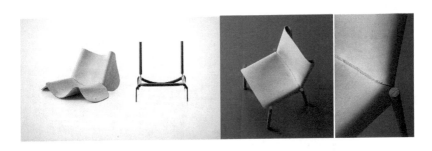

**图 3-30　皮革座椅**

### 3.4.8　包装材料

不同的商品，考虑到它的运输过程与展示效果等，所以使用材料也不尽相同。按包装材料，可分为纸包装、金属包装、玻璃包装、木包装、陶瓷包装、塑料包装、棉麻包装、布包装等。

#### 1. 纸材质

纸制包装容器在整个包装产值中约占 50%的比例，全世界生产的 40%以上的纸和纸板都是被包装生产所消耗的，可见纸包装的使用相当广泛，也占据着非常重要的地位。纸包装所具有的优良个性，使它长久以来备受设计师和消费者的青睐。

纸质包装有一定的强度和缓冲性能，在一定程度上又能遮光、防尘、透气，能较好地保护内装物品，同时能折叠、质量轻，便于流通和仓储。纸材具有很强的可塑性，根据商品的特性可设计制作多元化的包装造型，包装表面很容易进行精美的印刷，达到优秀的视觉效果，使包装成为商品的名副其实的"无声推销员"。随着人们环保意识的增强和对"绿色包装"的追求，取之于自然能再生利用的纸材的使用面还会进一步拓宽，尤其是纸复合材料的发展，使纸包装的用途不断地扩大，同时还弥补了纸材在刚性、密封性、抗湿性方面的不足。

纸的可塑性使其成型比其他材料容易；通过裁切、印刷、折叠、封合，能较方便地把纸和纸板做成各种形式，纸包装容器的类型按结构形状可分为盒、箱、袋、杯、桶、罐、瓶等。

#### [案例 3-24] 三星 GALAXY S4 环保包装盒设计

GALAXY S4 手机包装盒采用了全新的设计，整个外观看起来相当不错。包装盒为长方体结构，盒子以暖黄色为主打色，给人一种温馨的感觉。盒子侧身附有贴心提示："此包装采用了 100%可再生环保纸质，字体采用大豆油墨印制（以大豆油为材料所制成的工业印刷油墨，是一种环保的油墨），可循环利用率为 100%。"盒子主要分为两部分，正面印制产品名称，底部印制相关功能介绍。GALAXY S4 盒内还有充电插头、数据线和耳机（见图 3-31）。

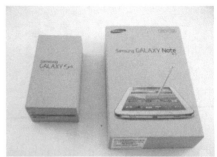

图 3-31　三星 GALAXY S4 环保包装盒设计

### 2. 泡沫材质

泡沫是硬塑料包装结构的其中一种。此结构是在产品正面的周围以加热加工的方式成形，使消费者可通过透明的塑料罩来观看产品。一般的泡沫是黏附于一张印有包装设计图形的纸板上。三折或对折的泡沫都是依据产品的两侧外形所制造的，产品因此而完全被透明化。

典型的泡沫结构都会在塑料壳上打洞以便零售展示的固定。玩具、量产的美容与个人护理品、成药、电池、电子产品、五金产品、五金用品（如螺钉）及其他小型产品都是泡沫包装的例子。

过去因泡沫包装太容易被打开，导致产品失窃率的增加。故在这样的考量之下，新泡沫设计的改良解决了此问题，虽然造成了消费者的不便，但却使商品远离了窃贼。

**[案例 3-25] AIAIAI 公司耳机耳麦品牌形象设计**

AIAIAI 是一家致力于为每一个用户提供高质量视听产品的音响器材公司。AIAIAI 现代审美设计的时尚耳机新产品系列提供了逼真震撼的视听效果。该产品包装的设计色彩浅淡，没有繁复的花纹与其他装饰设计元素，利用了灰白与间隙的大字体相互辐射的效果，清楚地传达了耳机耳麦产品的设计质量，与潮流一致的质量外观设计，凸显了产品过硬的视听质量这一个需要用外在的包装彰显的品质内涵（见图 3-32）。

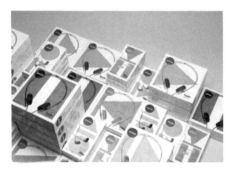

图 3-32　AIAIAI 公司耳机耳麦品牌形象设计

### 3. 金属材质

金属包装的主要原料有锡、铝、铜与铁。由于制铸原料容易取得，故金属结构的包装品能够以低成本量产。加工食品、喷雾罐、油漆、化学药品与汽车产品则是属于铁质瓶罐。铝包装的应用通常出没在碳酸饮料及健康与美容类别中；铝箔容器使用于烘焙食品、肉类食品与熟食类。

### [案例 3-26] Doublevee 品牌混合饮料包装设计

Doublevee 品牌混合饮料包装，设计了一系列五种不同但类似模式的罐，这个名字听起来俏皮、优雅。这个充满活力的设计模式让整个产品在商店货架上脱颖而出，吸引消费者的注意（见图 3-33）。

### 4. 玻璃材质

玻璃容器的形状、尺寸与颜色都有很多的选择性，是消费品类别中最常见的包装。玻璃可被塑造成多元的特殊造型、大小不同的开口尺寸与浮雕装饰的点缀，也可增加其他装饰性加工以提升包装设计的整体品质。创新造型的瓶罐设计是通过不同商标与印刷技术营造而成的专有包装设计。玻璃天然的惰性特质（意指不会对承装物起反应），适合于承装容易对特定食品、药物及其他产品种类起反应的物质。

如同纸箱一样，玻璃与塑料都在角逐成为包装设计的媒材。玻璃的重量与易碎性会影响到生产与运输的成本，连带也会考量到其成本效益与材质的适用性。玻璃所具有的透明性与触感，则是被视为可靠且特殊的材质，其运用的范围包含了香水、美妆、药用、许多饮料及其他美食与奢侈品。

图 3-33　Doublevee 品牌混合饮料包装设计

一般对于玻璃包装的产品的感知是比较高等的，通常其外观、气味与味道都会比其他材料所承装的产品来得好，因此许多含酒精及非碳酸饮料（如运动饮料、茶、果汁、水）都使用玻璃瓶包装（虽然现在有许多高级的塑料包装也加入了竞争行列）。

### [案例 3-27] Absolut 绝对伏特加口味包装重新设计

Absolut 伏特加对他们的产品线按照口味设计进行了重新的艺术装饰设计及外观形象包装塑造。该包装设计集成已有的品牌创意风格，将充满活力的色彩概念融入到新产品的创作之中，集中表达 Absolut 伏特加的口味的核心本质特征（见图 3-34）。

图 3-34　Absolut 绝对伏特加口味包装重新设计

5. 新型材质

现在随着大众环保意识的加强，包装材料不断地推陈出新。

**（1）秸秆容器。** 利用废弃农作物秸秆等天然植物纤维，添加符合食品包装材料卫生标准的安全无毒成型剂，经独特工艺和成型方法制造的可完全降解的绿色环保产品。该产品耐热、耐油、耐酸碱、耐冷冻，价格低于纸制品。不仅杜绝了白色污染，也为秸秆的综合利用提供了一条有效的途径。

**（2）真菌薄膜。** 在普通食品包装薄膜表层涂覆一层特殊涂层，使其具有鉴别食物是否新鲜，有害细菌是否超出食品卫生标准的功能。

**（3）玉米塑料。** 由美国科研人员研制出的一种易于分解的玉米塑料材料，是玉米粉掺入聚乙烯后制成的，能在水中迅速溶解，可避免污染和病毒的接触侵蚀。

在包装材料上的革新还有很多，比如用于隔热、防震、防冲击和易腐烂的纸浆模塑包装材料，植物果壳合成树脂混合物制成的易分解材料，天然淀粉包装材料等。在包装的设计上要选择后期易于分解的环保材料，尽量采用质量轻、体积小、易分离的材料，尽量多采用不受生物及化学作用就易退化的材料，在保证包装的保护、运输、储藏和销售功能的同时尽量减少材料的使用量等。

**（4）防辐射膜。** 日本大型瓦楞纸制造商联合包装公司（RENGO）于 2012 年 5 月 2 日宣布，研发出了一种可以阻隔辐射的树脂膜，该产品可用于覆盖核污染废弃物的临时存放场所，福岛核事故发生后会出现此类市场需求。

据共同社报道，辐射阻隔材料多由铅板等坚硬沉重的材料制成，制造薄膜状产品有时还需用到稀土。此次开发出的树脂膜由富有弹性的树脂制成，轻盈且成本低廉。公司计划 2012 年内开始面向各地方政府及建材商销售。树脂膜厚度为 1~2mm。2mm 产品的辐射阻隔率约为 6%，重叠使用 10 张则约可阻隔一半辐射。据悉，和相同厚度或阻隔率的金属制产品相比，该产品价格不到 1/20。

（5）**活性包装**。2013 年，英国机械工程师学会发布报告称，全球每年生产的 40 亿吨食物中，有 30%～50% 被浪费，而造成这一问题的原因之一就是在运输和储存过程中造成的浪费。

西班牙一家科研机构于 2013 年推出了三种"活性包装"，据称能够有效减少食物浪费。"活性包装"又称"智能包装"，指的是在包装袋内加入各种气体吸收剂和释放剂，调节食品储藏环境中的各种气体浓度，去除有害气体和水汽，从而使包装袋内的食物始终处于适宜的储藏环境，从而延长食物保质期。在全球食物浪费严重的今天，"活性包装"能够有效减少食物浪费。

**[案例 3-28] Remember the Lion 设计工作室酒瓶混凝土包装**

Remember the Lion 设计工作室把建筑上使用的混凝土包裹在红酒、黑啤的玻璃瓶外面，做成全新的包装设计。他们把这次跨界尝试的成果展示在临时网站上。酒瓶变得厚重粗粝，中间的标签纸更加突出、吸引目光。将常规的材料，进行不常规的使用，这样的思维非常"设计师"，也往往能带来耳目一新之感（见图 3-35）。

**[案例 3-29] Natural Delivery 可降解食品包装设计**

图 3-35　Remember the Lion 设计工作室酒瓶混凝土包装

这是一款产品整体包装设计项目，该公司为顾客提供自然健康的食品送货服务，这个独特的折叠盒子构成了一个独特优化的产品运输安全保障结构，减少了工人整理搬运的时间成本，方便顾客个人携带及使用，放平的保障设计也可以成为食用食品时的餐垫。该产品的包装材料环保无污染，可以进行自然降解。更为巧妙的是，该食品包装袋子里面已经设置了各种饭食隔离的区域，不至于让口味混淆（见图 3-36）。

图 3-36　Natural Delivery 可降解食品包装设计

## 3.5 设计——色彩

在产品设计因素之中，产品色彩是决定产品能否受欢迎的一个重要因素。有关研究表明，人们在观察物体时最初 20 秒内，色彩的影响占 80％，形态占 20％；2 分钟后，色彩的影响占 60％，形态占 40％；5 分钟后，色彩和形态各占 50％。也就是说，人们在购买产品时，首先会被吸引的是产品的色彩，其次才会注意到产品的形态。色彩与这些因素也有着密不可分的联系，色彩运用得当，可以强化产品的功能性，利用色彩也可以完善产品的形态，起到修饰美化的作用。虽然产品的色彩是依附于形态的，但是色彩比形态更具有先声夺人的魅力，色彩是商品最重要的外部特征，由于色彩具有主动的、吸引人的感染力，能先于形态而影响人们的情感。应用色彩设计，对于产品的结构性也可以起到强调的作用，至于产品设计的经济性和宜人性在有了色彩的巧妙运用之后，都可以起到事半功倍的效用。

从产品设计的历史来看，早期产品的特征以技术开发为主，产品的色彩也偏向于理性的、功能性的色彩，如早期的电视机、汽车、照相机、打字机等产品，都以黑壳或木材包装的材料色为主。现代的工业产品由于新工艺、新技术的不断吸收与应用，加快了产品更新换代的步伐。尤其是微小电子晶片技术使产品内部结构小型化和隐藏化，给产品的整体形态设计带来了新的自由天地。在产品形态改朝换代、革新的时候，同时也给产品的色彩设计带来了机遇。在简洁代替了繁复后，注重产品的功能开发时，也需要考虑给予消费者更多的精神关怀，让消费者在使用产品时有一个愉悦的心情，而工业产品色彩设计在产品能更好地为人服务时担当了重要的角色。

现代产品使用一定的色彩来装饰外观，往往能够增强产品形象的感染力，加强记忆的识别，影响消费者心理和传达某种意义的作用。在产品的色彩设计中，色彩需要同产品的性质和使用者、使用环境相结合。优秀的色彩设计能提高工作效率、使用的安全性和增加产品的销售量。色彩是使产品富有吸引力的另外一种手段，色彩的正确应用能使产品成为消费者的朋友，人机可以互动，可以在精神上沟通。所以在给不同职业、地区、年龄的人设计产品时，在色彩上要考虑他们的接受心理和审美趣味。比如，给老年人设计的产品如果使用太强烈的色彩会使他们感到头晕眼花，因此要以宁静，安详的色调为主；给小孩设计玩具产品时就应该采用一些鲜艳夺目缤纷的色彩，从而使孩子可以对这些玩具多一些好奇和新鲜感。

**图 3-37 色彩的温度感**

### 3.5.1 色彩的温度感

冷色与暖色是依据心理错觉对色彩的物理性分类，对于颜色的物质性印象，大致由冷暖两个色系产生。波长长的红光和橙、黄色光，本身有暖和感，此光照射到任何色都会有暖和感。相反，波长短的紫色光、蓝色光、绿色光，有寒冷的感觉。夏日，我们关掉室内的白炽灯光，打开日光灯,就会有一种变凉爽的感觉（见图 3-37）。

冷色与暖色除去给我们以温度上的不同感觉外，还会带来其他的一些感受。比如，重量感、湿度感等：暖色偏重，冷色偏轻；暖色有密度强的感觉，冷色有稀薄的感觉；两者相比较，冷色的透明感更强，暖色则透明感较弱；冷色显得湿润，暖色显得干燥；冷色有退远的感觉，暖色则有迫近感。这些感觉都是偏向于对物理方面的印象，但却不是物理的真实，而是受我们的心理作用而产生的主观印象，它属于一种心理错觉。

　　红、橙、黄色常常使人联想到旭日东升和燃烧的火焰，因此有温暖的感觉；蓝青色常常使人联想到大海、晴空、阴影，因此有寒冷的感觉。色彩的冷暖与明度、纯度也有关。高明度的色一般有冷感，低明度的色一般有暖感。高纯度的色一般有暖感，低纯度的色一般有冷感。无彩色系中白色有冷感，黑色有暖感，灰色适中。

## 3.5.2　色彩的轻重感

　　物体表面的色彩不同，看上去也有轻重不同的感觉，这种与实际重量不相符的视觉效果，称之为色彩的轻重感。感觉轻的色彩称为轻感色，如白、浅绿、浅蓝、浅黄色等；感觉重的色彩称重感色，如藏蓝、黑、棕黑、深红、土黄色等。

**图 3-38　色彩的轻重感**

　　色彩的轻重感一般由明度决定。高明度具有轻感，低明度具有重感；白色最轻，黑色最重；低明度基调的配色具有重感，高明度基调的配色具有轻感（见图 3-38）。

　　色彩给人的轻重感觉在不同行业的网页设计中有着不同的表现。比如，工业、钢铁等重工业领域可以用重一点的色彩；纺织、文化等科学教育领域可以用轻一点的色彩。另外，物体表面的质感效果对轻重感也有较大影响。

　　在网站设计中，还应注意色彩轻重感的心理效应，如网站上灰下艳、上白下黑、上素下艳，就有一种稳重沉静之感；相反上黑下白、上艳下素，则会使人感到轻盈、失重、不安的感觉，遵循这样的感觉是很重要的。

## 3.5.3　色彩的软硬感

　　与色彩的轻重感类似，软硬感和明度有着密切关系。通常说来，明度高的色彩给人以软感，明度低的色彩给人以硬感。此外，色彩的软硬也与纯度有关，中纯度的颜色呈软感，高纯度和低纯度色呈硬感。强对比色调具有硬感，弱对比色调具有软感。从色相方面色彩给人的轻重感觉为，暖色黄、橙、红给人的感觉轻，冷色蓝、蓝绿、蓝紫给人的感觉重（见图 3-39）。

　　色彩的软硬感觉为，凡感觉轻的色彩给人的感觉均为软而有膨胀的感觉。凡是感觉重的色彩给人的感觉均硬而

**图 3-39　色彩的软硬感**

有收缩的感觉。在设计中，可利用此特征来准确把握服装色调。在女性服装设计中为体现女性的温柔、优雅、亲切宜采用软色，但一般的职业装或特殊功能服装宜采用硬感色。

### 3.5.4 色彩的距离感

色彩的距离与色彩的色相、明度和纯度都有关。人们看到明度低的色感到远，看明度高的色感到近，看纯度低的色感到远，看纯度高的色感到近。环境和背景对色彩的远近感影响很大。在深底色上，明度高的色彩或暖色系色彩让人感觉近；在浅底色上，明度低的色彩让人感觉近；在灰底色上，纯度高的色彩让人感觉近；在其他底色上，使用色相环上与底色差120°～180°的"对比色"或"互补色"，也会让人感觉近。比如同等面积大小的红色与绿色，红色给人以前进的感觉，而绿色则给人以后退的感觉（见图3-40）。

同样，我们改变色彩的搭配，在绿色底上放置一小块的红色，这时我们会看到截然不同的效果，红色出现后退，绿色则变为前进，而这实际是暖色、中性色及冷色给人在视觉上的差别（见图3-41）。

图 3-40 色彩的前进与后退

图 3-41 色彩搭配的距离感

### 3.5.5 色彩的强弱感

色彩的强弱决定色彩的知觉度，凡是知觉度高的明亮鲜艳的色彩具有强感，知觉度低下的灰暗的色彩具有弱感。色彩的纯度提高时则强，反之则弱。色彩的强弱与色彩的对比有关，对比强烈鲜明则强，对比微弱则弱。有彩色系中，以波长最长的红色为最强，波长最短的紫色为最弱。有彩色与无彩色相比，前者强，后者弱（见图3-42）。

图 3-42 色彩的强弱感

### 3.5.6　色彩的舒适感与疲劳感

色彩的舒适与疲劳感实际上是色彩刺激视觉生理和心理的综合反应。红色刺激性最大，容易使人兴奋，也容易使人感到疲劳。凡是视觉刺激强烈的色或色组都容易使人疲劳，反之则容易使人舒适。绿色是视觉中最为舒适的色，因为它能吸收对眼睛刺激性强的紫外线。纯度过强、色相过多、明度反差过大的对比色组容易使人疲劳，配色难以分辨。

### 3.5.7　色彩的华丽感与朴素感

色彩的华丽与朴素感以色相关系为最大，其次为纯度与明度。红、黄等暖色和鲜艳而明亮的色彩具有华丽感，青、蓝等冷色和浑浊而灰暗的色彩具有朴素感。有彩色系具有华丽感，无彩色系具有朴素感。

色彩的华丽与朴素感也与色彩组合有关，运用色相对比的配色具有华丽感，其中以补色组合为最华丽。为了增加色彩的华丽感，金、银色的运用最为常见，所谓金碧辉煌、富丽堂皇的宫殿色彩，昂贵的金、银装饰是必不可少的（见图 3-43）。

### 3.5.8　色彩的积极感与消极感

体育教练为了充分发挥运动员的体力潜能，曾尝试将运动员的休息室、更衣室刷成蓝色，以便创造一种放松的气氛；当运动员进入比赛场地时，要求先进入红色的房间，以便创造一种强烈的紧张气氛，鼓动士气，使运动员提前进入最佳的竞技状态（见图 3-44）。

图 3-43　色彩的华丽与朴素感　　　图 3-44　色彩的积极与消极感

### 3.5.9　色彩的味觉感

使色彩产生味觉的，主要在于色相上的差异，往往因为事物的颜色刺激，而产生味觉的联想。能激发食欲的色彩源于美味事物的外表印象，比如，刚出炉的面包、烘烤谷物与烤肉、熟透的西红柿等。按味觉的印象可以把色彩分成各种类型。"芬芳的色彩"常常出现在赞美之词里，这类形容词来自人们对植物嫩叶与花果的情感，有浅黄色，浅绿色，以及高明度的蓝紫色，这些色彩在香水、化妆品与美容、护肤、护发用品的包装上经常看到。浓味色主要依附于调味品、咖啡、巧克力、白兰地、葡萄酒、红茶等，这些气味浓烈的东西在色彩上也较深浓，暗褐色、暗紫色、茶青色等便属于这类使人感到味道浓烈的色彩（见图 3-45）。

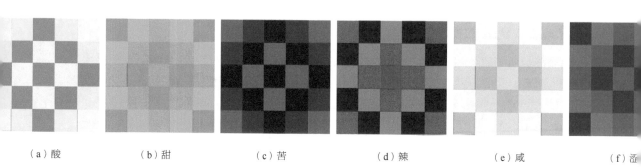

（a）酸　　　　（b）甜　　　　（c）苦　　　　（d）辣　　　　（e）咸　　　　（f）涩

图 3-45　色彩的味觉感

### 3.5.10　色彩的音感

人们有时会在看色彩时感受到音乐的效果，这是由于色彩的明度、纯度、色相等的对比所引起的一种心理感应现象。

一般来说，明度越高的色彩，感觉其音阶越高，而明度很低的色彩有重低音的感觉。有时我们会借助音乐的创作来进行广告色彩的设计，运用音乐的情感进行搭配，就可以使广告画面的情绪得到更好的渲染，而达到良好的记忆留存。在色彩上，黄色代表快乐之音，橙色代表欢畅之音，红色代表热情之音，绿色代表闲情之音，蓝色代表哀伤之音（见图 3-46）。

（a）抒情委婉的节奏与强烈有力的节奏　　　　（b）明快跳跃的节奏与中缓中速的节奏

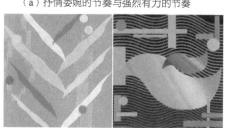
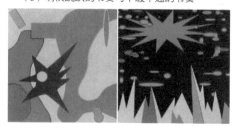

（c）欢快的轻音乐与优雅的小夜曲　　　　（d）起伏跌宕的交响曲与激昂强烈的进行曲

图 3-46　色彩的音感

### 3.5.11　色彩的心理差异

产生色彩心理差异的原因很多，如人们的性别、年龄、性格、气质、健康状况、爱好、习惯等。此外每个国家、民族的生活环境、传统习惯、宗教信仰等存在差异，因此产生对色彩的区域性偏爱和禁忌。

## 1．色彩的民族特征

色彩设计大师朗科罗在"色彩地理学"方面的研究成果证明：每一个地域都有其构成当地色彩的特质，而这种特质导致了特殊的具有文化意味的色谱系统及其组合，才产出了不同凡响的色彩效果。

**（1）自然环境因素。** 人类的祖先对某种色彩的倾向最初是对居住的周围环境进行适应的结果。一切给予他们恩泽或让他们害怕的自然物都会导致他们对这些自然物的固有色彩产生倾向心理。如生活在黄河流域的汉民族对黄土地、黄河的崇拜衍生了尚黄传统，并把中华民族的始祖称为黄帝，是因为黄帝是管理四方的中央首领，而土是黄色，故名"黄帝"；意大利人喜好浓红色、绿色、茶色、蓝色、浅淡色、鲜艳色，讨厌黑色、紫色及其他鲜艳色；挪威人喜好红色、蓝色、绿色、鲜明色；丹麦人喜好红色、白色、蓝色；日本人崇尚自然事物、植物生命的颜色和崇尚水的清纯无色。

**（2）人文环境因素。** 我们以中国的人文因素观察中国色彩。如今的中国色彩多为国外色彩理论，事实上中国也有自己的色彩文化和理论。由于受传统五行学说的影响，青、黄、赤、白、黑五种颜色被确定为正色，其他色定为间色，正色代表正统的地位。"五色"被人为地与"阴阳五行"学说相结合，使哲学渗透到色彩文化当中。

日本的设计大师原研哉，其色彩风格主要以白色为主，在他创作的无印良品中，大量的白色、白灰色随处可见，在这些色彩的运用与处理上都深受日本传统民族、民间因素影响，体现了日本民族色彩观。在无印良品的网站中，采用低纯度的色彩及白色、黑色为主，原木的质感是网页色彩中唯一的彩色系（见图 3-47）。

**（3）经济技术因素。** 色彩文化的发展和经济发展水平休戚相关。色彩文化经历了从无到有、从简单到复杂、从单纯到既注重实用又讲究美观的发展过程。如美国学者肯与贝林根据调查将色名发展按出现时间的先后分为七个阶段。色彩名称的多少与经济发展水平成正相关关系，反映出人们对色彩认识、运用、创造的能力的提高，同时色彩名称不断丰富的过程就是色彩文化不断丰富的过程。

图 3-47  无印良品网站

**（4）宗教信仰因素。** 由于自然崇拜和图腾崇拜等各种信仰所呈现出来的色彩文化可谓五彩缤纷。如前文所说的土家、白族等因白虎图腾而尚白；彝、拉祜、阿昌等族因黑虎图腾而尚黑；哈尼族由于红石头和黑石头的创世传说，所以常以红色头饰和黑色衣装为美；基诺族的尚白与女祖先阿嫫小白密切相关。

### 2. 色彩的性别特征

男性性格一般较为冷静、刚毅、硬朗、沉稳。喜好色彩一般多为冷色，喜爱的颜色大致相仿，色调集中于褐色系列，并且喜好暗色调、明度较低的中纯度色彩，但同时喜欢具有男性有力特征的对比强烈的色彩，表现其力量感。女性性格一般较为温婉，通常喜好表现温柔和亲切的对比较弱的明亮色调，特别是纯度较高的粉色系。但是女性喜爱的颜色各不相同、色调较为分散，但多为温暖的、雅致的、明亮的色彩，紫色被认为是最具有女性魅力的色彩。

### 3. 色彩的年龄特征

出生不到一岁的婴儿，由于视网膜没有发育成熟，大都喜欢柔和明亮的色调。儿童性格活泼，充满好奇心，对红、橙、黄、绿这类鲜艳的纯色色调的刺激很感兴趣。青年人喜欢的色彩跨度很大，从充满活力的纯色到强壮有力的暗色，都是年轻人喜欢的色彩。中年人喜欢稳重恬淡温和的色调。老年人喜欢平静素雅的色彩和象征喜庆的红色。

### 4. 色彩的性格特征

人们由于性格类型的不同对色彩的喜好和心理感受是不相同的。一般性格外向、活泼的人喜欢明亮的高纯度、对比强烈的色调。性格内向、沉稳的人一般喜欢纯度低、温和的色调。最典型的例子就是中国京剧脸谱。不同色调的脸谱表达了不同人物角色的性格、社会地位等信息，以及观众对角色的理解和评价，比如黑色表示刚直和勇敢，红色表示忠义、勇猛、热心肠，紫色表示高贵、善良、耿直等。

## 3.5.12  色彩设计案例

**[案例 3−30] 可口可乐与迪士尼**

迪士尼与可口可乐不仅早有交集，更是长期的合作伙伴，其世界各地的迪士尼乐园都曾在乐园的周年纪念中推出过纪念版可口可乐，然而专为每个经典的知名角色量身定制的独立可口可乐罐似乎却鲜有或没有。而墨西哥设计师 Nacim Shehin 带来了这一系列概念设计，简洁而凝炼的卡通形象、鲜明的配色，让这些原本就熟知的角色既熟悉而传神，又带来了新的感觉（见图 3-48）。

图 3-48  迪士尼版可口可乐

**[案例 3−31] 壁画《逆滴》**

在迈阿密艺术周期间，智利艺术家 Dasic Fernández 在 Wynwood 墙上留下自己极具辨识度的壁画作品《逆滴》。壁画作品呈现的是色彩绚丽的少女图，五颜六色的弯曲色块组成壁画，看起来就像拼图游戏。这些美丽的五彩曲线形状拼凑成一位静静枕着自己臂膀的少女，每一块水滴状色块图都不是自然地向下，而是展现出超现实的反重力，每颗水滴色块都指向天空。在壁画的左边部分，一只小蜂鸟扑腾着翅膀（见图 3-49），旨在呼吁艺术家们在这个似乎充满焦躁的世界里"无所畏惧"。

图 3-49　壁画《逆滴》

**[案例 3-32]　温暖的牙科诊所**

齿科诊所并非是一个让人开心的地方：冰冷的挂号台，令人焦虑的等候椅，充满不安的诊室门。但从精神层面上来讲，诊所理应是个带来希望的场所，至少应该是个温暖的空间，看牙或许并不愉快，但是设计师用设计在这里做了一些事情，于是这里有了一些温暖，还多了一些关怀。

设计师在接受委托后，与业主一起推翻了之前的设计方案。设计师希望在空间设计上解决医疗空间体验的不舒适，让整个空间呈现出一个不同以往的气氛，通过不同的设计洞见来传递医疗空间需要表达的信任与希望。

齿科的品牌 logo 及 IP 形象为橙子，所以设计师将圆形作为基础元素贯穿于整个设计当中，木质材料与选择性色彩的搭配在感官调性上传递温暖的质感。整个空间布局由入口区（见图 3-50）、儿童区（见图 3-51）、等候区（见图 3-52）及就诊区四个模块组成，每一个模块在空间中的作用除了基本的功能之外都有相应的设计洞见，而这四个模块组成了该齿科品牌空间的基因，让冰冷的医疗功能空间转化成与人有关的传递温暖与关怀的生活终端。

图 3-50　入口处

图 3-51　儿童区

图 3-52　一个像餐厅一样的等待区

# 第4章 设计形态

如今，随着科学技术的不断进步，设计随着现代工业的发展和社会精神文明的提高，并且在人类文化、艺术及新生活方式的增长和需求下发展起来，它是一门集科学与美学、技术与艺术、物质文明与精神文明、自然科学与社会科学结合的边缘学科。

设计是一门相当多元化的领域，亦是技术的化身，同时也是美学的表现和文化的象征。设计行为是一种知识的转换、理性的思考、创新的理念及感性的整合。设计行为所涵盖的范围相当广泛，举凡与人类生活及环境相关的事物，都是设计行为所要发展与改进的范围。在20世纪90年代前，一般在学术界中将设计的领域归纳为三大范围：产品设计、视觉设计与空间设计。这是依设计内容所定出的平面、立体与空间元素之综合性分类描述。但到了90年代后，由于电子与数字媒体技术的进步与广泛应用，设计领域自然而然地又产生了"数字媒体"领域，使得在原有的平面、立体和空间三元素外，又多出了一项四度空间之时间性视觉感受表现元素。此四种设计领域各有其专业的内容、呈现的样式与制作的方法。

随着人类生活形态的演进，设计领域的体验渐趋多元化，然其最终的目标却是相同的，就是提供人类舒适而有质量的生活。例如，产品设计就是提供人类高质量的生活机能，包括家电产品、家具、信息产品、交通工具和流行商品等；视觉设计就是提供人类不同的视觉震撼效果，包括包装设计、商标、海报、广告、企业识别和图案设计等；空间设计则可提升人类在生活空间与居住环境的质量，其中包括室内、展示空间、建筑、橱窗、舞台、户外空间设计和公共艺术等。而数字媒体更是跨越了二度及三度空间之外另一个层次的心灵、视觉、触觉与听觉的体验；其中包括动画、多媒体影片、网页、互联网、视讯及虚拟现实等内容。

林崇宏在其所著的《设计概论——新设计理念的思考与解析》指出，设计领域的多元化，在今日应用数字科技所设计的成果中，已超乎过去传统设计领域的分类。21世纪社会文化急速的变迁，让设计形态的趋势也随之改变。在新科技技术的进展下，新设计领域的分类必须重新界定，大概分为工商业产品设计（Industrialand commercial product design）、生活形态设计（Lifestyle design）、商机导向设计（Commercial strategy design）和文化创意产业设计（Cultural creative industry design）四大类，如表4-1所示。

表4-1 新设计领域的分类

| 设计形式 | 设计的分类 | 设计参与者 |
|---|---|---|
| 工商业产品设计 | 电子产品：家电用具、通信产品、计算机设备、网络设备 | 工业设计师 |
| | 工业产品：医疗设备、交通工具、机械产品、办公用品 | 软件设计师 |
| | 生活产品：家具、手工艺品、流行产品、移动电话用品 | 电子设计师 |
| | 族群产品：儿童玩具、银发族用品、残障者用具 | 工程设计师 |

续表

| 设计形式 | 设计的分类 | 设计参与者 |
|---|---|---|
| 生活形态设计 | 休闲形态：咖啡屋、KTV、PUB<br>娱乐形态：网络上线、购物、交友、电动玩具<br>多媒体商业形态：电子邮件、商业网络、网络学习与咨询、行动电话网络 | 计算机设计师<br>工业设计师<br>平面设计师 |
| 商机导向设计 | 商业策略：品牌建立、形象规划、企划导向<br>商业产品：电影、企业识别、产品发行、多媒体产品<br>休闲商机：主题公园、休闲中心、健康中心 | 管理师<br>平面设计师<br>建筑师 |
| 文化创意产业设计 | 社会文化：公共艺术、生活空间、公园、博物馆、美术馆<br>传统艺术：表演艺术、古迹维护、本土文化、传统工艺<br>环境景观：建筑、购物中心、游乐园、绿化环境 | 艺术家<br>建筑师<br>环境设计师<br>工业设计师 |

### 1. 工商业产品设计

工商业产品包括生活性产品、工具、休闲与流行商品，只要是一种可使用及可操作而产生功能效果的产品，都归纳为此类的设计形态。其涵括的范围相当广泛，由最小的流行饰物到最大的工业用设备。此类设计所要考虑到的是商品的操作接口形式，是否合乎人类的各种特质（人性、物性、文化、逻辑和语意）。所以，借由使用者操作上的反应来决定设计的条件和状况，让商品的操作尽量可以满足使用者的需求，诸如人因工程、语意学、色彩、生产技术、材料、产品造型、操作接口等，都是考虑的因素。工商业产品设计乃是属于工业设计师的责任，设计师对于人与物的关系要了解得相当透彻，才能设计出好的产品，且符合大众的需求。而商业产品则是以形象包装为主，且在传达企业的品牌，标榜大众化的消费商品，借此引发消费者的购买欲望。

### 2. 生活形态设计

借着电子科技、计算机信息与网络的进步，人类的生活投入了另一个形态模式，它包含了休闲生活、流行设计、网络生活、SOHO、E 化休闲、电子商务等生活方式。此乃一种开放性的生活形态，不会因时间、地点、空间和设计形式而限制。设计师必须针对新的生活趋势或流行导向，为各种族群爱好者创意设计出所向往的各种生活形态方式。例如，以网络上线为主的各种网络沟通、交易和互动学习等形式，会是未来十年的生活主流。网络族群是一个很大的消费族群，无论是商业、教育学习、交友、购物、运动休闲、健康养生等，设计师必须替这些族群构想出一些新的生活点子、新的娱乐方式或者生活形态。以目前网络的技术，已可达到任何与生活上有关的各种活动，都可以网络形式来完成人类的各种需求，且会比传统的形式来得快速、准确及方便。另外，借由人类（上班族、丁克族）开始重视休闲生活，设计师更可开始想点子，创造配合这些族群所需求的休闲娱乐生活形态或情境。

### 3. 商机导向设计

商机导向设计是属于商业策略的品牌形象设计，包含商业用宣传品，以及商业产品中的包装、品牌形象等，以宣传企业商品、服务及建立企业形象为主。此类设计不只与视觉传达活动相关，与设计管理行为、品牌提升、形象、产品制作及规划也都息息相关。借由设计的策略，成功地将企业目标与形象导入消费者的观念里，建立起企业的品牌象征，使消费者都能使用他们的商品或服务。全世界连锁的快餐店麦当劳就是典型成功的例子：它成功地抓住了儿童的心理需求，以购餐附赠玩具用品或者附加特值餐的手法，抢攻全世界的快餐营业市场，成为龙头老大。不只是在食品界，其他如娱乐界的电影及其附属的周边产品、服务界的银行、旅游业、工业界的家电公司和汽车公司等，都需要有商机导向的规划，利用设计管理的方法，以及策略、创意品牌、形象、营销等手法来创造商机，这是属于商业契机的设计，故设计师所定的策略和规划方法对商机的成功或失败有很大的影响。

### 4．文化创意产业设计

高科技的发明带来了人类在物质上的享受，许多设计产物提供了人类生活上的方便，比如，家电产品、视觉享受的多媒体和网络沟通形式等。人类逐渐被电子产物与数字化生活所包围，却渐渐地与自身文化特质越离越远，人与人的沟通感知也越来越淡，这是一项人类的社会危机。为了防范人类远离文化与道德，设计师扮演了承先启后的角色，唤起人类回到文化的起源。提升文化须以人文思想为背景，有关八大艺术类的美术、戏剧、电影、音乐、建筑、雕塑、设计、文学等都是属于此类领域。例如，维护代表本土文化的古迹遗物；提升生活质量的公共艺术及各种博物馆、美术馆的设立等，无论是建筑师、景观设计师、工业设计师、平面设计师或是艺术工作者，都应积极参与文化提升的行列，并贡献其专长，让整个社会文化能在新时代的人类文明中延续其生命与价值。

设计世界中有一点令人困惑不解，那就是设计并没有明确的分类范畴。每个企业和教育机构对设计的解释、定义，也都略有出入，"工业设计"和"产品设计"就是一个例子。工业设计是指工业制品的设计，产品设计则比较倾向日常生活用品的设计，两者经常被交错使用，而通常可以把产品设计归列在工业设计之下。

设计的分类范畴多有重叠，所以明确的分门别类并没有太大意义。为方便读者了解，以下先整理出具有代表性的设计对象，归纳几个类别与关键字。

## 4.1  工业设计

### 4.1.1  工业设计的概念

国际工业设计协会（ICSID）自 1957 年成立以来，加强了各国工业设计专家的交流，并组织研究人员给工业设计下过两次定义。在 1980 年举行的第十一次年会上公布的修订后的工业设计的定义为："就批量生产的产品而言，凭借训练、技术知识、经验及视觉感受而赋予材料、结构、构造、形态、色彩、表面加工及装饰以新的品质和资格，这叫做工业设计。根据当时的具体情况，工业设计师应在上述工业产品的全部侧面或其中几个方面进行工作，而且，当需要工业设计师对包装、宣传、展示、市场开发等问题的解决付出自己的技术知识和经验以及视觉评价能力时，也属于工业设计的范畴。"

2001 年，国际工业设计协会第 22 届大会在韩国首尔举行，大会发表了《2001 汉城工业设计家宣言》。宣言从起草到完成历经 10 个月，集合了来自 53 个国家的专业人士的经验与智慧，对现代工业设计所涉及的对象、范畴、使命等做出了详尽的、较为完满的回答。

### 1. 我们现在所处之地

（1）工业设计将不再只依赖工业上的制造方法；

（2）工业设计将不再只是对物体的外观感兴趣；

（3）工业设计将不再只热衷于追求材料的完善；

（4）工业设计将不再受到"新"这个观念的迷惑；

（5）工业设计不会将舒适的状态和运动感觉模拟的缺乏相混淆；

（6）工业设计不会将我们身处的环境视为和我们自身隔离；

（7）工业设计不能成为满足无止境的需求的工具或手段。

### 2. 我们希望前进之处

（1）工业设计评价"为什么"的问题更甚于"如何做"的问题；

（2）工业设计利用技术的进步去创造较佳的人类生活状态；

（3）工业设计恢复了社会中业已失去的完善涵义；

（4）工业设计促进多种文化间的对话；

（5）工业设计推动一项滋养人类潜能及尊严的"存在科学"；

（6）工业设计追寻身体与心灵的完全和谐；

（7）工业设计同时将天然和人造的环境视为欢庆生活的伙伴。

### 3. 我们希望成为何种角色以达此目的

（1）工业设计师是介于不同生活力量间的平衡使者；

（2）工业设计师鼓励使用者以独特的方式与所设计的对象进行互动；

（3）工业设计师开启使用者创造经验的大门；

（4）工业设计师需要重新接受发现日常生活意义的教育；

（5）工业设计师追寻可永续发展的方法；

（6）工业设计师在寻求企业及资本之前会先注意到人性和自然；

（7）工业设计师是选择未来文明发展方向的创造团队成员之一。

《2001 汉城工业设计家宣言》的发表不但在设计的对象、设计的意义、设计的价值等方面比较全面、准确地回答了世界工业设计发展的需求，对工业设计家应该承担的责任与义务也提出了全面的、深刻的、具体的要求，为当代设计师指明了应该为之努力的具体方向，同时也为中国工业设计及中国工业设计教育的发展提供了一份深刻的、极有研究价值的文本。

2006 年的国际工业设计协会的《设计的定义》，涵盖了设计的所有学科，从内容和任务两个方面对"设计"概念的内涵和外延重新进行了限定，为 ICSID 的协会成员发展的战略、目标提供了统一的基础。

设计是一种创造性的活动，其目的是为物品、过程、服务及它们在整个生命周期中构成的系统建立起多方面的品质。因此，设计既是创新技术人性化的重要因素，也是经济文化交流的关键因素。

设计的任务，致力于发现和评估与下列项目在结构、组织、功能、表现和经济上的关系：增强全球可持续发展意识和环境保护意识（全球道德规范）；给社会、个人和集体带来利益和自由；最终用户、制造者和市场经营者（社会道德规范）；在全球化的背景下支持文化的多样性（文化道德规范）；赋予产品、服务和系统以表现性的形式（语义学），并与它们的内涵相协调（美学）。

设计关注于工业化，而不只是由生产时用的几种工艺所衍生的工具、组织和逻辑创造出来的产品、服务和系统。限定"设计"的形容词"工业的"（industrial）必然与工业（industry）一词有关，也与它在生产部门所具有的含义，或者其古老的含义"勤奋工作"（industrious activity）相关。也就是说，设计是一种包含了广泛专业的活动，产品、服务、平面、室内和建筑都在其中。这些活动都应该和其他相关专业协调配合，进一步提高生命的价值。

从以上 ICSID 对工业设计定义的发展变化中可以看出，工业设计的概念并非僵化的、一成不变的，而是随着社会的发展不断向前演进：从最初的大工业生产条件下的产品装饰，到随后的人机工程学的加入，以及后来在功能与形式之间的徘徊，工业设计已由纯形式的审美设计发展为方式设计和产品的文化设计。我们可将这一过程描述为：由产品的表征设计发展为人的生存方式的设计，由对产品形式的研究发展为对特定社会形态中人的行为方式及需求的研究，由产品的外在表现形式发展为对人的生存方式、人的价值及生命意义的关注。

### 4.1.2 工业设计的特征

工业发展和劳动分工所带来的工业设计，与其他的艺术活动、生产活动、工艺制作等都有着明显的不同，它是各种学科、技术和审美观念交叉融合的产物。

#### 1. 时代性

现代科学技术的飞速发展，新材料、新工艺、新技术不断涌现，极大地推进了经济进步和社会发展。计算机和网络技术、纳米技术、航天技术为现代工业设计提供了日益宽广的平台。工业设计与时代发展的脉搏互相契合，互相促进。

在航空制造发展的过程中，材料的更新换代呈现出高速的更迭变换，材料和飞机一直在相互推动下不断发展。"一代材料，一代飞机"正是世界航空发展史的一个真实写照。

**[案例 4-01] 全球最轻的材料——"飞行石墨"**

英国基尔大学和德国汉堡科技大学的科学家们研制出了迄今为止全球最轻的材料"飞行

石墨"（Aerographite），其密度仅为 0.2mg/cm$^3$。虽然它看起来像一块黑色不透明的海绵，但却是由 99.99%的空气构成。研究人员表示，新材料性能稳定，具有良好的导电性、可延展性而且非常坚固，因此可广泛应用于电池、航空航天和电气屏蔽等领域。

"飞行石墨"是由多孔的碳管在纳米和微米尺度三维交织在一起组成的网状结构。尽管其质量很轻，但弹性却非常好，拥有极强的抗压缩能力和张力负荷。它可以被压缩 95%，然后恢复到原有大小。它还几乎能吸收所有光线。

因为其独具的特性，"飞行石墨"能被安装在锂离子电池的电极上，这就使电池需要的电解质溶液很少，电池的质量由此大为减轻，得到的小电池可以用在电动汽车或电动自行车上。其未来的应用领域还包括让合成材料具有导电性，困扰很多人的静电干扰可能会因此得以避免。

### 2. 创新性

设计就是创新，创新是工业设计的灵魂和永恒不变的主题。设计不仅是对现有社会的需求提供一个直接而短暂的答案，更要去发掘潜在的不易觉察的社会需求，并且有针对性地提出具有前瞻性的解决方案。现代企业面临的竞争往往是国际化的，没有创新性的设计就没有市场竞争力，最终将被市场淘汰。

### [案例 4-02] Walmart 未来派载货卡车

非奔驰、宝马，也不是奥迪、福特等著名车厂设计，这辆流线型的未来派载货卡车"竟然"出自大型连锁超市 Walmart 之手！作为一家拥有超过 7000 辆载货卡车的公司，他们确实在这方面下足了功夫：这辆卡车全名 Walmart Advanced Vehicle Experience（WAVE），除了核燃料，它的混合动力引擎能够使用任何现有的及未来会出现的燃料，如柴油、生物柴油、天然气、电力等；此外，该车拥有更符合空气动力学的车头造型及几乎全碳纤维的车身，使其比现有同类卡车要更省油、更轻、容积更大。它的车头采用中央驾驶室样式，司机通过全景玻璃与 LCD 的配合获得开阔的车外视野（见图 4-1）。

图 4-1  Walmart 未来派载货卡车

### 3. 市场性

工业设计是现代化大生产的产物，研究的是现代工业产品，要满足的是现代社会的需求。工业设计不是纯艺术，它有一定的商业目的，是企业在市场竞争中必须采用的策略、商业行为和必要方式。尽管拥有创新技术可以在激烈的市场竞争中占有优势，但技术的开发非常艰难，代价和费用极其昂贵。相比之下，利用现有技术，依靠工业设计，则可用较低的费用提高产品的功能与质量，使其更便于使用、更美观，从而增强产品竞争能力，提高企业的经济效益。比如，我们都知道，把电视机的显示方式由阴极射线式（CRT）变成液晶式（LCD）是一大技术进步，但又是何等艰难。但对电视机的结构、外观造型、色彩进行的调整和设计则相对简单、便利，如果这些设计能够与消费者的需求相契合，也能收到很好的市场效果。因此，这些非核心技术方面的工业设计要素往往也是现今国际市场商品竞争的焦点。企业要重视工业设计，增强产品的附加值和市场竞争力，增加企业的经济效益。

**[案例 4-03] 软木塞 LED 灯**

将软木塞截取一节套上可通过 USB 充电的 LED 灯，再塞在通透的空玻璃瓶口上，柔和的光线溢出，折射出一室温馨……充电一小时可保证两个半小时照明，套在不同颜色及大小的玻璃瓶上还能发出不同色彩强度的光线（见图 4-2）。

图 4-2　软木塞 LED 灯

#### 4. 组织性

现代工业设计是有组织的活动。工业时代的生产，批量大、技术性强，不可能由一个人单独完成。为了把需求、设计、生产和销售协同起来，就必须进行有组织的活动，发挥团队优势和专业分工所带来的效率，更好地完成满足社会需求的最高目标。现代产品的高科技性和复杂性也决定了产品设计必须以团队合作的方式进行。

#### 5. 系统性

设计的根本目的是满足人的需求，或者说"以人为本"，要将人、产品（人造物上）、人所生存生活的环境作为一个有机联系的整体统一考虑，使人安全、高效、舒适、健康和经济地使用（或操作）产品（或机器），同时考虑资源保护和环境的可持续发展，使人—产品（人造物）—环境之间协调发展。特别是面对越来越严峻的生存环境和诸多挑战，诸如气候变暖、能源危机、竞争国际化等，企业要在竞争中生存并赢得胜利，必先谋定而后动，设计因此显现出前所未有的重要性。工业设计是人—产品—环境的中介，工业设计的基本思想之一就是协调与统一，它不仅寻求产品本身（如功能与美感）的统一，更寻求产品与人、产品与环境之间的协调一致。树立"以人为本"的设计理念，运用最先进的设计解决方案，不仅能成就企业的创新和可持续发展，还能为整个世界的可持续发展提供保障。

## [案例 4-04] 日本折叠头盔设计

作为地震多发地带，日本人对于防护性用具的设计可谓精益求精。这款折叠头盔使用牢固 ABS 材质制作，但仅重 430 克，平时折叠起来放在书包里毫不碍事，而一旦遇到紧急情况，只需拉动头盔后面的绳索，扁扁的头盔便立刻恢复原状，起到快速防护的作用（见图 4-3）。

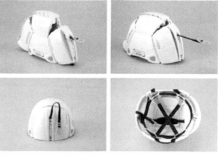

### 4.1.3　工业设计的意义

工业设计的作用可以总结为满足人们的需求、促进工业化生产方式、促进科学技术的转化、满足市场需求、提升产品附加值、提高企业效益、促进可持续发展和提升国家竞争力等。工业设计的意义主要体现在以下几个方面。

**图 4-3　日本折叠头盔设计**

#### 1．满足人们的需求

首先，满足人们对产品功能的需求。工业设计侧重于解决人与物之间的关系，既倾向于满足人们的直接需要，又要保证产品生产的安全性、产品的易用性、制造成本的低廉性等，使产品的造型、功能、结构科学合理，符合人们的使用需要。

其次，满足人们对美的需求。爱美是人类的天性，工业设计既体现了艺术美，又体现了技术美，实现了技术与艺术的完美结合。通过工业设计不仅能够提高产品造型的艺术性，还能够通过对产品各部件的合理布局，增强产品自身的形体美及与环境协调美的功能美。

## [案例 4-05] 日本设计师 Yasutoshi Mifune 衣帽架设计

日本设计师 Yasutoshi Mifune 采用一个弯曲的金属棒创建了一个简单的解决方案来挂衣服或外套，可以在两个不同的高度保持衣服进行多个角度移动（见图 4-4）。

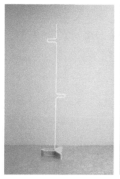

**图 4-4　一个简单的衣帽架**

最后，满足人们的精神需求。随着生活质量的提高，人们在物质功能满足的同时追求更多的精神功能，注重产品风格差异和精神享受，重视产品所带来的体验，在满足消费者使用需求的同时提供了文化审美营养。产品除了要具有功能价值以外，还要拥有自身独特的并能被消费者理解的价值——品牌。所谓品牌就是企业、厂商及工业设计师通过长期持续的经营与塑造而形成的固定的印象，能够标榜和凸显相应的价值观和生活方式，而获得消费者的认同和接受。消费者心中会形成对某一品牌产品独具特色的固定印象（即产品中的品牌印象），当他们见到这些形式要素时，便会唤起对相应的精神、情感或功利性内容的感知，这就是消费者喜欢追逐名牌的原因。

### 2. 促进工业化生产方式

工业设计源于大生产，并以批量生产的产品为设计对象，所以进行标准化、系列化，加快大批量生产为人们提供更多更好的产品，是其目的之一。除此之外，工业设计还有使产品便于包装、存储、运输、维修、回收、降低环境污染等作用。

### 3. 促进科学技术的转化，满足市场需要

据估算，在整个研发新产品的过程中，技术方面的投入占 80%～90%，设计方面的投入占 10%～20%，但设计方面的投入往往对技术方面投入的成败起决定性作用。一方面，工业设计可促进科技成果的商品化。长期以来，把科技成果转化成商品一直是人们关注的一个问题。在新产品开发过程中，技术研究与实验的成功仅仅是完成了一半的工作，只有经过工业设计才能将科技成果转化为生产力，为企业创造经济效益。另一方面，工业设计还决定着技术的商品化程度、市场占有率和对销售利润的贡献。企业开发新产品的实力不仅表现在技术进步、产品质量和生产效率的提高上，还表现在对于动态市场需求的把握和把技术成果转化成商品的能力上。也就是说，企业在技术方面和工业设计方面的综合能力，才能反映一个企业开发新产品的实力。另外，工业设计创新水平直接影响技术创新水平，好的设计创意会极大地推动企业技术创新的发展。

### 4. 提升产品附加值，提高企业效益

工业设计是提高产品附加值的有效手段。经过工业设计师精心设计的产品，容易受到消费者的喜爱，同时也将给生产企业带来更大的利润空间。产品的生产成本、运输费用等都是固定的价值，但是产品的功能、色彩、形态和它带给人的心理感受是很难计算出来的，它们都可以给产品带来很大的附加值，为企业创造更多的财富。因此通过优良设计创造新价值将成为未来市场潮流的重要特征。

设计不仅是设计产品，同时也是在设计企业。通过工业设计还可以实现对企业形象的重塑。一个重视设计的企业会将设计作为一项重要的资源，把企业形象战略视为崭新而又具体的经营要素，通过工业设计提升企业形象，引导消费潮流，促进产品的销售。

设计创新是保持企业旺盛生命力和竞争力的重要手段。当今世界企业之间的竞争已由产品价格和质量的竞争转入品牌的竞争，而设计是成就企业品牌的重要因素。通过设计不断创

新，不断推出新产品，使企业在市场上保持旺盛的生命力。

### 5. 促进可持续发展

可持续发展是指既满足当代人的需求，又不危及后代人满足其需求的发展。服务于大工业生产的工业设计在为人类创造现代生活方式和生活环境的同时，也加速了对资源、能源的消耗，并对地球的生态平衡造成了极大的破坏。这些都引起了设计师的反思，使设计师从最初只关注人与物的关系发展到开始关注人与环境及环境自身的存在，可持续发展的设计观逐渐为设计界所广泛认可。

### 6. 提升国家竞争力

工业设计被称为"创造之神"、"富国之源"，一直被经济发达国家或地区作为核心战略予以普及与推广。

发达国家发展的实践表明，工业设计已成为制造业竞争的源泉和核心动力之一。尤其是在经济全球化日趋深入、国际市场竞争激烈的情况下，产品的国际竞争力将首先取决于产品的设计开发能力。各国企业界纷纷认识到，设计就是竞争力，众多企业迅速调整结构，将产品开发设计作为头等大事来抓，设计的竞争正成为现代企业间竞争的核心。

## 4.2　人机工程学

### 4.2.1　人机工程学概念

社会的发展、技术的进步、产品的更新、生活节奏的加快等一系列的社会与物质的因素，使人们在享受物质生活的同时，更加注重产品在"方便"、"舒适"、"可靠"、"价值"、"安全"和"效率"等方面的评价，也就是在产品设计中常提到的人性化问题。

所谓人性化产品，就是包含人机工程的产品，只要是"人"所使用的产品，都应在人机工程上加以考虑，产品的造型与人机工程无疑是结合在一起的。我们可以将它们描述为：以心理为圆心，生理为半径，用以建立人与物（产品）之间和谐关系的方式，最大限度地挖掘人的潜能，综合平衡地使用人的机能，保护人体健康，从而提高生产率。仅从工业设计这一范畴来看，大至宇航系统、城市规划、建筑设施、自动化工厂、机械设备、交通工具，小至家具、服装、文具及盆、杯、碗筷之类各种生产与生活所创造的"物"，在设计和制造时都必须把"人的因素"作为一个重要的条件来考虑。若将产品类别区分为专业用品和一般用品的话，专业用品在人机工程上则会有更多的考虑，它比较偏重于生理学的层面；而一般性产品则必须兼顾心理层面的问题，需要更多的符合美学及潮流的设计，也就是应以产品人性化的需求为主。

人机工程学是一门新兴的边缘科学。它起源于欧洲，形成和发展于美国。人机工程学在欧洲称为 Ergonomics，最早是由波兰学者雅斯特莱鲍夫斯基提出来的，由两个希腊词根组成的，"ergo"的意思是"出力、工作"，"nomics"表示"规律、法则"，因此 Ergonomics 的含义也就是"人出力的规律"或"人工作的规律"，也就是说，这门学科是研究人在生产或操作过程中合理地、适度地劳动和用力的规律问题。人机工程学在美国称为"Human Engineering"（人类工程学）或"Human Factor Engineering"（人类因素工程学）。日本称为"人间工学"，或采用欧洲的名称，音译为"Ergonomics"。在我国，所用名称也各不相同，有"人类工程学"、"人体工程学"、"工效学"、"机器设备利用学"和"人机工程学"等。为便于学科发展，统一名称很有必要，现在大部分人称其为"人机工程学"，简称"人机学"。"人机工程学"的确切定义是，把人—机—环境系统作为研究的基本对象，运用生理学、心理学和其他有关学科知识，根据人和机器的条件和特点，合理分配人和机器承担的操作职能，并使之相互适应，从而为人创造出舒适和安全的工作环境，使功效达到最优的一门综合性学科。

## 4.2.2　人机工程学特点

人机工程学的显著特点是，在认真研究人、机、环境三个要素本身特性的基础上，不单纯着眼于个别要素的优良与否，而是将使用"物"的人和所设计的"物"及人与"物"所共处的环境作为一个系统来研究。在人机工程学中将这个系统称为"人—机—环境"系统。这个系统中，人、机、环境三个要素之间相互作用、相互依存的关系决定着系统总体的性能。本学科的人机系统设计理论，就是科学地利用三个要素间的有机联系来寻求系统的最佳参数。

系统设计的一般方法，通常是在明确系统总体要求的前提下，着重分析和研究人、机、环境三个要素对系统总体性能的影响，如系统中人和机的职能如何分工、如何配合，环境如何适应人，机对环境又有何影响等问题，经过不断修正和完善三要素的结构方式，最终确保系统最优组合方案的实现。这是人机工程学为工业设计开拓了新的思路，并提供了独特的设计方法和有关理论依据。

设计优良的产品作为一个全息系统的局部，一个产品中包括了我们这个商品社会中的全部信息。一件设计优良的产品，必然是人、环境、经济、技术、文化等因素巧妙融合与平衡的产物。开始一项产品设计的动机可能来自各个方面，有的是为了改进功能，有的是为了降低成本，有的是为了改变外观，强化"柜台效应"，以吸引购买者，更多的情况是上述几方面兼而有之。于是，对设计师的要求就可能来自功能、技术、成本、使用者的爱好等各种角度。不同的产品设计的重点也大不相同。我们可以根据挪威 Stokke 公司在不同阶段对儿童座椅系统的设计来进行理解。

**[案例 4-06] 挪威 Stokke 公司儿童座椅设计**

斯托克公司（Stokke）是挪威目前最大的家具制造和出口公司，也是声望很高的一家家具公司。该公司成功之处在于其设计方向明确严格的人体工程学原则及对原创作品平衡系列（Balans-Group）的研究和应用。其首席设计师彼得·奥普斯韦克（Peter Opsvik）进一步发展了公司的设计思想：即使在坐着的时候，人也在不停地运动。

### 1. Tripp Trapp® 成长椅系统

Tripp Trapp® 成长椅由设计师 Peter Opsvik 于 1972 年创造（见图4-5），他说："在 1972 年，能供两岁及以上儿童使用的座椅唯有一种特制的小椅子，或只适用于成人而勉强供儿童使用的普通椅子。我的目标是设计一种椅子，它能让各种身材的人以自然的方式坐在同一张桌子旁。我希望坐在桌边的人更加愉快并活动得更为自如。"

这种椅子的高度可调，可陪小孩从 6 个月"长到" 8 岁，至今已售出 300 多万把，获奖无数，事实上在那个年代这属于前所未有的设计，而有如 Tripp Trapp® 这样的产品更是后无来者，至今超过四十年，它还是独一无二（见图4-6）。

图 4-5　成长椅造型上的进化

图 4-6　成长椅是伴随孩子一起成长的好伙伴

Tripp Trapp®成长椅是伴随孩子一起成长的好伙伴，椅子非常耐用，能使用至孩子长大成人，创造了一个更安全及稳妥的活动环境。经过长期的产品售卖和市场反馈，如今的成长椅系统包括多种颜色和图案的初生婴儿套件、婴儿套件、坐垫、加长助滑装置和儿童餐盘（见图4-7～图4-9）。

图 4-7　Tripp Trapp®成长椅的初生婴儿套件

图 4-8　Tripp Trapp®成长椅的婴儿套件

图 4-9　Tripp Trapp®成长椅的坐垫

### 2. 新推出的儿童座椅系统

下面的产品是 Stokke 新推出的儿童座椅系统，包括一个婴儿助行器，当连接到椅子上形成一个婴儿躺椅，也可以创建一个安全功能的高脚椅（图 4-10）。

相比于市场上其他同类型的产品，即使售价比一般产品高出许多，也一样大受欢迎，足见其魅力所在。但也有这样一种产品，在市场上受到欢迎，是因其外形讨好且成本不高所致，但缺点是产品轻，因此，在使用时本来一只手操作很方便，却不得不双手并用才行，这就是该产品在人机工学上的不足之处；但在成本、售价及市场因素的考虑下，厂商还是推出此种产品。而对于专业用品就不同了，例如美发师每天所使用的吹风机，除草机工人所使用的修剪机就绝对不能轻视人机工程学在生理层面上的考虑。

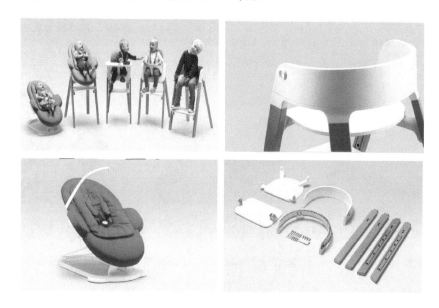

图 4-10　Stokke 新推出的儿童座椅系统

然而，一个好的产品设计是可以涵盖形态和人机因素的，产品的外形一样也可以有机会进行人机工程的发挥。

## 4.3　视觉传达设计

### 4.3.1　视觉传达设计概述

视觉传达设计简称视觉设计，形成于 20 世纪 60 年代，是指利用视觉符号来传递各种信息的设计。符号和传达是视觉传达设计的两个基本概念。

广义的符号，是指利用一定的媒介来代表或指称某一事物的东西。符号既是实现信息储存和记忆的工具，又是表达思想感情的物质手段。人类的思维和语言交流都离不开符号，符号具有现实表现、信息叙述和传达的功能，是信息的载体。只有依靠符号的作用，人类才能进行信息传递和交流。

　　所谓传达，是指信息发送者利用符号向接受者传递信息的过程。它既可能是个体内的传达，也可能是个体之间的传达。一般可以把传达过程归纳为"谁"、"把什么"、"向谁传达"、"效果、影响如何"这四个程序。

　　"视觉传达设计"由英文"Visual Communication Design"翻译而来，但在西方普遍仍使用"Graphic Design"一词，甚至在概念上与平面设计等同。

　　在西方，有时也称视觉传达设计为信息设计（Information Design），它更强调视觉传达设计的信息传达这一功能，区别于以使用功能为主的产品设计和环境设计，并且强调以视觉符号进行传达，不同于靠语言进行的抽象概念的传达。视觉传达设计的过程，是设计者将思想和概念转变为视觉符号形式的过程。简而言之，视觉传达设计是"给人看的设计、告知的设计"。

### 4.3.2　视觉传达设计特点

　　视觉传达设计包含的内容很多，涉及的领域也比较广泛，但一般表现为以下 4 个特点。

#### 1. 符号性

　　在现代设计领域里，视觉传达设计主要是利用视觉形象承载着信息传递的职能进行文化沟通的一种设计。它作为一种特殊的符号，既有抽象功能，又有表现性，是一种深受个人情绪影响、反映审美意识的认知。通过视觉传达设计艺术的符号化表现特征，可以充分发挥图形在视觉传达中的作用。在设计和使用过程中，可以通过图像的视觉符号、视觉规律、视觉感受等，来寻求和创造设计的个性化和风格化。

**[案例 4-07]　挪威钞票设计**

　　在新钞票系列征集竞赛中取得优胜的 The Metric Studio 和 Snøhetta Design，分别负责全新挪威钞票正面和反面的设计，并在 2017 年发行此套钞票。挪威领土南北狭长，海岸线漫长曲折，沿海岛屿很多。The Metric Studio 的设计着重突显了"Norwegian Living Space 挪威的生存空间"，采用了典型的北欧图像，包括了灯塔、渔船、古老的海盗船和海洋生物图像描写，朴实而不浮夸，充分展现了挪威文化与美丽景色（见图 4-11）。

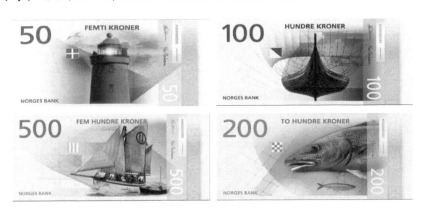

图 4-11　灯塔、渔船、古老的海盗船和海洋生物是典型的北欧图像

而 Snøhetta Design 则提出了"The Transition Between Sea and Land 海洋与陆地之间的过渡"，除却黑白影像以外，像素化的抽象设计是 Snøhetta Design 最终赢得此次竞赛的关键原因。设计团队以模糊的像素化设计来象征海洋与陆地动与静、软与硬的差异，以及两者的密切联系（见图4-12）。

### 2. 沟通性

视觉传达设计是一种双向沟通，并且是一种带有说服性的沟通，是信息发出者将信息通过大众媒体传递给目标受众，以求说服、诱导人们接收某种信息的沟通。只有当目标受众接收了信息，即认为信息是真实和可信的，并同意传播者所传递的观点时，信息才能真正发挥作用，从而实现双向沟通的过程。

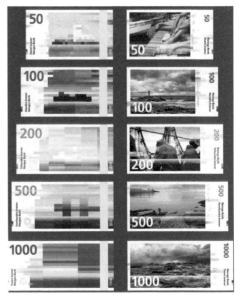

图4-12　以模糊的像素化设计来象征海洋与陆地动与静、软与硬的差异及联系

[案例4-08] 游客与旅行者之间的差异

每到周六，忙碌了一周的人们大都早已准备好了假期旅行，现已蠢蠢欲动，独自启程和报名参团，听起来虽然都是旅游度假，但就算两者的目的地都相同，两种不同方式却也一定程度上划分出了旅行者和游客这两种类型（见图4-13）。

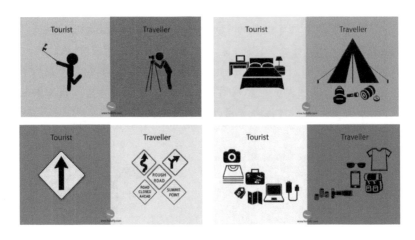

图4-13　"游客与旅行者之间的差异"海报设计

### 3. 交叉性

视觉传达设计包含的内容很多，所以与其他学科关系也很密切，例如，包装设计就是视觉传达设计与产品设计的交叉；标志设计是视觉传达设计与环境设计的交叉。因此，视觉传

达设计是一门交叉性很强的设计学科，这就要求设计师不仅要有图形设计的基本功，还要学习其他学科的知识，以利于提高自己的创作水平。

### [案例 4-09] 环保干草鸡蛋盒

这套直接使用干草压缩而成的鸡蛋盒不仅要比纸浆包装盒更柔软，更蓬松，更易于降解回收，而且也让鸡蛋看上去更新鲜，仿佛刚刚从鸡窝里拿出来一般，再配上鲜艳的标签，一定会吸引大量顾客的（见图4-14）。

#### 4. 时代性

视觉传达设计的时代性表现在多个方面，在表现内容和制作形式上体现得尤为明显。在物质生活和精神生活丰富的今天，设计师更应紧追时尚潮流，表现内容要迎合大众需求，也要能满足人们审美的时代性需求。

图 4-14  环保干草鸡蛋盒

### [案例 4-10] 麦当劳 2016 欧洲杯广告

2016 年 6 月的欧洲杯期间，是场外球迷容易发生冲突的时段。围绕着广告语"Come as you are"（做你自己），法国麦当劳适时推出一系列传递"宽容、多元和豁达"理念的广告（见图4-15），希望球迷们享受球赛本身，规避暴力冲突的不和谐之音。

这组广告由 BETC 巴黎打造，展现了不同地域、性别和年龄的球迷手持绣有"特殊图案"围巾的场景，表示同时对于两支球队的支持。而这些特殊的图案就是对阵双方国家名重新组合而成的名字。比如，瑞典和意大利组合在一起就拼成了"Swetaly"；英格兰和斯洛伐克重新拼合成了"Englakia"。

图 4-15  麦当劳 2016 欧洲杯广告

## 4.3.3  视觉传达设计构成要素

视觉传达设计是使用各种形态和色彩将具有某种意义的内容，通过构图方式组合到一起传达给观者的设计，其基本构成要素有文字、图形和色彩。

### 1. 文字

文字是人类社会生活中使用最为普遍的信息要素。在视觉传达设计中，文字构成要素的运用是整个设计得以有效传达的基础，只有准确运用文字构成要素，才能将视觉传达设计的艺术性、表现性和功能性体现出来，达到较完美的视觉传达设计效果。同时，也能获得视觉传达信息接收者对信息的认知和反馈。

**[案例 4-11] 汇祥珠宝全新品牌形象标志设计**

汇祥珠宝创立于 1992 年，从一个传统的珠宝加工作坊发展成为享誉广东、乃至全国的珠宝品牌，集珠宝首饰设计、生产、加工及终端零售为一体，专注于对中国传统文化内涵的表现，汇祥珠宝以白金、黄金、玫瑰金等珍贵金属为载体，将古典文化与现代时尚完美结合，形成了极具自身魅力和中国风尚的艺术表现形式。汇祥珠宝此次品牌升级，对汇祥珠宝品牌标志的主题图形+设计来源于珠宝行业的特质，以体现简约高贵气质为主导，以钻石切面为基础，同时融入企业名称英文首写字母 P、L，相互交叠的组合形式汇聚而成，与品牌名称形成呼应，其简洁的线条诠释出时尚、国际、高雅的内涵特征，同时也寓意着比肩中国、看齐世界的美好愿景（见图 4-16）。

旧　　　　　　　　　　新

**图 4-16　汇祥珠宝全新品牌形象标志**

**[案例 4-12] 日本休闲食品品牌"湖池屋"全新 LOGO 和包装设计**

株式会社湖池屋创立于 1958 年，是日本第二大薯片零食厂商，主要生产休闲食品系列，其中湖池屋海苔盐薯片自 1962 年上市以来成为湖池屋所生产畅销 50 年以上的零食。2006 年，湖池屋在中国台湾地区成立了首家海外分公司，将严选美味与高品质的日本零食引进中国台湾。近几年来，湖池屋把目光扩展至早餐市场，致力把薯片打造为继面包、米饭、燕麦后的"第四朝食"。

2016 年 12 月，湖池屋对外发布了全新的品牌标志和包装，新标志由之前的片假名变为汉字"湖"，同时加入了六边形的外框（见图 4-17），表达熟悉、安全、放心、有趣、健康、奉献的六个核心价值，标志着作为日本历史最久的薯片迈出了全新的一步。而跟随新标志推出的全新包装于 2017 年全面上市（见图 4-18）。

（a）旧　　　　（b）新

图 4-17　新旧标志对比

（a）旧　　　　（b）新

图 4-18　日本休闲食品品牌"湖池屋"
全新 LOGO 和包装设计

**[案例 4-13] 香港理工大学 80 周年校庆 LOGO 设计**

图 4-19　香港理工大学 80 周年校庆 LOGO 设计

香港理工大学 80 周年校庆标志的设计以"80"及"PolyU"（学校的英文简称）组成。彩色版本中的"80"填上了分别代表各个学院的颜色，而每种颜色所站位置与该学院的学生人数成正比，正好象征该校为配合本地发展的需要，致力于开办多元化的专业课程，为社会培育未来领袖。数字"0"及字母"U"巧妙地结合起来，使 80 周年校庆标志呈现简约灵巧的风格（见图 4-19）。

### 2. 图形

图形语言是视觉传达设计的基础构成要素，利用各种图形将理念视觉化、形象化、信息化地加以表达。作为一种视觉形态，图形本身就具有语言信息的表达特征，例如锐角形态的三角形，具有好斗、顽强的感觉；六边形既不是圆形，又不是方形，给人平稳和灵活的感觉；圆形线条圆滑，给人平静的感觉；而正方形具有四平八稳的形态，表现出庄重、静止的特征。一个图形可以代表一个客观形象，而一组图形则可能说明一个故事、一个事件、一个完整的包含时空深度和广度的思维概念。

**[案例 4-14] 黔秘·纯香米酒包装**

黔秘·纯香米酒包装设计团队，从项目发起、品牌命名、战略定位，并提供品牌形象和产品包装的整体解决方案。项目组深入原料产地，见证原生稻谷的自然生长，感受古法酿酒的独特魅力。在包装设计上，采用原始的农耕文化符号，以现代手法重新演绎，并加入质朴的手工元素，从视觉上释放出自然神秘的文化气息（见图 4-20）。

图 4-20　黔秘·纯香米酒包装

### 3. 色彩

在视觉传达过程中，色彩是第一刺激信息，视觉传达信息接收者对色彩的感知和反射是最敏感和最强烈的。色彩对人眼刺激的最佳时间值约为 0.7 秒，也就是在 0.7 秒内人们会产生对色彩的第一印象。在视觉传达设计中如何运用色彩构成要素，是设计成败的关键。因此，研究和探索色彩的运用，不仅要学习色彩基本知识、色彩应用原理，更重要的是掌握色彩搭配的理念，充分发挥色彩在视觉传达中的作用和功能。

[案例 4-15] Yibu Toys

"我们手机上有很多 App、很多游戏，孩子们总是通过一个屏幕来理解这个世界。于是我们开始思考，如何帮助孩子们在现实世界中玩耍？"创新咨询公司青蛙（Frog）资深交互设计师 Simone Rebaudengo 表示。这款"anti Ipad"玩具，希望孩子们能将目光从 iPad 上移开，去探索现实世界，把屏幕时间转变为物理体验。

2015 年 2 月，Frog 的设计师们对多种传感器交互、角色开发和生成性叙事进行了试验，启动了这个 frogLabs™ 项目。2015 年 3 月，项目被取名为 Yibu ——意思就是"第一步"，旨在向儿童介绍新技术。2015 年 6 月，frog 与一位上海本地的玩具工匠合作，创作了首个木质玩具原型，测试它们的形状、大小和颜色。

一只北极熊站在将要融化的冰川上，很显然，它需要 iPad 前小朋友的帮助。按照惯常的思路，孩子们会不断点击屏幕来救助这只熊，然而在这款名为 "Yibu" 的游戏里，点击屏幕却没什么用，冰川依旧在融化，熊在下沉。孩子们不得不将目光转向手中红、黄、紫、蓝、绿色的五块积木，另想办法。其实另外的方法也不难——只要将带有传感器的积木放在枕头下或是放进冰箱里，回头去看 App 界面，温度降下来了，熊得救了。这是玩具中的传感器会收集环境与地理位置的数据，并将这些数据反馈到数字游戏中来。如果儿童四处走动，并将玩具放置于不同的环境中，传感器会体验到温度、声音、光线和方向，并对数字中的北极熊产生的不同影响（见图 4-21）。

图 4-21　Yibu Toys

[案例 4-16] 宠物食品公司 Ollie 全新品牌形象设计

Ollie 是一家初创公司，旨在为宠物们提供独特的健康食品。与人类一样，吃正确的食物对狗的健康至关重要。通过统计数据不难发现，患糖尿病、癌症和肝功能衰竭的宠物数量正在急剧上升。为了解决这一问题，Ollie 团队使用真材实料制作狗粮，生产的宠物食品甚至适合人类食用。该公司还通过网上个人资料管理，基于算法来为宠物提供适量的食物。

　　Ollie 的形象设计由总部位于纽约的设计公司 Communal Creative 负责设计，设计公司经过市场调查发现，在宠物食品领域由于市场的不断发展已经形成了饱和的状态，同时宠物食品的相关品牌铺天盖地，这对于 Ollie 这个初创公司来说，想要在市场立足并且打出一小片天地，是一个不小的挑战。为了更好地和类似品牌做区分，设计公司以鲜活的红色作为品牌的核心色彩，强调温暖友爱的氛围。现代化的图像符号，让整个品牌更加富有活力和朝气（见图 4-22）。

图 4-22　宠物食品公司 Ollie 全新品牌形象设计

## 4.3.4　视觉传达设计应用

### 1. 广告设计

#### 1）广告设计的定义

　　广告，从字面上看即"广而告之"之意，也就是向大众传播资讯的活动。这是对广告一种广义的释义，从狭义上讲，广告则是一种付费的宣传。

　　广告一词源于拉丁文"adverture"，其意思是"吸引别人的注意"。中古英语时代（1300—1475 年），演变为"advertise"，其含义衍化为"使某人注意到某件事"或"通知别人某事，以引起他人的注意"。直到 17 世纪末，英国开始进行大规模的商业活动，这时广告一词便广泛地流行并被使用。此时的"广告"不再单指一则广告，而是指一系列的广告活动。

　　广告的定义在每个国家不尽相同，《美国百科全书》对广告的定义为："广告由可以辨认的个人或组织支付费用，以各种形式介绍或推广产品、劳务或观念，在介绍或推广时不用员工来进行。"

　　中国大百科全书出版社出版的《简明不列颠百科全书》对广告的释义是"广告是传播信息的一种方式，其目的在于推销商品、劳务，影响舆论，博得政治支持，推进一种事业或引起刊登广告者所希望的其他反应。广告信息通过各种宣传工具，其中包括报纸、杂志、电视、无线电广播、张贴广告及直接邮送等，传递给它所想要吸引的观众或听众。广告不同于其他传递信息形式，必须由登广告者付给传播信息的媒介以一定的报酬。"

随着市场经济的日益发展、科技的进步、传播信息手段的多样化，广告的定义、内涵与外延也在不断变化。

#### 2）广告设计的特点

广告不同于一般大众传播和宣传活动，它主要通过视觉或与听觉相结合来展现。伴随着社会经济的发展，广告的形式形成空前繁荣的态势，各式各样的广告铺天盖地，即使这些广告具有不同的形式特点，但他们也有相同点，即传播性、针对性、可读性、感知性和可存性。

（1）**传播性**。由于广告是一种公开向公众传递信息的宣传手段，因此常被广泛地放置在人流量较大的公共场所，以便更加快捷、有效地将信息及时传递给大家。其中，广告的定义和传播方式决定了它的特点，广告主通常会采用各种传播途径，包括 CI 识别系统、人员销售、直接销售等方式，将信息传递给消费者。这样可以扩大商品的市场占有率，达到宣传商品与树立品牌的目的。

（2）**针对性**。为保护广告效果的最大化传播，广告的设计需针对特定的目标人群进行，这种目标明确、有针对性的广告更加被特定观众所接受。在广告设计和制作的初期，设计者就应该针对特定的观众制定相应的方案。例如在产品广告的制作中，可针对产品的观众群体进行分析，根据消费者的性别、年龄及职业等不同，设计出具有不同诉求效果的广告作品。

（3）**可读性**。广告的画面信息在传递的同时，内容的可读性也是比较重要的，对于没有可读性或可读性不强的广告作品，读者一般只会匆匆一瞥，对商品本身不会留有深刻的印象，对广告画面的意义也不会有特别的了解，所以可读性在广告设计中也是很重要的。

广告的可读性使得广告内容能更快速地被大众所吸收、理解，消费者能够深入、准确地了解到作品本身想要带给读者的信息，避免错误的理解让消费者对商品产生误会。如果造成误会不仅会使商品影响力和品牌形象受到损害。而且也会减少商品的利益，从而使广告的本质效果受到影响，广告信息则不能引起消费者的购买欲望。

（4）**感官性**。所谓感官性强，是指广告在设计上具有鲜明的特点，或是具有醒目的设计主题。通常情况下，设计者会利用对比强烈的色彩或拉大图像、文字之间的反差等方式，使广告画面富有张力和视觉跳跃性，从而刺激观众群体的视觉语言，在给人留下深刻印象的同时，也能达到推销产品、引发消费者注意的目的。

（5）**可存性**。广告同时也具有很强的可存性。由于广告中有很大一部分属于平面广告，它们依附于平面媒体，主要以纸为介质，如报纸广告、宣传海报等，它们既可以在多个人之间进行广泛传阅，也可以在妥善保存之后便于今后翻阅，这样一来就保证了广告的可存性。

#### 2. 广告设计案例

**[案例 4-17]  "雕牌新家观"广告**

纳爱斯旗下品牌——雕牌的"雕牌新家观"系列创意在全国 8 城地铁推出，共驶出 38 列"新家观号"专列，北京、上海、广州、深圳、杭州、武汉等地铁上齐被"雕牌新家观"体的插画装扮一新。80 张年轻、走心、张扬个性的新家庭观点将整列地铁装点得妙趣横生，个性独特的插画风格瞬间抓住乘客的眼球（见图 4-23）。

图 4-23　"雕牌新家观"广告

[案例 4-18] Crusoe 男士内裤广告

　　这组作品是为男士内裤品牌 Crusoe 设计的一系列以"wake up to the adventure inside you"为主题的创意海报，设计师希望通过这个创意告诉那些死守在城市中并且坚守在枯燥岗位上的男人们，你们始终还有一个好玩又具有挑战的梦没有实现，如果现在不能那就暂且在梦里实现，但千万不要放弃梦想。这个创意直戳男人痛处，让品牌和产品与男人向往自由、乐于冒险、玩性不改的天性建立情感联结（见图 4-24）。

图 4-24　Crusoe 男士内裤广告

## 2. 包装设计

### 1）包装设计的定义

　　包装伴随着商品的产生而产生。包装已成为现代商品生产不可分割的一部分，也成为各商家竞争的强力利器，各厂商纷纷打着"全新包装，全新上市"去吸引消费者，绞尽脑汁，不惜重金，以期改变其产品在消费者心中的形象，从而提升企业自身的形象。就像唱片公司为歌星全新打造、全新包装，并以此来改变其在歌迷心里的形象一样，而今包装已融合在各类商品的开发设计和生产之中，几乎所有的产品都需要通过包装才能成为商品进入流通过程。

对于包装的理解与定义，在不同的时期、不同的国家也不尽相同。以前很多人都认为，包装就是以转动流通物资为目的，是包裹、捆扎、容装物品的手段和工具，也是包扎与盛装物品时的操作活动。20 世纪 60 年代以来，随着各种自选超市与卖场的普及与发展，使包装由原来的保护产品的安全流通为主，一跃而转向销售员的作用，人们对包装也赋予了新的内涵和使命。包装的重要性，已深被人们认可。

从狭义上讲，包装是为在流通过程中保护产品，方便储运，促进销售，按一定的技术方法所用的容器、材料和辅助物等的总体名称；也指为达到上述目的在采用容器、材料和辅助物的过程中施加一定技术方法等的操作活动。

从广义上讲，一切事物的外部形式都是包装。

中国国家标准 GB/T4122.1-1996 中规定，包装的定义："在流通过程中保护产品、方便储运、促进销售，按一定技术方法而采用的容器、材料及辅助物等的总体名称。也指为了达到上述目的而采用容器、材料和辅助物的过程中施加一定技术方法等的操作活动。"

美国对包装的定义：包装是使用适当的材料、容器，并施与技术，使其能使产品安全地到达目的地——在产品输送过程的每一阶段，无论遭遇到怎样的外来影响皆能保护其内容物，而不影响产品的价值。

英国对包装的定义：包装是为货物的储存、运输和销售所做的艺术、科学和技术上的准备行为。

日本工业标准规格［JISZ1010（1951）］对包装的定义：所谓包装，是指在运输和保管物品时，为了保护其价值及原有状态，使用适当的材料、容器和包装技术包裹起来的状态。

综上所述，每个国家或组织对包装的含义有不同的表述和理解，但基本意思是一致的，都以包装功能和作用为其核心内容，一般有两重含义。

（1）关于盛装商品的容器、材料及辅助物品，即包装物。

（2）关于实施盛装和封缄、包扎等的技术活动。

由此可见，包装设计是指选用合适的包装材料，运用巧妙的工艺手段，为商品包装进行容器结构造型和包装的美化装饰设计。

包装是使产品从企业到消费者的过程中保护其使用价值和价值的一个整体的系统设计工程，它贯穿着多元的、系统的设计构成要素，有效地、正确地处理设计各要素之间的关系。包装是商品不可或缺的组成部分，是商品生产和产品消费之间的纽带，是与人们的生活息息相关的。

**2）包装设计的传达**

产品生产的最终目的是销售给消费者。行销的重点在于将构思与发展、定价、定位、宣传与产品的经销及服务等，予以计划与执行后，创造出满足个人与群体的需求。这些活动包含了将产品从制造商的工厂运送至消费者的手中，因此行销也包含了广告宣传、包装设计、经营与销售等。

若要能吸引消费者购买，包装设计则应提供给消费者明确并且具体的产品资讯，如果能给予产品比较（像某商品机能性较强、价格便宜、更方便的包装）则会更理想。不论是精打细算的消费者或是冲动购买的顾客，产品的外观形式通常是销售量的决定性因素。这些最终目的（从所有竞争对手中脱颖而出、避免消费者混淆及影响消费者的购买决定）都使得包装设计成为企业品牌整合行销计划中成功的最重要的因素。

包装设计是一种将产品信息与造型、结构、色彩、图形、排版及设计辅助元素做联结，而使产品可以在市场上销售的行为。包装设计本身则是为产品提供容纳、保护、运输、经销、识别与产品区分，最终以独特的方式传达商品特色或功能，从而达到产品的行销目的。

包装设计必须通过综合设计方法中的许多不同方式来解决复杂的行销问题，比如头脑风暴、探索、实验与策略性思维等，都是将图形与文字信息塑造成概念、想法或设计策略的几个基本方法。经由有效设计解决策略的运用，产品信息便可以顺利地传达给消费者。

包装设计必须以审美功能作为产品信息传达的手段，由于产品信息是传递给具有不同背景、兴趣与经验的人，因此人类学、社会学、心理学、语言学等多领域的涉猎可以辅助设计流程与设计选择。若要了解视觉元素是如何传达的，就需要具体了解社会与文化差异、人类的非生物行为与文化偏好及差异等。

### [案例 4-19] 火之鸟 DA 润滑油包装

DA 润滑油公司于 1919 年成立，其专业性在美国国防工业、汽车工业、重工业、传统工业及运输行业界中享有盛名，尖端品质和高性价比是其产品的主要特点。

火之鸟为其 Sport 系列（赛车油）和 Relilant 系列（来力发动机油）的油瓶包装进行改造设计，从品牌传播的角度去增强产品的产品力。这也是一个软性产品力的概念，以形象的符号表现硬性的产品力，增强依附在产品上的品牌识别，传达给受众独特准确的品牌感受。

针对 Sport 系列（赛车油）和 Relilant 系列（来力发动机油）各自不同的特点，火之鸟聚焦于自然界中象征力与速度的猎豹形象，分别选取了猎豹的后腿和咆哮时的口型作为原型，在油瓶设计上形象体现出强劲的动力和咬合力。这种以"形"象"力"的表达，形象地诉求了 DA 产品的尖端品质及独特的品牌形象（见图 4-25）。

### 3. 品牌形象

企业形象设计简称"CI"设计，20 世纪 60 年代初在美国首先被提出，70 年代在日本得到广泛推广和应用。企业形象设计的目的是将企业经营理念和企业精神文化加以整合和传达，使观众产生一致的认同感。

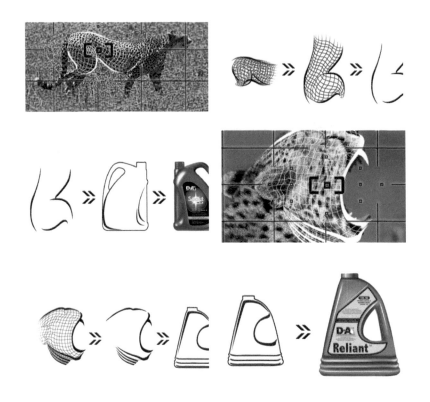

图 4-25　火之鸟 DA 润滑油包装设计

　　企业形象设计是现代工业设计和现代企业管理运营相结合的产物。以 IBM 公司为代表的美国企业在 20 世纪 60 年代开始把企业形象作为新的经营要素。在研究企业形象塑造的具体方法过程中，逐渐出现了 Corporate Design（企业设计）、Corporate Look（企业形貌）、Specific Design（特殊设计）、Design Policy（设计政策）等不同的名词，后来统一称为企业识别（或企业形象），简称 CI（CorporateIdentity）。而由这个领域规划出来的设计系统，称为企业识别系统（Corporate IdentitySystem），简称 CIS。CIS 的一般定义：将企业经营理念与精神文化，运用整体传达系统（特别是视觉传达系统）传达给企业周边的关系者，并使其对企业产生一致的认同感与价值观。也就是说，通过现代设计观念与企业管理理论的整体运作，刻画企业个性，塑造企业的优良形象，这样一个整体系统称为企业形象识别系统。其具体由三部分构成：一是 MI，即企业经营理念定位，用以确定企业发展的目标，是企业对当前和未来一个时期的经营目标、经营思想、营销方式和营销形态所作的总体规划和界定；二是 BI，即企业实际经营理念与创造企业文化的准则，是对企业运作方式所作的统一规划而形成的识别形态；三是 VI，即企业的视觉识别系统，将企业理念、企业文化、服务内容、企业规范等抽象概念转换为具体符号，塑造出独特的企业形象。三个部分是一个整体，紧密联系在一起，在设计应用的过程中要强调差异性、标准性、规范性与传播性。

对于一个企业而言，确立品牌战略是关键，统一企业形象，将广告宣传品、产品、包装、车辆、名片、办公用品等所有显示企业存在的媒介者都在视觉上统一，树立鲜明的企业形象，不仅可以增强企业员工的凝聚力、认同感，而且可以强化受众的意识，提高企业的社会知名度。

（a）旧品牌名　　　（b）新品牌名

图 4-26　新旧品牌名称对比

### [案例 4-20] 雀巢旗下速溶巧克力粉品牌 Nesquik 新形象

1948 年，一种速溶巧克力饮料"雀巢巧伴伴"（Nestle's Quik）在美国研发而成。名字中的"Quik"代表着这一产品的速食和方便。从 1999 年开始，雀巢将这个品牌更名为"Nesquik"并沿用至今，产品包括谷物类早餐，巧克力、草莓、香草、香蕉粉，饮料等（见图 4-26）。

2016 年年底，知名设计机构 Futurebrand 为 Nesquik 重新设计了全新的 LOGO 和包装，在不破坏整体形象的前提下，新 LOGO 的字体看起来更加轻松活泼。相比旧版，新版字体由于间隙的加大，让白色的底色呈现出更多的空间。圆润的字体配上蓝色的渐变色，让整个标志更加简洁并提升辨识度（见图 4-27）。

图 4-27　新的包装瓶

此次不仅换了新的包装，Nesquik 兔也进行了重绘，使这只兔子变得更加真实，例如兔子的毛发或其他的细节纹理（见图 4-28）。

### [案例 4-21] 瑞典唇部护理 Lypsyl 品牌新设计

（a）旧 Nesquik 兔　　（b）新 Nesquik 兔

图 4-28　新旧 Nesquik 兔对比

Lypsyl 于 20 世纪初在瑞典创立，至今已有 125 年的历史。是瑞典知名的老品牌之一。Lypsyl 主要的产品都是唇部护理。主要功效是保湿透，用于预防和缓解干燥的嘴唇。滋润持久不油腻，味道也很清淡，性价比很高。不含有有害化学物质，无毒环保。设计咨询机构 Seymourpowell 为其设计了全新的品牌标识和包装，希望在同行业之间竞争日益激烈的情况下，通过市场细分，有利于发现目标消费者群的需求特性，从而调整品牌形象、增加产品特色。

（a）旧标识

（b）新标识

图 4-29　新旧标识对比

Lypsyl 全新的标志变得现代俏皮。设计师重新绘制了唇状烙印，使其感觉更加明亮、现代，活泼。轮廓更加清晰大写字体，代替了软软的小写无衬线体，并引入了淡蓝色、深蓝色和白色的全新色彩方案（见图 4-29）。包装方面则在尽量保留品牌"基因"的情况下看起来更适应现代的流行趋势。同时新包装以颜色的方式替代了以前的几何图案来表示不同的口味（见图 4-30）。

图 4-30　新的系列包装

### 4. 字体设计

文字是人类为了记录语言、事物和交流思想感情而发明的视觉文化符号。文字主要有象形、表意和表音三种类型。经过数千年的文明历程，世界文字在数量、种类和造型等方面都有了很大的发展。

字体设计主要有中文字体设计和西文字体设计。要在把握表音和表意文字基本特征的基础上，充分表达文字的图形意义和内在情感，从字形、字义和文字编排中体会不同文字形式所具有的不同艺术表现力，如汉字宋体的典雅端庄、黑体的粗壮有力、罗马体的和谐古典、哥特体的坚挺神秘等。

字体设计需要运用视觉美学规律，配合文字本身的含义和所要传达的目的，对文字的大小、笔画结构、排列乃至赋色等方面加以研究和设计，并遵循一定的字体塑造规格和设计原则，使其具有适合传达内容的感性或理性表现和优美造型，能有效地传达文字深层次的意味和内涵，发挥更佳的信息传达效果。字体设计既是一种相对独立的平面设计形式，又是广告设计、包装设计、书籍装帧设计、报刊版式设计、CIS 设计等视觉传达设计中的重要设计元素。

[案例 4-22] Mario Mlakar 品牌形象字体设计

一个年轻的克罗地亚电影制片人的视觉设计，主要元素是字母 M 的重复使用，饱和的颜色和轮锯齿形装饰，强调他的个性和职业身份，融合了强烈的情感冲击和深思熟虑的思考（见图 4-31）。

### 5. 网页设计

网页设计是网站是企业向用户和网民提供信息（包括产品和服务）的一种方式，是企业开展电子商务的基础设施和信息平台，离开网站（或者只是利用第三方网站）去谈电子商务是不可能的。企业的网址被称为"网络商标"，也是企业无形资产的组成部分，而网站是INTERNET上宣传和反映企业形象和文化的重要窗口。

网页设计的建站包含：企业网站、集团网站、门户网站、社区论坛、电子商务网站、网站优化技术等，如中华网库，在行业中各有作用。网页设计是一个广义的术语，涵盖了许多不同的技能和学科中所使用的生产和维护的网站。

网页设计作为一种视觉语言，特别讲究编排和布局，虽然主页的设计不等同于平面设计，但它们有许多相近之处。版式设计通过文字图形的空间组合，表达出和谐与美。多页面的编排设计要求把页面之间的有机联系反映出来，特别要处理好页面之间和页面内的秩序与内容的关系。为了达到最佳的视觉表现效果，设计者要反复推敲整体布局的合理性，使浏览者有一个流畅的视觉体验。

为了将丰富的意义和多样的形式组织成统一的页面结构，形式语言必须符合页面的内容，体现内容的丰富含义。

灵活运用对比与调和、对称与平衡、节奏与韵律及留白等手段，通过空间、文字、图形之间的相互关系建立整体的均衡状态，产生和谐的美感。如对称原则在页面设计中，有时会使页面显得呆板，但如果加入一些富有动感的文字、图案，或采用夸张的手法来表现内容往往会达到比较好的效果。点、线、面作为视觉语言中的基本元素，巧妙地互相穿插、互相衬托、互相补充，构成最佳的页面效果，充分表达完美的设计意境。

**图 4-31　Mario Mlakar 品牌形象字体设计**

### [案例 4-23] 韩国 KidsPlus 乐衣乐扣动画片卡通网站

气氛的营造和黄色及橙色的大面积使用有着直接的关系。虽然主色调是这两种颜色，但是却并不仅限于这两种色彩的使用，粉红色、紫色、蓝色、绿色也都出现在了这个设计中，是典型的儿童主题网页用色（见图 4-32）。

图 4-32　韩国 KidsPlus 乐衣乐扣动画片卡通网站界面设计

### 6. 书籍设计

书籍设计的概念要比书籍装帧设计更宽泛一些。书籍设计是指从书籍的文稿到编排出版的整个过程，策划、编辑，乃至书籍的定价都应该属于设计的一部分。也是完成从书籍形式的平面化到立体化的过程，它包含了艺术思维、构思创意和技术手法的系统设计，书籍的开本、装帧形式、封面、腰封、字体、版面、色彩、插图、纸张材料、印刷、装订及工艺等各个环节的艺术设计。在书籍设计中，只有从事整体设计的才能称之为装帧设计或整体设计，只完成封面或版式等部分设计的，只能称作封面设计或版式设计等。

[案例 4-24] 360° 立体书设计

纸质书和电子书的争论，由来已久。毕竟作为传达思想的载体，这两者并无明显差距，然而，如果我们要传达一种形而上的美感，想必只有纸质书才能带来惊艳。日本建筑设计师大野友资早在 2012 年参加 YouFab 设计竞赛时，就首次提出了立体图书的概念，通过唯美的雕刻，360° 展示一个故事，让你日翻日新，每一次面对它都是新的感悟（见图 4-33）。

图 4-33　日本建筑设计师大野友资立体图书

然而，由于 360° 立体书制作精细复杂，并没有得到大范围印刷。2015 年，大野友资在图书出版商 Seigensha 的支持下，完成了两本 360° 立体书——《富士山》（见图 4-34）和《白雪公主》（见图 4-35）。

图 4-34　《富士山》

图 4-35　《白雪公主》

**[案例 4—25]** 《Frank Gehry — La fondation Louis Vuitton》

　　知名建筑师弗兰克·盖里的设计常被人用大胆、奇特、张扬、解构主义这样的词来形容。他设计的建筑总是风格很鲜明，拥有一反常规的外观和强烈视觉冲击力。这从他设计的毕尔巴鄂古根海姆博物馆、沃特·迪士尼音乐厅、Vitra 家具博物馆等经典作品中都能很明显地体现出来。

　　有一本与弗兰克·盖里相关的书《Frank Gehry - La fondation Louis Vuitton》，或许就算没看到书名，也没有了解过任何背景信息，你都能一眼看到就猜出它要讲什么内容。这本书的立体感很强，整体设计正呼应了盖里本人强烈的个人设计风格。

　　这本书由常做平面设计的巴黎设计工作室 Prototype 设计。它的包装盒和封面模拟了巴黎路易威登基金会建筑的样子。厚而透明的塑料外壳拥有不平整的表面，它的造型仿佛是基金会外立面那些玻璃风帆，在变幻的天空下光影效果颇为特别；同时，它也让人想起弗兰克·盖里建筑中那些有生命力的建筑体块。透明塑料壳里，书的蓝色封面泛着光泽，看起来很美（见图 4-36）。

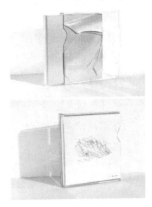

　　翻开书，呈现在眼前的则是相对比较克制的排版，用漂亮的模板印刷出来。这本书内容包括超过 350 张关于巴黎路易威登基金会的摄影作品，以及相关的草图和地图，覆盖到项目的每一个

图 4-36　封面和外壳

阶段，逐步展现这个项目是怎样设计、建造出来的。此外，书中还有建筑批评家和艺术史研究者撰写的论文，对弗兰克·盖里的建筑进行了详细分析（见图4-37）。

图 4-37　内页设计

## 4.4　公共空间设计

### 4.4.1　建筑设计

建筑设计（Architectural Design）是指建筑物在建造之前，设计者按照建设任务，把施工过程和使用过程中所存在的或可能发生的问题，事先作好通盘的设想，拟定好解决这些问题的办法、方案，用图纸和文件表达出来。作为备料、施工组织工作和各工种在制作、建造工作中互相配合协作的共同依据。便于整个工程得以在预定的投资限额范围内，按照周密考虑的预定方案，统一步调，顺利进行。并使建成的建筑物充分满足使用者和社会所期望的各种要求。

在古代，建筑技术和社会分工比较单纯，建筑设计和建筑施工并没有很明确的界限，施工的组织者和指挥者往往也就是设计者。在欧洲，由于以石料作为建筑物的主要材料，这两种工作通常由石匠的首脑承担；在中国，由于建筑以木结构为主，这两种工作通常由木匠的首脑承担。他们根据建筑物的主人的要求，按照师徒相传的成规，加上自己一定的创造性，营造建筑并积累了建筑文化。

在近代，建筑设计和建筑施工分离开来，各自成为专门学科。这在西方是从文艺复兴时期开始萌芽，到产业革命时期才逐渐成熟；在中国则是清代后期在外来的影响下逐步形成的。

随着社会的发展和科学技术的进步，建筑所包含的内容、所要解决的问题越来越复杂，涉及的相关学科越来越多，材料上、技术上的变化越来越迅速，单纯依靠师徒相传、经验积累的方式，已不能适应这种客观现实；加上建筑物往往要在很短时期内竣工使用，难以由匠师一身二任，客观上需要更为细致的社会分工，这就促使建筑设计逐渐形成专业，成为一门独立的分支学科。

随着社会的不断进步，绿色建筑是近年来建筑设计行业追求的方向，任重而道远。这不仅需要观念和技术上的不断创新和发展、设计水平的不断提高，同时更需要政策的引导和扶持，以及全社会的参与。绿色建筑是可持续发展理论具体化的新思潮的新方法。所谓"绿色建筑"是指规划、设计时充分考虑并利用了环境因素，施工过程中对环境的影响最低，运行阶段能为人们提供健康、舒适、低耗、无公害空间，拆除后能回收并重复使用资源，并对环境危害降到最低的建筑。因此绿色建筑可以理解为在建筑寿命周期内，通过降低资源和能源的消耗，减少各种废物的产生，实现与自然共生的建筑。

### [案例 4-26]　美国沙漠住宅

加州的 Sonoran 沙漠之内，茂盛的沙漠植物暴露在阳光之下，干旱的气候没有一丝凉风。建筑师的精心设计在将建筑对脆弱环境的物理影响降至最低的同时，联系了人类和这令人敬畏的神秘景观。

沙漠住宅建筑附属的停车场被置于 400 米之外，沿着狭窄的步道在沙漠中前行，建筑一点一点从繁茂仙人掌丛中显露出来。错落的混凝土石块仿佛渐渐消融在沙漠中一般，创造了极富趣味性的入口空间序列。

如图 4-38 所示，建筑由夯实的泥土制成，这唾手可得的材料在提供建筑所需热质量的同时，并不会对环境造成负面的影响。这种干旱地区常用的建筑材料十分适应 Sonoran 的沙漠气候，也让所有身处其中的人们能够从视觉、听觉和触觉上同时感受到其内在的诗意。

建筑空间被划分为起居、休息和录音娱乐三个相互分离的空间。不同空间之间并无直接的联系，而需要通过外界的通道到达。这种设计不仅满足了业主对噪音干扰的极致要求，同时也让使用者与粗犷沙漠景观间的联系更为密切。

作为在水源紧缺的沙漠地区的住宅，建筑师引入了一个能收集、净化 30 000 加仑雨水的储水系统，满足日常起居生活的一切需要。

**图 4-38　美国沙漠住宅**

[案例 4-27] home 09 生态独栋住宅

home 09 是位于荷兰 Bloemendaal 市附近一片植被茂盛住宅区的可持续独栋别墅，遵循极简设计理念并重视人与自然的共存（见图 4-39）。

图 4-39　home 09 生态独栋住宅

该项目由 i29 interior architects 的建筑师 Paul de Ruiter 主创。建筑追求最小限度的结构细节，注重内外联系，宽大的玻璃落地窗和天井带来最大化的采光，并让居住者感受到周围环境与别墅融为一体（见图 4-40）。

为了带给内部空间更多的自然气息，室内大多结构都由天然材料制成。设计师创造了大面积木材表面并贯穿到房内各个不同功能区（见图 4-41）。

图 4-40　别墅与周围的环境相融

图 4-41　室内大多结构都由天然材料制成

**[案例 4—28] house halffloors**

　　由葡萄牙的 Sousa e Lopes 事务所设计，halffloors 是一幢简单的垂直布局住宅建筑，公共区域被设置在较低的层级，越高则私密性越强。以楼梯作为房子的核心，错层结构拥有良好的视觉连接和空间连续（见图 4-42）。

　　房子相邻一个庭院，连同错层结构带来垂直连续性并创建一个平缓的水平连接。同时院子还加强了空间深度和张力（见图 4-43）。

图 4-42　垂直布局住宅

图 4-43　空间深度和张力

　　halffloors 的内部采用极简设计，大部分内部部件都是定制的。除了独特的彩色沙发之外，房子中的大部分部件都采用黑白两色，这达成了一个传统的轻量级空间，并且视觉上非常整洁（见图 4-44）。

图 4-44　内部采用极简黑白色调设计

**[案例 4-29] 2015 米兰世博会中国馆**

中国馆以"天、地、人"为设计原点，凝练了中华民族伟大的农业文明与民族希望。建筑方案采用场域的概念，室内与室外空间相互贯通，通过建筑的屋顶、地面和空间，将"天、地、人"的概念融入其中。自然天际线与城市天际线交融的屋顶，似祥云飘浮在空中，象征自然与城市和谐发展；室内田野装置与景观绿化完美呈现，意喻中国广袤而生机勃勃的土地；"天"和"地"之间的展陈空间，向世人展现中国人的勤劳智慧和中国古老灿烂的农业文明。

中国人依天、地与智慧，创造出符合中国气候特征、地理地貌和文化伦理的传统建筑结构和形态，这一形态在世界建筑艺术中独树一帜。中国馆吸收中国传统建筑中具有高度民族性和辨识度的结构和形态，结合现代技术，形成了具有强烈中国传统建筑意向的中国馆形象。

屋顶采用具有中国象征意义的竹编材料覆盖，在意大利灿烂阳光的照射下，将折射出金色的光彩。对应米兰的日照轨迹，屋顶竹编面材通过传统编制工艺选择不同的透光率，将自然采光引入室内，满足了功能照明要求，降低了人工照明的能耗，也大幅度降低了材料成本（见图 4-45）。

图 4-45　2015 米兰世博会中国馆

## 4.4.2　室内设计

室内设计，即对建筑内部空间进行的设计。具体来说，就是根据建筑物的使用性质、所处环境和相应标准，运用物质技术手段和建筑设计原理，创造功能分区合理、舒适优美，能满足人们物质和精神生活需要的室内环境。

现代室内设计是综合性的室内环境设计，既包括视觉环境和工程技术方面的设计，也包括声、光、热等物理环境及氛围、意境等心理环境和文化内涵等方面的设计。

室内环境的创造，应该把保障安全和有利于人们的身心健康作为室内设计的首要前提。人们对于室内环境除了有使用安排、冷暖光照等物质功能方面的要求之外，还常有与建筑物的类型、性格相适应的室内环境氛围、风格文脉等精神功能方面的要求。

室内设计的总体艺术风格，从宏观来看，往往能从一个侧面反映相应时期社会物质和精神生活的特征。任何一个历史时期的室内设计，总是会打上那个时代的印记，这是因为室内设计从设计构思、施工工艺、装饰材料到内部设施，必然和当时社会的物质生产水平、社会文化和精神生活状况联系在一起；在室内空间组织、平面布局和装饰处理等方面，也和当时的哲学思想、美学观点、社会经济、民俗民风等密切相关。

从微观的或个别的作品来看，室内设计水平的高低、质量的优劣又与设计者的专业素质和文化艺术素养等联系在一起。至于各个单项设计最终实施后的品位，又和该项工程具体的施工技术、用材质量、设施配置情况，以及与建设者（即业主）的协调关系密切相关。总之，设计成果最终的质量取决于设计、施工、用材（包括设施）以及与业主的关系。

室内设计大体可分为住宅室内设计、集体性公共室内设计（学校、医院、办公楼、幼儿园）、开放性公共室内设计（宾馆、饭店、影剧院、商场、车站等）和专门性室内设计（汽车、船舶和飞机体内设计）。空间类型不同，设计的内容与要求也有很大的差异。

不同时代的思想和地理环境特点等，通过创作构思和表现，会逐渐形成为具有代表性的室内设计风格。一种典型风格的形成，通常与当地的人文因素和自然条件密切相关，也与创作中的构思和造型特点有关。风格既有各种表现形式，又具有艺术、文化、社会发展等深刻的内涵，因此风格又不停留或等同于形式。现代室内设计风格可分为现代时尚设计风格、法式浪漫设计风格、欧式宫廷设计风格、新中式设计风格、地中海设计风格、混合型风格等。

**[案例 4-30] Doctor Manzana 品牌实体店设计**

西班牙工作室 Masquespacio 最新项目——为智能手机和平板电脑提供技术服务及销售手机配件的品牌 Doctor Manzana 重新设计品牌形象和位于西班牙瓦伦西亚的第一家实体店（见图 4-46）。

全新设计更加突出品牌身份，表标志图案灵感源于触摸屏反射所创造出的 54°，倾角的形式可以创建出丰富的变化以运用到平面和空间设计中（见图 4-47）。

图 4-48　色彩概念设计

图 4-46　Doctor Manzana 品牌实体店设计

蓝绿色就像一位医生，浅橙色代表时尚达人，紫色则有点像"狂人"，Masquespacio 又一次以其一贯的跳跃色彩来诠释品牌形象。店面橱窗中写着"Doctor Manzana?是医生？不，他们是一个专门解决智能手机和平板计算机故障的专业技术团队（见图 4-48）。"

图 4-47　统一的倾角和色调让整个空间格外引人注目

虽然一些细节还是以隐喻的方式联系到医院，比如蓝色幕帘，但整个店内气氛是以科技和工业感为主，如镀锌瓦楞板材质的运用。白色家具则带来温暖光线的质感（图4-49）。

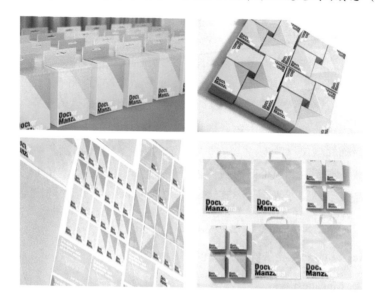

图 4-49　色彩细节设计

## [案例 4-31] BICOM 办公空间设计

设计一个空间让其成为创造性的媒介并达成富有成效的公共交流，BICOM 公司办公空间由加拿大设计师 Jean de Lessard 完成（见图4-50）。

BICOM 是一家专门从事公关活动策划的加拿大机构，主要客户包括可口可乐、欧莱雅，其新办公空间强烈的视觉冲击力也恰恰源自于为"沟通"而设计的主题。

图 4-50　BICOM 办公空间设计

设计师在开放空间中采取不受约束的布局形式，不仅满足现有需求的同时还规划了未来扩展的空间。集成的一系列办公单间加上开放空间最终能够容纳35人。在看似混乱的布局中同事间的沟通交流也变得更加随意。设计师认为在一个有趣的、功能复杂的环境中交流更能创造出鼓舞人心的碰撞（见图4-51）。

BICOM 办公室项目实际上就是用一个系统来解构空间和功能，再建立起一个风格化的村落。

在灵活的设计系统中，"房子"能够应对未来公司内部增长做出改变（见图 4-52）。

图 4-51　开放空间中采取不受约束的布局形式

图 4-52　小"房子"围绕公共区域组成整个空间

被草覆盖或嵌满木板、甚至通体都是镜面，每个"房子"都能通过视觉识别自身功能。不同的外表覆盖似乎在提醒大家，每个人都有自己的个性。"房子"造型上的统一达成了空间的一致性。"村落"中还包含两个会议室，零散的公共区域及一个卫生间和厨房（见图 4-53）。

### 4.4.3　展示设计

展示设计是指将特定的物品按特定的主题和目的加以摆设和演示的设计。具体而言，展

图 4-53　不同个性的"房子"形成统一的空间

示设计主要针对的是商品，在一定空间内，运用陈列、空间规划、平面布置和灯光布置等技术手段传达信息，包括各种展销会、展览会、商场的内外橱窗及展台、货架陈设等。展示设计是一门综合艺术设计，是视觉传达设计、产品设计和环境设计多种技术综合应用的复合性设计，运用了较多的视觉传达的表达方式。

展示空间是伴随着人类社会政治、经济的阶段性发展逐渐形成的。在既定的时间和空间范围内，运用艺术设计语言，通过对空间与平面的精心创造，使其产生独特的空间范围，既能解释展品的宣传主题，又能使观众参与其中，达到相互沟通的目的。这样的空间形式，我们一般称之为展示空间。对展示空间的创作过程，我们称之为展示设计。展示设计又可以分为家具展示设计、汽车展示设计、服装展示设计、展示模型设计等。

展示设计从范围上包括大到博览会场、博物馆、美术馆，中到商场、卖场、临时庆典会场，小到橱窗及展示柜台（样品柜）；就展示设计所处理的内容而言，主要有展示物的规划、展示主题、灯光、说明、标志指示及附属空间（如大型展示空间就应该包括典藏、消毒、厕所、茶水、休息等空间）。

[案例 4-32] Gio Ponti 的世界

TORAFU ARCHITECTS 事务所为意大利现代设计之父 Gio Ponti 设计了名为"Giving Warmth to the Building Skin-The World of Gio Ponti，Father of Modern Italian Design"的短期展览，展览地点为爱知县常滑市的 INAX 博物馆。

作为现代主义建筑师，Gio Ponti 专注于探讨建筑表面，他融合手工工艺与机械制作来传达一种"皮肤质感"。展览的四个主题分别为"内墙"、"窗"、"地板"与"外墙"（见图 4-54）。

随着高度变化，松散布局的墙面像褶皱一样将空间分割成多个区域，并给每个展室都带来不断变化的环境，当观众发觉内部和外部空间发生融合，便会即将进入下一个主题，这给参观者带来一种"发现的体验"。这样的布局也让小空间看上去更加宽敞（见图 4-55）。

转折的墙面看起来就像是漂浮的，轻盈质感与 Gio Ponti 的风格保持一致，墙面中的开口达成空间之间的联系，这让区域划分更加模糊（见图 4-56）。

图 4-54 "Gio Ponti 的世界"展会空间设计

图 4-55 随着高度变化，松散布局的墙面像褶皱一样将空间分割成多个区域

图 4-56 Gio Ponti 作品展览馆细节设计

### 4.4.4　环艺设计

环境艺术（Environmentalart）又被称为环境设计（Environmentaldesign），是一个尚在发展中的学科，目前还没有形成完整的理论体系。关于它的学科对象研究和设计的理论范畴以及工作范围，包括定义的界定都没有比较统一的认识和说法。这里先引用著名环境艺术理论家多伯（RichardP.Dober）的环境艺术定义。多伯称，环境艺术"作为一种艺术，它比建筑艺术更巨大，比规划更广泛，比工程更富有感情。这是一种重实效的艺术，早已被传统所瞩目的艺术。环境艺术的实践与人影响其周围环境功能的能力，赋予环境视觉次序的能力，以及提高人类居住环境质量和装饰水平的能力是紧密地联系在一起的。"

**[案例 4-33]　圣安东尼滨河步道**

对于全球的设计师和工程师而言，这里是一个灵感来源。圣安东尼滨河步道是一座具有多重身份的公共公园：它是这个城市主要的旅游目的地，每年吸引着数百万游客；公园内配备有效的雨洪控制工程设施，还有对德克萨斯州丰富植物的展示。滨河步道全年 365 天开放，由沿着圣安东尼河岸分布的人行道网络组成，步道平面略低于街道水平高度。沿线排布着酒吧、商店、餐厅和宾馆。公园不仅是一座吸引游客的圣地，同时也是一座绿色网络，连接起了从 Alamo 到河流中心餐厅等游客们的场所。

滨河步道很好地嵌入整个城市网络曲线中，完美契合了这座城市的城市设计、工程学、园艺学、建筑、景观和金融气息。在这些方面都有值得欣赏之处（见图 4-57）。

图 4-57　圣安东尼滨河步道

## 4.5　智能穿戴设计

智能穿戴是指应用穿戴式技术对日常穿戴进行智能化设计、开发出可以穿戴的设备，如眼镜、手套、手表、服饰及鞋等。智能穿戴的目的是探索人和科技全新的交互方式，为每个人提供专属的、个性化的服务。

人类历史发展过程中，有很多影响深远的科技发明，其中直接深刻影响人类行为的数字化革命有两次，第一次是移动电话，第二次是移动互联网，现如今，具备"第六感"的穿戴设备随着第三次科技浪潮席卷而来。

电话无疑是 19 世纪最伟大的发明之一，它突破了距离的限制，还原了千里之外的音源，第一次扩展和延伸了人们的音觉；移动电话更近一步，它突破了空间的限制和线材的束缚，给予了人们一个数字化的符号，这个符号具有唯一性，也具有实时性，通过背后复杂昂贵的网络系统，让语音交流与生活同步而行。同时，随着显示屏的植入，SNS 等增值业务的发展，不仅可以语音实时传输，还可以实现信息的输入、存储及输出，信息交流方式有了多样化的发展空间。

iPhone 的横空出世，不仅进一步丰富了信息交流方式，更将易用性提升到一个较高的水平，并形成了行业的标杆。iPhone 的海量应用，以及聚合信息的完善，大大降低了信息处理成本，扩展了大脑认知和判断能力。手机已成为人们日不离身的信息交流处理终端。

未来，随着技术的成熟和性能的提升，以及产品成本下降和产品的普及，智能穿戴设备将逐渐取代手机的很多功能，并最终大规模取代智能手机产品，未来必将是智能穿戴设备的天下，因为，这符合以下两个趋势。

首先是智能产品使用方式将从模仿回归自然与本能。传统功能手机信息输入是实体键盘按键式输入，这并不是人类很自然的使用方式。而 iPhone 将实体键盘取消，采用更加自然、模仿人类原始行为的触摸式输入。而页面的翻页方式，iPhone 也模仿人类的自然翻书方式。但说到底这些方式和功能都是对人类原始行为的"模仿"，而不是原始行为的"本身"。而苹果语音交流工具 siri，则在这方面前进了一大步。现在手机上传感器越来越多，包括对眼神、温度、光线等的感知能力越来越强。这些都是在回归人类交流和情感的本源。而穿戴设备，则是这种趋势的更高阶段，即通过智能眼镜、手表、服饰等随身物品，就可以直接通过语音、眼睛、手势、行走等最自然的方式，与他人进行沟通、上网等，更加的自然和舒适。

其次是智能服务从外部到随时、随身。智能手机即使功能再强大，也只是我们的"身外之物"，随着手机屏幕越来越大，以及拥有多部手机，我们越来越觉得这些铁疙瘩给我们带来很多的不便。而智能穿戴设备，则完全不存在这种烦恼，不再需要一个专门的所谓"通信终端"、"上网终端"和"娱乐终端"，你只需通过眼镜、手表、服饰这些原本就在我们身上的随身之物，随时随地使用智能服务，提高生活、商务品质和效率。未来我们将 24 小时都在网上，不存在上网与下网的概念，智能穿戴设备正是迎合了这样一个趋势。

智能穿戴设备是意义深远的一类科技设备，它将引领下一场可穿戴革命，我们正迈向一个技术与人们互动的新世界。谷歌、苹果、三星、微软、索尼、奥林巴斯等诸多科技公司争相加入到可穿戴设备行业，在这个全新的领域进行深入探索。

随着移动互联网的发展、技术进步和高性能低功耗处理芯片的推出等，智能穿戴设备种类逐渐丰富，已经从概念走向商用化，新式穿戴设备不断推出，智能穿戴的时代已经到来了。

谷歌公司于 2012 年研制的一款智能电子设备——Google Glass，具有网上冲浪、电话通信和读取文件的功能，可以代替智能手机和笔记本电脑的作用。随着 Google Glass 等概念产品的推出，众多国内外厂商对可穿戴智能设备领域表现出极高的参与热情，2013 年成为全球公认的"智能可穿戴设备元年"，智能穿戴技术已经渗透到健身、医疗、娱乐、安全、财务等众多领域。

智能穿戴作为前沿科技和朝阳产业，是未来移动智能产品发展的主流趋势，将极大地改变现代人的生活方式。

### [案例 4-34] 智能型设计轻珠宝 VINAYA ALTRUIS

是否曾经想入手智能型穿戴手环等配件，但苦于市面上多数产品设计不符合你的外观要求，或是多以运动型的功能外观无法满足你想把它当做服装搭配的饰品佩戴想法。

VINAYA 的执行总监 Kate Unsworth 跟许多人一样是个科技产品的重度使用者，她希望能够将使用科技网络拼命打字的时间来与身边的人真实互动相处，但同时又能够适度地掌握手机的信息与来电。

注重时尚美感的她因此打造了 ALTRUIS 珠宝系列，运用高质量的顶级锆石设计出完全看不出来是电子穿戴装置的珠宝饰品，利落的宝石切割手法与简约耐看的造型设计相结合，打造出宛如古董饰品的优雅风格，抑或透过服装搭配转化成前卫强烈的英式时尚，不用拿着手机就能保持信息畅通但不受打扰（见图 4-58）。

透过 VINAYA 品牌专属 App 与 ALTRUIS 珠宝做蓝牙连接，在 App 上可应自己的习惯与场合设定各种个人化的模式，ALTRUIS 珠宝至少能待机一个月。

图 4-58　伦敦智能型设计轻珠宝 VINAYA ALTRUIS

**[案例 4-35] 最炫酷的"文身"tech tats**

Chaotic Moon 是一家位于德克萨斯奥斯汀的软件设计和开发公司，公司的创意技术专家 Eric Schneider 称："人们经常震撼于谷歌眼镜、苹果智能手表等可穿戴设备，认为这就是未来的方向，可是我们要打造的目标是让可穿戴设备隐形，让你感受不到它的存在。"

其研制开发的一种高科技文身组件和导电涂料，可以用来创建电路，收集身体的数据。这就意味着，不必随身带着负担的外设，你的身体就是"设备"。同时还拥有一个极具科技感的文身，简直潮到爆。这项技术还可以被应用于银行业，把"银行卡纹在手臂上"，这样当你需要访问自己的信用卡信息时，只要刷刷文身就好（图 4-59）。

图 4-59　最炫酷的"文身"——tech tats

**[案例 4-36] 迷你无人机 ROAM-e"自拍杆"**

物联网集团 IoT Group 是澳大利亚悉尼的一家可穿戴设备制造商，ROAM-e 是其为解放双手而设计的拍照无人机。

ROAM-e 即一个矿泉水瓶大小，机翼可以折叠，是一个小巧便携的装置。智能面部识别技术使得它随时在你的视野范围内飞行，与你保持 25 米以内的距离。无框体相机带有一个 500 万像素的 CMOS 传感器和 ARM Cortex M4 专用飞行控制器，可以进行 360°全景实时拍摄。它可以在空中不间断飞行 20 分钟，实时传递数据，你可以随时用手机查看你的照片或视频，2 个小时就可以充满电。ROAM-e 独特的跟踪技术不需要你再携带 GPS 之类的定位设备（见图 4-60）。

图 4-60　迷你无人机 ROAM-e

## 4.6 体验设计

体现一词的字义源于拉丁文 "Exprientia"，意指探查、试验。按照亚里士多德的解释，体验是感觉记忆，是由许多次同样的记忆在一起形成的经验，即为体验。在《现代汉语词典》中，体验的意思是 "通过实践认识周围的事物，亲身经历"。在《牛津英语字典》（The New Shorter Oxford English Dictionary）中，体验的定义是：从做、看或者感觉事情的过程中获得的知识或者技能；某事发生在你身上，并影响你的感觉：假若你经历某事，它会发生在你身上，或者你会感觉到它。

在心理学领域，体验被定义为一种情绪；在商业领域，体验是一种经济手段。在产品设计领域，Houde 和 Hill 认为体验是对产品的 "看与感受"，是一种具体的对使用的 "人造物" 的感官体验，如用户在使用产品时的视觉、触觉和听觉等。

Schmitt 认为，体验如同触动人们心灵的活动，经由消费者亲身经历接触后获得的感受。随着消费者特性的不同，体验也有所差异，即使是消费者特性极为相似的个体，也很难产生完全相同的体验。

总体而言，体验是人们在特定的时间、地点和环境条件下的一种情绪或者情感上的感受。它具有以下几个特征。

（1）**情境性**。体验与特定的情境密切相关。在不同的情境条件下，体验是不同的；即使是同一件事情，但是在不同的时间和环境下发生，给人的体验也是不一样的。

（2）**差异性**。体验因人而异。不同的人对于相同事件的体验可能完全不同。

（3）**持续性**。在与环境连续的互动过程中，体验得以保存、累计和发展。最后，当预期目的达到时，整个体验不是结束，而是令人有实现的感觉。

（4）**独特性**。体验有自身独特的性质，这个体验遍布整个过程而与其他经验不同。

（5）**创新性**。体验除了来自于消费者自发性的感受以外，更需要通过多元化的、创新的方法来诱发消费者的体验。

随着现代科技的发展、知识社会的到来、创新形态的嬗变，设计也正由专业设计师的工作向更广泛的用户参与演变，以用户为中心的、用户参与的创新设计日益受到关注，用户参与的创新模式正在逐步显现。用户需求、用户参与、以用户为中心被认为是新条件下设计创新的重要特征，用户成为创新的关键词，用户体验也被认为是知识社会环境下创新模式的核心。设计不再是专业设计师的专利，以用户参与、以用户为中心也成了设计的关键词。

用户体验设计（User Experience Design，UED）是一项包含了产品设计、服务、活动与环境等多个因素的综合性设计，每一项因素都是基于个人或群体需要、愿望、信念、知识、技能、经验和看法的考量。在这个过程中，用户不再是被动地等待设计，而是直接参与并影响设计，以保证设计真正符合用户的需要，其特征在于参与设计的互动性和以用户体验为中心，以提供良好的感觉为目的。

Shedroff 对用户体验设计的定义为:它将消费者的参与融入设计中，企业把服务作为"舞台"，把产品作为"道具"，把环境作为"布景"，使消费者在商业活动过程中感受到美好的体验过程。作为一门新兴学科，体验设计的发展吸取了多个学科的知识，包括心理学、建筑与环艺设计、产品设计、信息设计、人类文化学、社会学、管理学、信息技术、计算机技术等。

在学术界，Garrett 认为，用户体验设计包括用户对品牌特征、信息可用性、功能性和内容性等方面体验；Norman 将用户体验扩展到用户与产品互动的各个方面，提出了本能层、行为层和情感层理论；Leena 认为用户体验包括使用环境信息、用户情感和期望等内容。另外，可用性专业协会（Usability Professionals' Association，UPA）每年确定一个主题召开年会。在国内，中国科学院、清华大学、北京大学、浙江大学、大连海事大学、浙江理工大学等纷纷建立了相关的实验室，研究人机交互、可用性及用户体验设计。

在产业界，苹果公司一直以来都是公认的用户体验设计领域的领跑者，无论是其软件开发，还是硬件设计，都十分关注用户体验，体现以人为本的设计思想。用户体验设计在其他IT 及家电产品企业，如 IBM、Nokia、Microsoft、Motorola、HP、eBay、Philips、Siemens 等都有十几年甚至更长时间的实际运用历史，相应地建立了几十人到几百人规模的部门。随着信息技术日益深入地融入到人类社会和面向大众，用户体验设计在自身的不断发展和完善过程中在工业界越来越得到了广泛的应用。在国内，阿里巴巴、华为、联想、网易、腾讯、海尔、新浪和中兴等企业和一些银行系统也纷纷成立了用户体验设计部门，通过对市场及用户的研究与分析，使得开发设计的产品能够更好地满足用户的体验需求。

## [案例 4-37] IKEA，贴近顾客，家的体验

优秀公司都是真心接近其顾客的。

"宜家家居"除了是取 IKEA 的谐音以外，也引用了成语中"宜室宜家"的典故，来表示带给家庭和谐美满的生活。宜家（IKEA）也的确在不懈追求这一美好的愿景，以至于"逛了宜家之后，总有一种安家的冲动"成了众多朋友的共同心声（见图 4-61）。

图 4-61　宜家家居商场

### 1. 为大众创造美好的日常生活

（1）体验营销让顾客受到尊重。2004 年，宜家家居以"为大众创造美好的日常生活"为宗旨，加快在华投资的步伐。刚进入中国不久，便成为时尚家居和小资生活的符号。在这个以顾客为导向的时代，人性化的关怀和服务是宜家特有的，宜家不靠打价格战来取胜，而是充分运用体验营销、信息营销等多种手段来打动消费者。

与一些竞争对手的最大区别是，宜家极为重视"此时无声胜有声"的体验式营销，不允

许工作人员直接向顾客推销，而是任由顾客在自行体验的基础上再作决定。宜家允许大家到样板间充分体验，从而有一种受到尊重的感觉。而且，购物也是需要思路的，没有了销售人员的喋喋不休和亦步亦趋，才可以在轻松、自由的氛围中作出购物的决定。在宜家商场里，经常会看到顾客拉开抽屉、打开柜门、在地毯上走走，或者坐到床和沙发上试一试是否坚固、舒服等。一些沙发、电视机架的展示处还特意提示："请坐上去！""拉开看看！"

专家认为，体验意味着给消费者提供寻找感觉的机会，由于中国很多的消费者还不太理性，因此体验通常会在瞬间改变一个人的消费观念。体验式营销旨在向顾客销售一种消费观念：体验过做出的决策才是最好的。

（2）信息营销让顾客知道更多。宜家没有选择通过店员的详细介绍来说明每一件商品的特点，而是为每件商品制订"导购信息"，将营销的信息全部公开、透明。宜家时常提醒顾客"请多看一眼标签"。宜家的每件商品都有标签，标签上有关产品的价格、功能、使用规则、购买程序的信息一应俱全。如果顾客还想了解其他的信息，可以在咨询台得到帮助。

很多消费者经常在很大的购物场所里面迷失方向，因为商品的种类太多，不知道每一件商品究竟是什么样的，这在一定程度上增加了消费者的决策时间和决策成本。专家认为，这种信息营销方式则完全打破了消费者的顾虑，并节省了消费者的时间。由于将每一个细节都考虑进去，因而出售的商品大多符合用户要求（见图 4-62）。

**图 4-62　2014 年宜家《家居指南》**

（3）生动营销让顾客找到灵感。宜家商场内设立了不同风格的样板间，把各种配套产品进行了家居组合，充分展现每种产品的现场效果，甚至连灯光都展示出来。这样就不会看走眼了。而且在这里，还可以激发家居布置的灵感。据了解，许多顾客到宜家就是为了参考这些摆设方式，甚至有些顾客的房子从家具到装饰用品都和宜家一模一样。

对此，专家认为，消费者购买家居的时候，常常害怕不同的产品组合买到家后不协调，但如果产品和服务可以生动地表现出来，那么所售产品和服务就已超越了其自身的价值。宜家如此生动化的展示，对追求生活品质的人来说无疑是在传达一种品位。

（4）让购物成为一次快乐旅行。宜家一直以来都倡导娱乐购物，并以其独有的风格，将商场营造成适合人们娱乐的场所。因此，宜家商场在布局和服务方式的设计上，都尽量使其显得自然、和谐。蜿蜒的过道，活泼温馨的儿童乐园，风格简约的产品设计，再加上浪漫典雅的音乐环境，宜家家居总体上给人一种简约、时尚、温馨、精致的感受，使购物者的心情很愉悦。据了解，很多顾客不一定在商场买东西，但是他们就愿意来这里逛一逛，逛宜家，有一种泡吧的感觉，泡一天都不会觉得累。

在消费者越来越追求生活品位和越来越挑剔的今天，服务竞争是当今企业竞争的焦点。在实践中，各类企业都努力通过提供优质客户服务来提高客户的满意度，从而获得长远与稳定的竞争优势，最终使企业得以延续和发展。宜家以其人性化的产品设计、人性化的购物环境受到消费者的欢迎，尤其是年轻消费者的青睐。它的创新服务理念带给国内企业的思考是，谁为消费者想得更多，谁就能成为市场的赢家。

### 2. 移动 App 体验营销

紧跟时代发展潮流和用户消费新风向，宜家官方于 2013 年发布了新的移动应用"IKEA App"，这种方式突破了传统意义上"理性消费者"的假设，认为消费者是理性与感性兼具的，在消费前、消费时、消费后的体验，才是研究消费者行为与企业品牌经营的关键。IKEA App 就是让消费者在购买产品的同时，参与到产品的情感创作中来，让消费者在消费产品的同时体验到产品独特的个性化魅力，进而与产品和品牌建立紧密联系。这款致力于改善销售前（Pre-selling）体验的工具，不仅充分利用了互动科技，更重要的是提升了品牌前卫、进取、贴近顾客、科技进步的形象（见图 4-63）。

图 4-63　IKEA App 手机客户端

图 4-63　IKEA App 手机客户端（续）

　　IKEA App 与现实中宜家的体验式营销的风格保持高度统一，注重 AR 增强现实技术的运用，把个性化的 DIY 方式发挥到极致，您能够通过 IKEA App 获取宜家产品、商场及特别优惠活动的最新信息，可以查看产品的价格、尺寸、颜色及更多详细内容，查询产品库存状况和自助提货位置。更为贴心的是，您可以通过 IKEA App 了解商场的具体地址、方位地图和从所在地到商场的交通路线，掌握商场的购物路线和区域划分，清楚商场、餐厅、斯马兰儿童乐园和食品小卖部的营业时间。您也可以随时随地创建购物清单，还能同步十个清单至您的宜家账户，查看产品的库存情况，看看在哪家商场能够马上买到您需要的产品（见图 4-64）。

图 4-64　宜家利用 AR 技术将虚拟家具投射到用户的客厅

　　同时，App 的应用关键在于有助于解决客户购买家具的"后顾之忧"。买家具最怕的是什么？是千辛万苦挑选好家具搬回家后，发现家具尺寸不合适或者与装修风格不符。宜家借助了用户的智能手机及配套 App 应用，用户只需通过扫描目录上的产品即可了解心仪家具摆放在自己家中的样子，"增强现实技术"借助实体产品目录的标准尺寸来推算出家具的实际尺寸，然后将家具与家中实景按照实际尺寸比例投放到智能设备的显示屏上，让您足不出户即可看到家具在家里的"真实"摆放情形，这样一来，用户就能够更直观地看到心仪家具摆到自己家中的具体样子，对款式是否搭配、尺寸是否合适等都能做到心中有数。

宜家在中国的新浪微博粉丝数达到 55.6 万之多。这些网络平台的成功运营对于 IKEA App 等一系列移动应用的推广传播来说意义非凡。尽管 IKEA 目前的网上销售量相对微不足道，但是增长却十分迅速。相比直接的销售数字，IKEA 通过网络及 IKEA App 获得的品牌影响力和客户忠诚度似乎更为可贵，实现了线上线下的良好配合与互动。

对 App 移动应用、微博、Facebook 等社会化媒体的创意应用，常令人耳目一新。尤其是对 App 移动应用的开发利用，让顾客成为品牌的传播者和感受的分享者，有效提高顾客的主动性。宜家不是单纯的出售家具，更为顾客搭建一个体验产品的平台，给顾客营造美好的感受。持有良好印象的顾客来传播分享的效果更好，影响范围也更加广泛。

# 4.7 非物质设计

"非物质主义"是一种哲学意义上的理论，其基本观点是，物质性是由人决定的，离开了人，物质就没有意义了。"非物质主义设计"是社会非物质化的产物，是以信息设计为主的设计，是基于服务的设计。

"非物质主义设计"理念倡导的是资源共享，其消费的是服务而不是单个产品本身。非物质主义使单个产品的服务量共享，以服务量为纽带联系生产者与用户，能够最大限度地满足有服务需要的用户，能够充分利用资源。非物质主义的生产者是通过提供"服务"达到盈利的目标，这将弱化有计划的产品废止制。为谋求利益的最大化，生产者的着重点将从更新换代逐渐转化为减少消耗，在一定程度上将生产成本与生态成本有效地综合起来，使生产者主动地做一些有利于生态系统的工作。非物质主义设计提供了物质和技术上的保障。

## 4.7.1 非物质设计概述

以微电子、通信技术为代表的数字信息技术的普及和应用正把人们从物质社会引入非物质社会。所谓非物质社会，就是人们常说的数字化社会、信息社会或服务型社会。工业社会的物质文明向信息社会的非物质文明的转变，在一定程度上将使设计从有形的设计向无形的设计、从物的设计向非物的设计、从产品的设计向服务的设计、从实物产品设计向虚拟产品设计的全方位调整。

非物质设计理念不仅是一种与新技术特别是计算机、网络、人工智能相匹配的设计方式，同时它也是一种以服务为核心的消费方式，更是一种全新的生活方式。

## 4.7.2 非物质社会对设计的影响

非物质社会对设计产生了强烈的冲击，设计的内容、形式、过程和理念都有所改变，表现为设计内容的数字化、艺术化和不确定性，设计形式的虚拟化、设计过程的无纸化，以及设计服务的个人化。

### 1. 设计内容的数字化、艺术化和不确定性

非物质社会的设计，重心已经不再是某种有形的物质产品，而是逐渐脱离了物质层面向纯精神的东西靠拢。设计从静态的、理性的、单一的、物质的创造，向动态的、感性的、复合的、非物质的创造转变。传统的设计，一般是将设想、计划和创意，通过一定的技术手段实现为有形的、美好的产品，产品达到的目的是可以被提前预测和构想出来的。而非物质社会的设计却越来越追求一种无目的性的、不可预料的和无法准确预测的抒情价值，设计创作越来越具有一种艺术化的诗意价值。设计变得更加艺术化，创造一种不确定的、时时变化的东西。非物质社会的设计，诸如智能化界面设计、互动媒体设计、网络艺术设计、信息娱乐服务，以及数字艺术的设计，均是着重于调动消费者的感觉系统并企图在人与非物的互动中实现设计的功能，其结果具有不确定性。

**[案例 4-38]** 《地心引力》的数字化技术

近年来，数字技术也越来越多地应用在电影的拍摄上，给人们提供了新的观影感受。2013年上映的《地心引力》由阿方索·卡隆执导，乔治·克鲁尼和桑德拉·布洛克主演。剧本由导演阿方索·卡隆与儿子乔纳斯·卡隆共同撰写，讲述了一个在地球空间站工作的男宇航员和一个女宇航员出舱进行行走测试时，卫星突然发生爆炸的故事。由于其他同行全部丧生，所以这部在太空领域内的"密闭空间"式电影人物极少，几乎只有这两位主演，他们将一同面对宇宙的无垠和人类的孤独。虽然影片更加写实、更加没有幻想的成分，但是这部电影和之前的 3D 及特效大片并没什么实质上的不同。仰仗于最新的数码技术，《地心引力》提供了一种梦境般的感受（见图 4-65）。

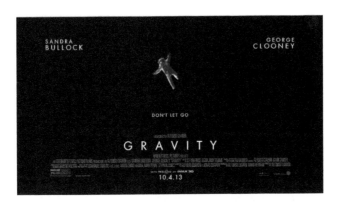

**图 4-65　《地心引力》宣传海报**

人们对影片的赞美和赞叹是集中在影片所提供了"奇观化体验之上"的，而并非是艺术化的感染。《地心引力》成为第 70 届威尼斯电影节开幕片，这也是水城历史上第一部 3D 开幕片。该片获得第 86 届奥斯卡最佳导演、最佳摄影、最佳剪辑、最佳视觉效果、最佳音响效果、最佳音效剪辑、最佳原创电影配乐七项大奖。

### 2. 设计过程和形式的虚拟化和跨地域性

非物质社会对设计领域最显著的影响，莫过于设计过程和形式的虚拟化。数字多媒体技术、虚拟现实技术和互联网技术的发展，使设计的过程和形式由现实走向了虚拟，并且打破了地域限制，实现了跨地域联合设计。

虚拟现实（Virtual Reality）技术又称实时仿真技术，20世纪90年代在全球获得长足进展。作为一种新的人机界面形式，它与用键盘、鼠标等传统人机交互方式不同，是根据人的生理与心理的特点，运用图形学和人机交互技术制造一个三维仿真环境，使人在与计算机沟通时能产生立体视觉、听觉和触觉等反馈。虚拟现实打破了人与机器的对立，为人与计算机的交流找到了一种更好的方式。

虚拟现实技术应用范围非常广，从军事训练、航空航天、远程医疗、建筑设计、展示设计到商业、通信和娱乐业，几乎任何一个领域都可以借助虚拟现实技术产生质的变化。随着网络技术的发展，虚拟购物已经成为可能，虚拟办公室、网络书店、电子银行、网上虚拟交易市场也已经或正在成为可能。除了虚拟商店，还可以应用于各种博览会的展示，使商家既免除了复杂繁重的布展工作，同样又能传递信息、推销产品；既能为没有时间和机会到现场参观的人提供一种仿佛身临其境参观的机会，又能让参展商通过虚拟再现，一次布展多次传达产品信息。

融文字、数据、声音、图形、图像、动画等视讯信息于一体的多媒体技术，基于数字信息网络的跨国境的设计协同，从视觉、触觉、嗅觉上，多维地模拟现实世界的虚拟现实技术，彻底实现了设计表达和交流过程的虚拟化。传统设计表达的方式是静态的图纸或几何模型，而多媒体技术可以设置产品的模拟装配过程、模拟拆卸过程和模拟运行过程，将三维设计实现动态的可视化，将产品设计横向延伸至制造作业、纵向延伸至产品维护及市场销售过程，从而增进企业内和企业之间的信息交流，加速对正在进行的设计达成一致认识，以完成真正意义的创新。

20世纪末以来，企业需要靠技术创新取得市场领先地位，联合进行产品开发、异地开展工作的情况增多，通信和交流的需求因而增加，设计的概念和信息也将面临更多的评判。如今，大量的美国、欧洲、日本公司建立的设计中心已在网络上广泛开展设计合作，通过计算机联网，使处在日本、意大利、法国、美国的一些设计师围成了一个广域网，在不同的国家同时讨论与完善设计方案。这种计算机的协同工作把办公室的概念转移到设计人员各自的桌面上，扩展了专业技术人员的服务领域，克服了地域的限制。

### 3. 设计理念的人性化和设计服务的个性化

设计是"为人"的造物，进入非物质社会之后，设计更加重视对人类的深度关爱和个性化的区分。著名的青蛙设计公司有句口号："设计追随激情"，该公司的设计师特穆斯说："我相信顾客购买的不仅仅是商品本身，他们购买的是令人愉悦的形式、体验和自我认同。"设计要面向未来，用关爱营造舒适、高雅的生活空间，使人们享受产品的使用趣味和快感；使人性得以充分地释放与满足；使人的心理更加健康、情感更加丰富、人性更加完善；使人与物达到高度的和谐。在非物质社会，设计越来越追求一种抒情感知，大量的非物质设计针对的是各种能引起情感反应的物品。消费者不再是被动地接受商品，而是根据自身的感觉和需求选择商品，并且重新根据自己的喜好拼装组合这些商品，使商品更具有个性化的特征。以往设计主要关注人的生理和安全等基本需求，而非物质社会产品设计则更关注人的自尊及自我价值的实现等高层次的精神需求，更加追求以人为核心的设计理念。人们的消费需求已由低层次的物理功能需求转向高层次的精神需求，产品的差异性、人性化成为人们选购产品的价值取向。

**[案例 4-39]　拥有全景舱内屏幕的 SPIKE 飞机**

　　SPIKE 公司的 S-512 私人商务飞机除了从纽约到伦敦的 4 小时直飞，最高 1600 海里的时速，这架超音速飞机还为客户提供了舱内全景屏幕，可实时显示舱外影像，十分震撼，仿佛自己正坐着一朵云翱翔在蓝天之上。如此一来，屏幕取代了飞机窗户，使得机身更加平滑，但也为增加了额外重量。该飞机预计在 2018 年才能进入市场（见图 4-66）。

图 4-66　拥有全景舱内屏幕的 SPIKE 飞机

　　在非物质社会的环境中，信息变得个人化了，设计也相应地个性化了，产品与人的关系就如同人与人之间的关系一样是双向互动的，产品对人的了解程度和人与人之间的默契不相上下。这些变化要求设计师面对的设计对象是包含智慧的产品，要使产品尽量了解使用主体的个人情况和个性特征，并与主体互动交流，因此设计师应努力以电脑语言的工具和技巧来寻求科学与艺术之间的平衡支点。个性化设计应包含足够的信息分享与沟通联系，它与使用者之间的关系是融洽的、亲密的。

## 4.7.3　非物质设计的特点

　　在非物质社会对设计的巨大影响下，非物质设计具有了不同于传统设计的新特征，包括设计的服务化、情感化、互动化和共享化。

### 1. 服务化

　　非物质社会是以服务为核心的社会，服务的主要层面是从精神上调节人的身心，使人们能够切实地享受生活。在非物质时代，厂商不仅仅提供物质产品，更进一步地提供一种引导、交互、辅助的机会和空间，从而为用户的工作和生活创造新的可能和体验。顾客也不再是纯粹获取某种物质产品，而是去消费某种服务来满足自己不同的需求，如安全的需求、健康的需求、交流的需求、效率的需求、信息的需求、文化的需求、工具的需求甚至情感的需求等。

产品的概念将不再是摆在某一位置上的某一机器，而是在任何地点、任何时间均可以提供服务的数字化伙伴。

### 2. 情感化

非物质社会的设计，追求产品与人类情感的沟通与交流。超大规模集成电路和电脑程序化控制正逐步取代机器内运转的机械构件，微电子元件的使用，使得造型受限于结构的设计大大减少，技术条件对设计的限制越来越少。原先因物质匮乏和科技限制而产生的功能主义简洁风格的设计，也因物质丰裕和科技进步带来的巨大自由而被"形式追随情感"的设计取代。原有的功能化的设计语言已无法承担这项重任。同时，知识经济时代，微电子化、智能化的信息革命浪潮也要求一种新的设计语言与它适应。非物质社会的设计，让使用者能领会设计意图，进而以"动作"、"语言"、"表情"等多种方式来传达自己的感受，从而达到情感上更深层次的沟通和交流。因此，设计师必须在人机工程学、心理学和人类生理学领域里做周密细致的研究，与使用者建立良好的互动关系，即以数码技术为核心，兼容摄影、录像、视频、声音、装置、互动等综合手段进行设计创作并融入设计情感，从而引起消费者在使用方式和情感上的共鸣，使人在与产品进行交流和沟通的过程中，达到情感上的平衡和协调。

### 3. 互动化

在非物质社会中，随着大众媒介、远程通信、电子技术服务和其他消费信息的普及，人与世界的关系正逐步转变为各种数字化处理的信号，面对产品的信息人具有了选择的自由，人—机之间及人与多媒体之间的关系正从传统的单向沟通转变为更民主的双向沟通，并进一步实现互动方式的沟通。

非物质设计的互动化得益于智能化信息技术的发展，这种技术通过系统内部的程序设计来响应人的行为、引导人的情绪。信息技术的革命把受制于键盘和显示器的计算机解放出来，使之成为我们能够参与、抚摸甚至能够穿戴的对象，这些发展将变革人类的许多行为。除了利用人的手与眼，通过遥控杆、键盘、鼠标、显示器进行二维的精确方式的输入输出外，现代的交互手段还有利用人的眼、耳、嘴、手等感知器官通过三维交互技术、语音技术、视线跟踪技术等进行信息的交流。

高技术的智能化产品提供的将不再是具有某种确定功能的产品，而是一个实现人机互动、对话交流的平台。在这个平台的互动过程中存在着多个客体，这些客体构成了一个由各种潜在的行动意向集合的互动情境。通过互动行为和互动情境定义的改变，人的心理结构和社会文化结构也发生了变化。现代的很多设计提供给人的不再是单一的结果，而是可以根据个体的认知差异，塑造和发展个性化的结局。现代的很多游戏设计就具有这样的特征，它不再提供标准化的结局，而是随着游戏进程的不同而自然展开不同的故事。

### 4. 共享化

非物质化社会中，社会的各种资源可以数字化存储和传播，可以同时为许多人所拥有，并可一再地重复使用，它不仅不会被消耗掉，而且会在使用的过程中与其他数字资源进行渗透、重组、演进，从而形成新的有用的数字资源，实现自身的增值创新。这是由于数据的占有和使用不具备有限性、唯一性和排他性。互联网的发展，使得政治、经济、文化、艺术等方方面面的数据库连接起来了，设计师可以方便地从网络中调用各种数据作为自己设计创作的题材，并再以网络为平台发布和传播作品，从而使设计创作得以不断生长，形成一个良性的循环。

### [案例 4-40] 3D 软糖打印机 Magic Candy Factory

想过设计自己的糖果世界吗？有了 3D 打印技术，梦想就可以变成现实了。德国糖果公司 Katjes 开发出了全新的 3D 软糖打印机 Magic Candy Factory，给欧洲不少城市里的人们带去了惊喜，并将要投入到更广大的市场去，让更多消费者能够体会到自己设计糖果的快乐。

消费者们可以自己选择软糖的外形与颜色，然后机器就会按照你的设定把他们打印出来。软糖的主要成分是果胶，但是因为是消费者自行设计的缘故，他们对食材中是否存在潜在过敏物并不确定，为了避免这些打印出来的软糖产生任何危险后果，它们都不含乳糖、谷蛋白和明胶。同时为了保障部分素食人士的权益，Dylan's Candy Bar 还保证软糖们一定都是蔬菜提取的胶凝剂和天然水果萃取物制成的（见图 4-67）。

图 4-67　3D 软糖打印机 Magic Candy Factory

## 4.8　概念设计

概念设计不考虑现有的生活水平、技术和材料，纯粹在设计师预见能力所能达到的范围内考虑人们的未来与未来的产品，是一种开发性的对未来从根本概念出发的设计。概念设计包括分析用户的需求，生成概念产品等一系列有序的、可组织的、有目标的设计活动，它表现为一个由粗到精、由模糊到清晰、由具体到抽象的不断变化的过程。概念设计是完整而全面的设计过程，它通过设计概念将设计由繁杂的感性和瞬间思维上升到统一的理性思维，从而完成整个设计。概念设计常常也直接影响到设计风格的发展趋向。从市场需求的角度来看，它的创造性同时也决定了它对市场需求的创造性意义。

### [案例 4-41] 劳斯莱斯首款自动驾驶概念车

劳斯莱斯首款概念车的 Rolls-Royce VISION NEXT 100 采用了相当激进的设计思路。Rolls-Royce VISION NEXT 100 具备自动驾驶系统和零排放的动力系统，同时从设计和体验上也展示了未来汽车对尊贵和奢华驾乘出行的定义。它将完全个性化的、便捷而完全自主的劳斯莱斯体验融入设计之中，并设计了"尊贵驾临"的特别体验。劳斯莱斯全新概念车的车身长 5.9 米、高 1.6 米。车身可分为上下两部分，上部分采用"蚌壳式"的黑色玻璃顶篷，一直延展汇入发动机罩；下半部分采用丝绸质感"结晶水"配色方案，与车顶形成强烈的反差视觉效果。Rolls-Royce VISION NEXT 100 搭配 28 英寸半露式轮毂，在前翼子板部位新增两大储物空间，能在乘客到达和离开时自动打开。内饰的设计也展示了劳斯莱斯的极致奢华，手工檀木板装饰环绕在客舱周围，并配备有超大尺寸的 OLED 显示屏。与此同时，新车内部为单排的沙发式座椅设计，提供足够大的乘坐空间（见图 4-68）。

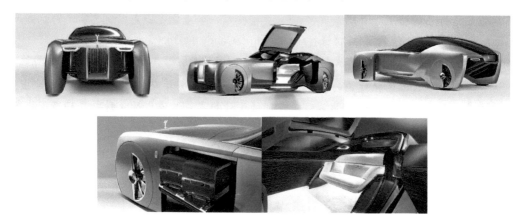

图 4-68　劳斯莱斯首款自动驾驶概念车

[案例 4-42] SeaOrbiter　海洋方舟

SeaOrbiter 海洋方舟这座类似外星飞船的建筑总高 60 多米，将有 50 米沉于水下，以获得良好稳定性。在其 8 层楼高的主体建筑内部有若干为科学家设计的海洋实验室与公寓，以及各种豪华客房和娱乐场所，内部人员可选择不同的工具潜入水下探险或工作。此外，如此巨大的方舟将采用太阳能、风能、潮汐能及生物能发电，做到环保最大化（见图 4-69）。

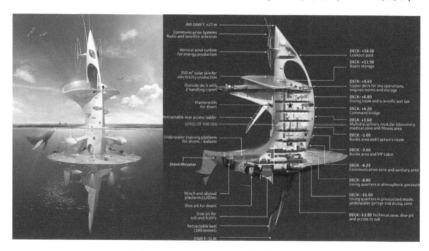

图 4-69　SeaOrbiter　海洋方舟

## 4.9　文化创意产业

创意产业是当下最流行的词，是在各大媒体上出现最频繁的词。

### 4.9.1　文化创意产业概述

文化创意产业（Cultural and Creative Industries）是一种在经济全球化背景下产生的以创造力为核心的新兴产业，强调一种主体文化或文化因素依靠个人（团队）通过技术、创意和产业化的方式开发、营销知识产权的行业。

文化创意产业是指依靠人的智慧、技能和天赋，借助于高科技对文化资源进行创造与提升，通过知识产权的开发和运用，产生出高附加值产品，具有创造财富和就业潜力。教科文组织认为文化创意产业包含文化产品、文化服务与智能产权三项内容。创意产业、创意经济或译成"创造性产业"，是一种在全球化的社会的背景中发展起来的，推崇创新、个人创造力、强调文化对的支持与推动的新兴的理念、思潮和经济实践。

文化创意产业的主要特点如下。

（1）任何一种文化创意活动，都要在一定的文化背景下进行，但创意不是对传统文化的简单复制，而是依靠人的灵感和想象力，借助科技对传统的再提升。文化创意产业属于知识密集型新兴产业。

（2）文化创意产业具有高知识性特征。文化创意产品一般是以文化、创意理念为核心，是人的知识、智慧和灵感在特定行业的物化表现。文化创意产业与信息技术、传播技术和自动化技术等的广泛应用密切相关，呈现出高知识性、智能化的特征。如电影、电视等产品的创作是通过与光电技术、计算机仿真技术、传媒等相结合而完成的。

（3）文化创意产业具有高附加值特征。文化创意产业处于技术创新和研发等产业价值链的高端环节，是一种高附加值的产业。文化创意产品价值中，科技和文化的附加值比例明显高于普通的产品和服务。

文化创意产业作为一种新兴的产业，它是经济、文化、技术等相互融合的产物，具有高度的融合性、较强的渗透性和辐射力，为发展新兴产业及其关联产业提供了良好条件。文化创意产业在带动相关产业的发展、推动区域经济发展的同时，还可以辐射到社会的各个方面，全面提升人民群众的文化素质。

### 4.9.2　创意市集

"创意市集"是在创意产业发展过程中出现的新兴交流模式，旨在为各类的新兴设计师和艺术家提供开放、多元的创作生态和交易平台，推崇个人创造和精神创新，鼓励创意立业，尤其强调以文化、艺术、设计等为产品或服务提供实用价值之外的文化附加值，是一个产生创意并使创意作品商品化的实验舞台。

目前"创意市集"的主要形式是一个提供给年轻人展示和交流自己创意产品的街头摊位集市，年轻人以很低的价格租用甚至免费取得摊位，摆卖自己创意制作的货品。这个活动同时融合讲座、小型音乐会、街头文化表演、放映会、创意比赛等，主题仍然集中在原创文化的多种具体的形式，成为嘉年华式的年轻人聚会。

众多国际大都市如伦敦、巴黎、东京等都有自己的"创意市集"，这类集市成为新设计师和艺术家铺展事业的起点，对当地城市经济发展的推动作用日益明显。对于目前中国城市发展来说，"创意市集"能有效构建设计师与品质生活引领者之间需求互动的交流平台，有利于增强全社会的创新意识，加快以设计推动自主创新的步伐，发现优秀人才，激发设计人员的积极性和创造性，进一步壮大设计人才队伍的成长，激励和带动中国企业重视设计、开发有自主知识产权的原创产品，加速经济增长方式从"中国制造"向"中国创造"转变的进程。《城市画报》作为一本城市青年生活杂志，率先在国内推出"创意市集"（见图 4-70）。

图 4-70　《城市画报》封面

### 1. 外国创意集市

（1）MossStreetMarket。加拿大维多利亚的 MossStreetMarket 是个位于街角的小型集市，它经营着当地艺术品，并安排地区音乐家和艺术家表演，或者组织本地的娱乐游行活动。住在 MossStreet 的居民自己经营管理着集市，也是主力消费群体。MossStreetMarket 是当地居民们的主要社交活动场所，每年从 5 月开市到 12 月假日义卖会都是人头攒动（见图 4-71）。

（2）RoseSt.Artists'Market。是向大众展示现代艺术作品的集市。墨尔本《The Age》杂志将 RoseSt.Artists'Market 评为"墨尔本市 100 个不为人知的宝地"之一。这里更主要的目的是帮助那些并不富裕的艺术家们销售和展示作品（见图 4-72）。

（3）东京 Design·festa。每年一度的日本东京 Design·festa 已成为日本最具国际影响力的民间设计师聚会（见图 4-73）。

图 4-71　加拿大维多利亚 MossStreetMarket

图 4-72 墨尔本 RoseSt.Artists' Market

图 4-73 东京 Design·festa

### 2. 中国创意集市

（1）疯果创意集市。疯果网是中国国内最大的网上创意集市，其线下活动品牌疯果创意集市在全国范围内都有很大的影响力，成立以来已在全国范围内组织或参与组织多场创意集市活动（见图 4-74）。

图 4-74 疯果创意集市

（2）iMART 创意市集。城市画报、创意中国网于 2006 年 7 月主办，是针对年轻人的创意交流平台（见图 4-75）。

图 4-75　iMART 创意市集

（3）景德镇创意集市。景德镇创意市集也叫陶瓷早市，可以说是有千年文化积淀的景德镇最具青春活力的地方之一（见图 4-76）。

图 4-76　景德镇创意集市

# 第 5 章　设计美学

美学是研究有关审美活动规律的学科，研究美的本质和审美等问题。美学是抽象的，甚至是感性的，美学是研究一切审美现象和审美活动的一门边缘性人文学科。

设计美学则是在现代设计理论和应用的基础上，结合美学与艺术研究的传统理论而发展起来的一门新兴学科，属于应用美学的范畴，它在美学的研究基础上，具体地探讨设计领域的审美规律，并以审美规律在设计中的应用为目标，旨在为设计活动提供相关的美学理论支持。

## 5.1　美的存在

客观事物的美感，是通过其外部的形态特征表现出来的。根据不同的形成方式，客观事物的外部形态，分为客观形态和文化形态。客观事物的客观形态，是客观事物客观形成或具有的有形形态。如花的色香、瓜果的皮色、器具的外观和质地等。

《设计心理学》与《情感化设计》的作者、计算机与心理学教授唐纳德·A·诺曼（Donald A. Norman）写给《Interactions》杂志的一篇文章中曾提到美学意义：具有魅力的产品更具优势。他认为美、功能和可用性在设计中占据了同等的位置，缺一不可。诺曼的理论值得设计师学习与思考，他掀开了隐藏在人们判断"好"设计与"坏"设计背后的心理学秘密，这可以作为设计师用设计说服客户的有力武器。

因此，如果我们意识到在设计中，情感（感觉）与认知（思考）都对于创造感知（直觉了解）起作用，那么设计师在目标群体的语境中搞清楚情感、认知与创造感知这三个方面，完成的设计就不仅仅是视觉层面的，而是具有更加深层的含义。只有这样，一个设计的概念才能真正打动人心。

## 5.2　美学与行为

生活的经历与体验塑造了我们的审美观，这是一种后天的影响。我们每个人都有意识或无意识地受到文化的熏陶，最终构建了自己的美学认识。从哲学角度来理解，美学也是关于感知或"感觉情感"的价值研究，这意味着感性感知或者直觉意识。

在设计中，美学关系着如何处理造型、色彩、印刷等设计的关键因素，以便吸引消费者的情感关注，并打动他们。尽管品位是属于个人的主观意识，但是有时候不得不迎合社会的整体趋势。比如，设计团队定义了"好"品位与"差"品位，因此作为团队的一员，最好服从团队的看法。设计师工作的核心就是将信息解码，重新编码后再传递给客户与目标人群。实际上，编码和解码的过程就是将客户的目标转化为目标人群的需求，或者是把抽象的目标形象化、视觉化，这就好比不同介质之间相互转化的过程。

因此，设计师必须理解目标人群的品位，并且以合适的设计美学迎合他们的喜好。归根结底，如果仅仅进行表面与外观的装饰，那么就忽略了设计美学中情感的意义与价值。

任何设计项目，设计师都应该暂时将个人的喜好放下，站在目标人群的角度，以他们的审美观来看待与判断设计。实际上，设计师面临最大的挑战是如何帮助他们的客户以同样的逻辑来思考设计。这就是为什么设计决策必须放到合理的语境中讨论，不仅是因为这样做"看起来合理"那么简单。如果客户无法理解设计师的意图，那么很有可能会给予过度的主观评论。不容置疑，设计师经过深思熟虑的设计方案肯定会遭到质疑，甚至否定。

合理而有效地利用设计美学，可以引起消费者与设计之间的共鸣，从而创造一种情感的连接。

## 5.3  设计的审美范畴

美是最古老、最核心的审美范畴。范畴一词是指学科理论中最一般、最基本的概念，它反映着外在于人的客观世界的各种特性和关系。范畴是人们对事物认识的一种概括，它的内容总是随着人们认识的发展而变化。因此，范畴体系是建立在逻辑与历史相统一的基础之上。"真、善、美"作为哲学中最核心的范畴，尽管已经存在两千多年，但是由于它们与人们的各种思想观念建立了普遍的联系，所以仍然具有生命力。我们正是从美这一核心范畴出发，将设计领域中不同形态的美概括为相应的审美范畴，由此对这些审美形态的特性和相互联系取得一种规律性的了解。

设计美表现为实用的功能美和精神的审美，设计的美不仅要体现功能的实用美，更要体现在满足使用者审美需求时的艺术美。实用美主要体现在设计所创造的实用价值之中，实用价值作为一种人类最早追求和创造的价值形态，是设计和造物活动的首要价值。设计实用价值的实现是人类生存与发展的基本前提与保障。在远古时期，我们的祖先为了解决基本的生活需要，开始敲打和磨制出简单的石制工具，这些工具的实用价值体现出实用美的意义。然而，设计艺术仅仅考虑功能的美是远远不够的，这就要求设计师在设计中，必须考虑设计对象的结构、色彩、材质等美学要素及形式美的相关法则，从而满足使用者内心的审美需求。设计美的构成要素表现在设计所用的材料、结构、功能、形态、色彩和语意上。

在设计中，设计对象的实用价值和审美价值并不是彼此孤立的，相反，两者存在着紧密的内在联系。首先，设计物的审美价值是在其实用价值的基础上产生的，设计物必须具备一定的使用功能，即有效性。其次，实用价值与审美价值是统一在设计对象之中的，两者共同构成了设计对象的综合价值，从而满足人们物质与精神的双重需要，只有这样，设计物的审美价值才有存在的意义。

## 5.3.1 技术美

技术是与人类的物质生产活动同时产生的。它是调节和变革人与自然关系的物质力量，也是沟通人与社会的中介。正是从这种意义上说，科学技术才成为第一生产力。但是，技术不仅包含在生产过程中，而且也构成了生产过程的前提和结果。技术作为一种活动和技能，融合在社会生产过程之中，表现为对于工具和成果的制作；技术作为一种对象或成果，提供给人们应用的器皿、器械、设施、工具和机器等，其中机器是不以人为动力来源的工具系统；技术作为一种知识体系，表现为人对自然规律的把握。它们是为了人类的生存和发展，对自然界的改造和利用。

技术对象是技术领域的物质成果，作为人类肢体、感官和大脑的补充和延伸，扩大了人类的活动范围，改善了人类的生存环境，并且推动着整个社会的发展。从旧石器时代各种石器工具的制造，人们在追求效能的同时不断进行形式的改进，由此培育了美的萌芽。直到今天，航天飞行器和各种高新技术成果，无不为人们开拓着新的审美视野，提供新的审美价值。这一切说明，技术美不仅是人类社会创造的第一种审美形态，也是人类日常生活中最普遍的审美存在。

技术美的研究，具有巨大的现实意义和理论意义。首先，技术美不仅是当代的一种审美形态，而且也是人类原发性的审美形态。其次，对技术美的历史研究表明，人类审美意识的发展，始终受到科学技术的影响和制约。其三，技术美作为工业产品和人工环境所具有的审美价值，是产品合规律性与合社会目的性相统一而取得的自由形式，作为人的创造物，它超越了技术的自发性，突出了科学技术为人类服务的社会目的性特征。其四，技术美强调了科技进步与社会发展和自然环境的和谐统一，它把人的科技视野和人文视野勾连在一起。其五，技术美存在于人们的日常生活和劳动环境之中，通过环境与人的相互作用，可以发挥技术美的审美教育职能。

**[案例 5-01] 未来远程办公概念设备 Solo**

远程桌面计算能力，能向其赋予更大的自由度，使其可在远离办公室的地方工作。

利用高分辨率的投影技术及触摸表面输入功能，这种概念对远程工作进行了重新构想，让人们能在仅使用一台设备的情况下从事远程办公活动。对于产品演示和客户服务来说，这种概念都能带来完美的体验（见图 5-1）。

Solo 设备是一种存取设备，而并非计算硬件，这种设备允许用户在办公室以外访问必要的软件和系统，从而使得用户可在家中工作，甚至在飞机上也能办公（见图 5-2）。

图 5-1　未来远程办公概念设备 Solo

图 5-2　多场合使用

除了能为个人用户提供可远程办公的好处以外，这种产品还配备了一个手势识别传感器，允许用户进行全角度的输入识别，这意味着任何围坐在这种设备旁边的人都能控制其显示的内容（见图 5-3）。

图 5-3　手势识别传感器

在使用这种设备时，用户首先需要将其与自己想要远程存取的任何办公室硬件进行同步，并通过一个以软件为基础的系统来做到这一点，这个系统允许用户将登录控制作为一种安全防护措施。然后，用户需将办公室硬件放在充电底座上，即可轻轻松松地拿着 Solo 设备去参加会议了（见图 5-4）。

在会议现场，用户可以设置一个工作区，这个工作区可扩展为个人或团队使用，向与会者显示相关内容，而投影出来的显示屏就跟电脑显示屏一般无二（见图 5-5）。

图 5-4　用户将其与自己想要远程存取的任何办公室硬件进行同步

这种设备从设计上来看十分紧凑，比笔记本更具便携性；而与平板电脑相比，其视觉上的优势又很明显（见图 5-6）。

拥有更多细节和人性化的按钮功能（见图 5-7）。

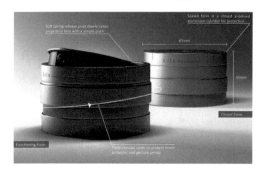

图 5-5　可扩展的工作区

图 5-6　紧凑的设计

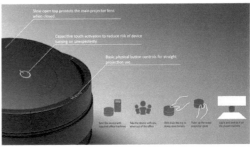

图 5-7　拥有更多细节和人性化的按钮功能

### 5.3.2　功能美

如果说技术美展示了物质生产领域中美与真的关系，它表明人对客观规律性的把握是产品审美创造的基础和前提，正是生产实践所取得的技术进步推动人们将自然规律纳入目的轨道，使人超越必然性而进入自由境界。因此，技术美的本质在于它物化了主体的活动样态，体现了人对必然性的自由支配。那么，功能美则展示了物质生产领域中美与善的关系，说明对产品的审美创造总是围绕着社会目的性进行的，从而使产品形式成为产品功能目的性的体现和人的需要层次及发展水准的表征。当然，技术美和功能美是从美的根源和内涵的不同层次作出的考察，两者只是从不同视角对产品审美价值进行的界定。正如光或电磁波那样，它可以具有波粒二象性的双重特点，使同一事物表现出不同特征。

人类对待功能及功能之美的认识有一个不断深化的过程。在 18 世纪以来的近代美学思潮中，美曾是一个与功能和实用价值无关的纯粹性的东西，实践着"为艺术而艺术"的信条，冲破这种对美的膜拜，是大工业生产实践对实用艺术的迫切需要。当 19 世纪下半叶尤其是进入 20 世纪，机械生产已经能够生产出很好的功能又独具审美价值的产品时，迫使人们重新思考艺术与生活、功能与美的关系；思考的结果导致了"工业美"、"功能美"等诸多新美学观念的产生与确立，使"功能美"成为现代产品美学、设计美学的一个核心概念。

"功能美"的另一个代名词是机器美学，它首先设计的不是对象的审美价值，而是实用价值。功能往往指的不仅仅是实用功能，它还具有使人精神上产生愉悦、给人以心理享受的审美功能，功能是一个综合性非常强的概念，一件设计产品一旦投入市场，进入了人们的生活，它就会对其周围的一切产生一定的功能效应，这其中就既有实用经济方面的价值功能，又有审美教育的社会功能，而这所有的功能都为"人"服务的。

由于产品最主要的功能是将事物由初始状态转化为人们预期的状态，因而产品的结构、工艺、材料等物理功能成为首要考虑的因素。同时产品的设计服务对象是"人"，因此还应该对产品的心理功能及社会功能引起充分的重视。

一般而言，人们设计和生产产品，有两个基本的要求，或者说设计产品必须具备两种基本特征：一是产品本身的功能；二是作为产品存在的形态。功能是产品之所以作为有用物而存在的最根本的属性，没有功效的产品是废品，有用性即功能是第一位的。设计的美是与其实用性不可分割的。产品的功能美，以物质材料经工艺加工而获得的功能价值为前提，可以说功能美展示了物质生产领域中美与善的关系，说明对产品的审美创造总是围绕着社会目的性进行的。

功能美的因素，一方面与材料本身的特性联系着；另一方面标志着感情形式本身也符合美的形式规律。功能美作为人类在生产实践中所创造的一种物质实体的美，是一种最基本、最普遍的审美形态，也是一种比较初级的审美形态。借助于功能美，物的形式可以典型地再现物的材料和结构，突出其实用功能和技术上的合理性，给人以感情上的愉悦。也就是说，功能美体现产品的功能目的性，它既要服从于自身的功能结构，又要与它的使用环境相符合。

功能美的概念具有重大的意义和丰富的内涵。

首先，人工环境和产品构成了我们生活的空间，它们所具有的功能美把社会前进的目的性和科技进步直观化和视觉化地呈现在我们的面前，由此使得对功能美的观照成为人们对社会进步的一种感性和精神的占有。

其次，功能美通过物的组合体现出生活环境与人的生理的、心理的和社会的协调，给人一种特有的场所感和对人类时空的独特记忆。产品是一种适应性系统，成为沟通人与环境的中介。产品作为人的生活环境的组成部分，起着减轻人们生活负担和提高生活质量的作用。具有功能美的产品所体现的人性化特征，使人在接触和使用时不会产生陌生感和对失误的恐惧心理，同时又能使产品与人在精神上保持沟通和联系。

其三，产品是人们日常生活的依托，产品的功能美成为人们生活方式的表征和审美心理的对应物，成为人们自我表现和个性美的一种展示。现代设计把注意的中心由静态的产品转向动态的人的行为方式，从而使产品的生态定位和心理定位成为设计和功能美创造的重心。设计对人们的生活方式发挥着引导作用，功能美有助于人们的生活方式走向更加科学、健康和文明。

其四，产品的功能美通过人与物的关系体验使人感受到社会生活的温馨和人间亲情。设计是通过文化对自然物的人工构筑，它总是以一定的文化形态为中介和表现的。一定的地域文化反映了特有的社会习俗，通过人们的生活方式和习惯、价值观念等反映在产品之中。所以产品的功能美也成为社会习俗美的表现。产品中材料运用的真实感和宜人性、细节处理的精巧和独到、组合配置的均衡等都表现着人们对生活的热爱、勤劳朴实和乐观向上的精神。

最后，产品的功能美是激发人们购买欲和促进商品流通的重要因素。它可以成为产品使用价值的一种展示和承诺，从而不仅满足人们的审美需要，而且传达出产品对于人的效用和意义，成为一种实体的广告。

### [案例 5-02] 可以变形的椅子

研究表明人体工程学座椅的舒适性是通过身体动作和位置的变化来适合身体，一个简单的椅子可以为你的身体提供一种舒适的方式，椅子的核心是一个可以灵活变形的软绵材质，它可以允许不同的位置互相变换形状，因此有非常好的适应能力，可调节靠背以最大的舒适度来适应你的身体曲线（见图 5-8）。

图 5-8 可以变形的椅子

**[案例 5-03] Nest 机场床**

托着行李箱，在机场或是火车站一般都需要等候，但即便有了困意也不敢轻易地睡觉，因为怕东西会丢。下面这款床轻松解决这个问题。

DCA Design 设计工作室设计的"Nest 机场床"曾经获得了红点奖。它使用弹性的织物网格设计而成，像是平常用的吊床，不过它是落地式的，体积比较小巧，但可以完全容纳一个人的休息。

它内部的空心设计是用来放行李的空间。不要担心你会把它压垮，它内部的对角线的设计，可以保证稳定性（见图 5-9）。

图 5-9 Nest 机场床

### 5.3.3 形式美

在自然界中也许人们最容易感受到形式美的魅力是在隆冬的季节，扑面而来的大雪把纷纷扬扬的雪花洒落在行人的外衣上。当你用显微镜去观察雪花的六角形针状结晶时，你会为它结构的精巧和组合的多样性而叹为观止。雪花晶体的对称性是自然界和谐统一的表现。自然界中的物质运动和结构形态充满了比例、均衡、对称、对比和节奏，色彩更惹人注目。著名服装设计师皮尔·卡丹说："我喜欢运用色彩，因为色彩在很远的距离就可以被人们所看到。"在盛夏季节，蓝天绿树，如茵的草地、五颜六色的鲜花，给人们带来一个色彩斑斓的天地。

对于形式和色彩，我国古代美学观认为"人之有形、形之有能，以气为之充，神为之使"。"五色之变，不可胜观也"，指出事物的形式是与生命内容相关联的，君形者，神、气也。正是精神或生命内容才使形式相映生辉。色彩的幻化更是不可胜数。古希腊毕达哥拉斯学派也是从宇宙论的视角把一切美归纳为天籁的和谐，归结为数。同时他们从审美对象的感性形式上寻找美的特质，认为"一切立体图形中最美的是球形，一切平面图形中最美的是圆形。"这些都是对形式美的比较和概括。

### 1. 形式美的概念

形式美是事物形式因素的自身结构所蕴含的审美价值。人的心理为什么会与这些形式因素在情感上产生契合和共鸣呢？完形心理学认为，这是由于人的心理结构与外在形式形成异质同构形成的。但为什么会产生这种同构，却是完形心理学所无法回答的，这才是人为什么能欣赏形式美的关键。对特定形式产生共鸣，说明人们具有一种形式感，可以通过对形式因素的感知产生特定的审美经验。形式感构成了人的审美感受的基础，它是人的审美活动的重要心理条件。因此，了解人的形式感的形成原理是认识形式美的本质和根源的前提。

以节奏感为例。节奏感是人的形式感中一个重要的组成部分。由于自然界运动的周期性，其中就存在许多节律现象，如日夜的交替、季节的变换等。人的生命运动也存在节律，如心跳和呼吸，它对人的行为具有一定生理上的影响。节奏是一种有规则的重复，人们有节奏的行走会比不规则的行走省力得多。在劳动中，通过对工作和活动安排的秩序化，会形成劳动的节奏，它可以减轻人的劳动负担，并被人所感知和掌握，逐渐转化为一种条件反射。

因此，我们可以认识到，节奏最初是劳动过程的组成要素，以后转化为对劳动过程的一种反映，这种转化首先是在巫术活动中形成的。这就使得人对节奏的感受，从劳动过程的轻松化产生的快感，转化为对形式表现的快感。以后随着巫术的逐渐失灵和巫术意识的淡化，便使这种形式感受向审美体验转化。因此，节奏所具有的情感激发作用，最初只是劳动过程的一种"副产品"。只有当节奏脱离开具体的劳动，作为一种形式因素用于组织各种生活使之秩序化时，才使节奏变得不仅富于层次和韵律的变化，并且也使人的感受丰富起来。

同样，色彩感的形成也经历了从生产和生活实践到文化积淀的过程。色彩是人对不同波长光线的感觉。由于通常物体的颜色是它反射的光造成的，光源不同就会造成物体颜色的差异。不同明度和彩度的颜色给人以不同的生理感觉，除了冷暖感觉之外，还会产生不同的软硬、轻重、强弱和远近的感觉。色彩给人的生理感受，是它产生不同情感效应的基础。色彩的情感效应与人的生活经验直接相关。史前人最先认识的颜色便是红色，它是血与火的颜色。血是生命的象征，从胎儿堕地到与敌人和野兽的拼搏，都会经受血的洗礼。红色预示着胜利，给人以喜庆的情感体验，但也会给人以恐怖和愤怒、紧张和不安的感觉。

总之，社会生产实践是人的形式感形成的根源，特别是生产方式对人的节奏、韵律和均衡等感受特性具有直接的影响。现代工业造型和现代建筑的反对称、简洁明快与古典主义建筑的对称及巴洛克、洛可可的繁复雕饰，反映了不同时代生产方式和生活方式造成人的审美趣味的差异。此外，在形式感的丰富化和精细化上，艺术对人发挥了独特的培育作用。艺术把丰富的社会生活体验融注到形式因素的结构中，特定民族的习惯、传统和观念印迹都会在形式感的心理内容中得到反映。

从某种意义上讲，形式美是产品形态与使用者的对话方式，这种对话通过人类直觉的方式，以视觉、听觉、触觉等感觉器官来体验与接收产品形态所承载与传递的信息，以达到产品与使用者情感之间的交流与沟通。当今人们越来越追求新颖、时髦的外观，追求产品的视觉冲击与感受，产品的形式美已经成为现代产品在市场上能否获得成功的重要因素。另外，作为形状、色彩、造型、肌理等构成产品外观美感的综合因素，产品的形式美还是产品设计中最能体现创造性的因素。设计的本质和特性必须通过一定的形式而得以明确化、具体化、实体化的表达。

以产品设计为例，设计形式美的法则是对造型美感元素的认识，包括对点、线、面、体、空间等特征的探讨，对色彩及光线性质的探讨，以及对质地、肌理性质的探讨等；设计形式美的法则是对造型美感原则的认识，这包括了对尺寸比例的探讨，对造型心理与视知觉关系的探讨；设计形式美的法则是对文化造型符号的认识，包括以造型表达情感、以造型描述心理意象、以特定文化下的造型符号来表达细节的方式等。

**[案例 5-04] IVANKA 石英凝土系列家具**

作为 2016 年迈阿密设计博览会展品的这一石英凝土系列作品由出生于澳大利亚的阿根廷艺术家 alexander lotersztain 操刀设计，并由伊万卡制造公司旗下的城市元素部门负责生产。这一造型的创作灵感来自于石英的天然形状和结晶的过程。基于这一原理，制造商对原本有限的金属介质进行了进化和多样化的处理，使其更适用于包括公共场所在内的更加广泛地应用。最终呈现出的一系列四元素模块化造型，包括一张桌子、一个足榻和一个没有椅背的躺椅，各有三款不同的样式：基本款（灰白，鼠灰和灰色搭配），特别混搭款（浅绿和烟草色搭配）和聚合材料表面结合手工精加工的限量款。伊万卡科技的这种独特工艺制造出一种新生代的天然材料。

这一设计即坚固实用又尽显低调的气质，可以为室内、室外、半室外及都市场景营造出独特的氛围（见图 5-10）。

**图 5-10　IVANKA 石英凝土系列坐具**

**2. 形式美法则**

色彩、形体和声音这些自然物质材料，它们本身虽然具有一定的审美特性，但是，要使其成为一种具有独立审美价值和意义的形式美，还有赖于这些形式因素合乎法则的组合。这些形式美法则，是人类按照美的规律进行美的创造和鉴赏的经验总结。它并不是凝固不变的，其发展有一个由简单到复杂、从低级到高级的历史过程。各种形式美法则之间，既有区别又有密切联系。一般而言，形式美的法则主要有整齐一律、对称与均衡、比例与尺度、节奏与韵律以及多样与统一等。

（1）**整齐一律**。整齐一律，又叫单纯齐一，是最基本的形式美原则，单纯指构成事物的要素，即外在定性只有一种，如一种色彩、一种形状、一个音调。齐一是指构成事物局部的各个部分尽管有许多，但它们在宏观上没有任何变化。也就是说，它是单一的、纯净的、重复的，不包含差异和对立的因素，给人一种秩序感。颜色、形体、声音的一致和重复，就会形成整齐一律的美。

如农民插秧，再如仪仗队的行列。

**图 5-11　二方或多方连续花纹**

另外，在珠宝首饰领域，许多造型也都是符合单纯齐一规律的，比如钻石要求完美无瑕，不能有任何斑点，其所追求的目标仍是单纯齐一律的要求。从几何形态讲，符合整齐一律的有钻石、尖晶石的八面体。它们的外表由多个平面构成，但每个平面都是完全相同的，没有任何差异，表现了原始状态的浑然一体的美。

反复是指同一形式连续出现，它也是属于"整齐"的范畴，反复是就局部的连续再现来说的，但就各个局部所结成的整体来看属整齐的美。比如我们常见的二方或多方连续的花边图案，在反复中体现出一定的节奏感，也属于齐一的美。整齐一律的形式美能够给人一种质朴、纯净、明洁和清新的感受，但是缺少变化，容易流于单调、呆滞（见图 5-11）。

（2）**对称与均衡**。对称与均衡是体现事物各部分之间组合关系的一种最普遍的形式美法则。人体结构、动植物结构和人类创造的物质产品，都是对称和均衡的，我们可以将它看成是生命体的正常状态和物质产品生产的最一般的法则（见图 5-12）。

**图 5-12　人体结构、动植物结构和人类创造的物质产品都是对称和均衡的**

　　所谓对称，是指以一条线为中轴，将两个以上相同、相似的物体加以对偶性的排列组合。对称有左右对称、上下对称和辐射对称三种，其中左右对称是主要的。对称是同一和差异的结合。正常情况下，人体的眼、耳、鼻孔、手、脚都是左右对称的。植物的叶脉、花瓣的排列，也无不是对称的。还有我国的对联、古典诗歌和骈体文的语言形式美，对称是它们最重要的因素之一。

　　均衡是对称的一种变形，在静中趋向于动，表现出一种稳定中的动态美。所谓均衡，指的是左右或上下在形式上虽不对称，但在体量和力度上是均等的，而不致产生轻重、大小之分。均衡可分为天平式、杆秤式、跷跷板式三种。人体的内脏排列，有的虽不对称却保持均衡，各司其职又密切相关，从而使人们的躯体成为有机生命的统一体。均衡作为一种形式美法则，在建筑、盆景和产品设计、艺术创造中得到了广泛的应用。在实际的设计中，均衡比对称更容易实现，毕竟画面中完全对称的形态是不多的；对称是静止的形态，均衡则是将动态包含在其中，比较活泼生动；实际的构成和设计中，均衡有着更多的变化空间和形式，容易产生新的效果。

　　在这两张矶崎新的封面设计中，充满了各种对比形式，包括规则和自然形态对比、虚实对比、文字和图形对比、圆和方的对比等（见图 5-13 ）。

　　有很多汉字是对称的，但在书写时故意造成不对称的动势。作为传统艺术，印章最讲究布白的匀称和变化，但绝对对称的形式是很少见的（见图 5-14 ），日文假名每个字都体现了这一特点（见图 5-15 ）。

图 5-14　印章

图 5-13　矶崎新的封面设计

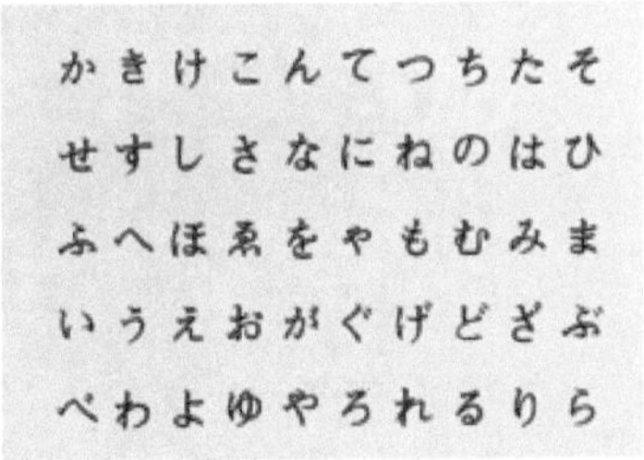

图 5-15　日文假名

　　（3）**比例与尺度**。比例与尺度是体现物体各部分之间和主体与客体对象之间关系的一种较普遍的形式美法则。所谓比例，是指物体本身各部分之间或者部分与整体之间在大小、长短、粗细等方面的数量关系。

凡是处于正常状态的事物，各部分之间、部分与整体之间的比例关系都是合乎常规的。我国古代山水画有所谓的"丈山、尺树、寸马、分人"之说，人物画也有所谓的"立七、坐五、蹲三"之说，而画人的面部还要讲究"五配三匀"，这些都体现了景物之间以及人体结构、人体面部结构的合理比例关系。古希腊哲学家毕达哥拉斯提出黄金分割律，即一件事物中较长的一段与较短的一段相比，如果其比值是 1.618 比 1，大致近似与 5 比 3 或 8 比 5，黄金分割律被广泛地应用在了建筑、工艺、绘画、雕塑、音乐、舞蹈等艺术的形式美创造中，比如米勒的《牧羊女》（见图 5-16），其在画的构图上就是符合黄金分割比例的，另外，建筑中的巴黎圣母院也符合黄金分割比例（见图 5-17）。

图 5-16　米勒《牧羊女》

图 5-17　巴黎圣母院教堂

所谓尺度，是以人的尺寸作为度量标准，对物体进行衡量，表示产品的形体大小与人的使用要求之间相适应的关系。简言之，尺度就是指产品与人之间的协调关系。比如，人们经常接触的机器的操纵手把、旋钮等，虽然产品不同，用途各异，使用者的生理条件和使用环境也不一样，但它们的绝对尺寸是固定的，必须适合人的操作，即使产品按比例放大或缩小，操纵手把和旋钮的大小尺寸仍不能变，否则就会造成不适应，影响产品的精美感。

（4）**节奏与韵律**。节奏是指事物的运动过程或组合形式，呈现出有规律反复的状态。它既是自然界物质运动的富有规律性的表现方式，又是人类创造物质与精神文明成果所应遵循的法则。世界上没有一样事物是没有节奏的：日出日没，月圆月缺，寒往暑来，四时代序，这是时间变化上的节奏；日作夜眠，一日三餐，起居有序，有劳有逸，这是人们日常生活上的节奏。人体的呼吸、脉搏、情绪乃至思维，都像生物钟一样，是一种有节奏的生命过程。

当外在环境的节奏与人的机体的律动相协调时，人的生理就会感到快适，并引起心理上的愉悦；当外在环境的节奏与人的机体的律动不相协调时，人的生理就会感到烦躁不安，并引起心理上的难受。在人类的艺术活动中，节奏的表现更为明显、强烈。节奏是音乐、舞蹈和诗歌最重要的表现手段，有的音乐理论家甚至把节奏看成是音乐的本质。在建筑中，建筑群的层次变化，高低错落、疏密聚散，产生类似音乐中强弱、徐疾、浓淡的节奏感，所以建筑历来被称之为"凝固的音乐"。而俄国著名画家列宾的成名之作，《伏尔加河上的纤夫》更是将这种节奏感表现得淋漓尽致（见图 5-18）。在画面中，众多的人物并列由右后向左前移动，画面中人物分为三组，形成由高到低，由低到高的交替错落，还有人物上方外轮廓出现的起伏线等，这些都产生了十分强烈的节奏感。

与节奏紧密联系的是韵律。韵律是在节奏的基础上形成的，但又比节奏的内涵丰富得多，是一种有规律的抑扬顿挫的变化，表现出一种特有的韵味和情趣。可以说，节奏是韵律的条件，韵律是节奏的深化。韵律一般可分连续韵律、渐变韵律、起伏韵律、交错韵律四种。音乐、舞蹈、绘画、建筑以及产品设计，都讲究韵律。意大利杰出画家拉斐尔的《西斯廷圣母》就是富于韵律感的典范作品（见图 5-19）。我们可以从位于前景的衣着华丽的教皇开始，他右臂下垂的长袖连到最下方的小天使，小天使仰首注视的姿态，又把我们的视线引向位于明亮背景前的圣母，而圣母的披肩和长袍构成优美的反"S"形，飘起的下襟连到圣女身上，最后达到背后绿色的帷幔，整幅作品浑然一体，极富韵律感。

图 5-18　列宾《伏尔加河上的纤夫》

图 5-19　拉斐尔的《西斯廷圣母》

（5）**多样与统一**。多样与统一，或称协调、和谐，它是对上述的整齐一律、对称与均衡、比例与尺度以及节奏与韵律等法则的集中概括和总体把握，是唯物辩证法最基本的规律，也就是对立统一规律在人类审美活动中的具体表现，所以，它是形式美法则的高级形态，或者说是形式美的总法则。

所谓多样，是指整体中所包含的各个部分在形式上的区别和差异性，前面所举各种法则都包含在这一总的形式美总法则中，成为其中的一个组成部分或者一个侧面，但是，如果单独出来，它们谁也不能成为多样与统一这一法则。所谓统一，是指各个部分在形式上的某些共同特征以及它们之间的某种关联、呼应、衬托、协调的关系，也就是说，各个部分都要服从整体的要求，为整体的和谐、一致服务。

多样与统一是相互联系、协调统一的。有多样而无统一，则会让人产生支离破碎、杂乱无章、缺乏整体的感觉；有统一而无多样，又会让人觉得刻板、单调和乏味，当然，美感也就难以持久了。

从客观世界看，宇宙间的星体千姿百态、千变万化，但都按照万有引力的定律，相互吸引，沿着一定的轨道、以一定的速度有序地运行着。从微观世界看，尽管品类繁多，形态千差万别，但它们都统一于物质，而构成物质的基本单位，即原子的内部结构，其排列组合虽然变化万端但却又是井然有序的。再从人体的结构看，外有眼耳鼻舌、四肢躯干；内有中枢神经、五脏六腑，可谓多样了。但它们又整齐地、有秩序地构成一个和谐的有机体。

一般情况下，多样与统一表现为两种基本形态：一是对比，二是调和。

所谓对比，指的是具有显著差异的形式因素的对立统一。比如色彩的浓与淡、冷与暖，光线的明与暗，线条的粗与细、直与曲，体积的大与小，声音的长与短、强与弱等，有规则地组合排列，就会相互对照、比较，形成变化，又相互映衬、协调一致。这种对立因素的统一，可收到相反相成、相得益彰的效果。比如林风眠的《静物》，直立的玻璃水壶和水平的鱼、黑与白、背景上的橙与绿，都存在鲜明的对比，而这样的对比使得整个画面具有很强的感染力，然而由于黑、白在画面中占主导作用，整个画面看起来又是非常和谐的（见图5-20）。

所谓调和，指的是没有显著差异的形式因素之间的对立统一。它只有量的区别，是一种渐变的协调，并不构成强烈的对比。如果说，对比是在差异中趋向于"异"，那么，调和则是在差异中趋向于"同"。

调和的方法也很多，通过统一的色调进行调和；通过共同的轮廓、质感、空间上的均匀分布进行调和；或多个形态中有共同的因素，以及通过画面的导向性的元素，都可以弱化对比，达到调和（见图5-21）。

图5-20　林风眠的《静物》

图5-21　同一个出版社系列丛书的封面设计，充分体现了变化统一的形式美

对比和调和是变化统一最直接的体现。统一的环境一旦变化，势必形成对比，要使诸多不同的形式统一起来，势必要采取调和的手法。通常我们处理画面有两种状态。一是大对比、小调和，即总体是对比的格局，局部调和；或是大调和、小对比，总体上调和，局部存在对比（见图5-22与图5-23）。

图 5-22　通过色彩进行对比，　　　　　　图 5-23　通过统一的曲线形式调和，
　　　　　通过对称的形态调和　　　　　　　　　　　通过疏密关系进行对比

（6）夸张与简化。夸张是艺术和创作中常用的手法；简化是夸张的反形式。京剧的脸谱是夸张的，武侠小说更是充满了夸张和想象。夸张把事物的特征强调和突现出来，使之非常醒目而令人印象深刻；而简化则弱化特点、减少细节，保留总体的特征，去除繁琐细节的干扰。夸张和简化都能使人迅速认识并掌握事物的特征，它们同时存在还可以互相突现，使各自得到加强。

夸张的方法有：形态和体量的夸张、数量的夸张、色彩的夸张、细节的夸张、效果和作用的夸张（见图 5-24）。

简化的方法有：保留轮廓和总的形态特征，忽略细节。用几何形归纳形态的特点，使形态简化。忽略色彩和调子，保留轮廓特征，形成类似剪影的形态。减少数目，以有限的数目代表大量的群体。以局部代替整体（见图 5-25）。

图 5-24　夸张的人物画像　　　　　　　　图 5-25　省略细节的简化

### 5.3.4　生态美

人类生态意识的萌生具有悠远的历史，在我国传统文化中就有极其丰富的思想遗产。如

古代"天人合一"的自然本体意识，"亲亲仁民而爱物"的生态伦理观念，"体证生生，以宇宙生命为依归"的生态审美观念，以及"人无远虑，必有近忧"的永续发展的价值取向等。但是，传统文明是根植于以农业为主的自给自足的自然经济之上的。它所形成的生产方式限制了物质文化生活需要的内容和发展。

现代生态观念是在科学技术和社会生产力高度发展的基础上形成的。生态美的审美观超越了审美主体对自身生命的关爱，也超越了役使自然而为我所用的价值取向的狭隘。生态美的范围极其广泛，它不仅表现在人与自然的关系中，如生活环境中的蓝天、碧水和绿树成荫，而且表现在人的生活方式和社会生活的状态之中。作为城市景观的生态审美内涵起码包括以下几个方面：首先是生活环境的洁净感和卫生状况；其次是环境的宜人性，可以给人以生理和心理的舒适感；再者，道路的畅通和交通的发达也直接关系到人的生存状态；最后，空间的秩序感，布局的合理化和情感化，城市功能和结构的多样性等都关乎社会生态。而作为人生境界，生态美则涉及整个人的生命体验与对象世界的交融与和谐。

生态美的研究把主客体有机统一的观念带入了美学理论中，有助于建立人与环境有机联系的整体观。这对于克服美学中主客二分的思维模式具有决定意义。生态美学不同于生命美学，生态美学所研究的人的生命体验和生命共感，是在人的社会实践基础上展开的，因此对形式的观照、意义的领悟和价值的体验，都具有深刻的社会文化内涵。

生态美的研究有助于推动人们生态文化观念的发展和确立健康的生存价值观。生态文明涵盖了人类生产和生活的一切领域，关系到未来的生产方式和生活方式的发展。可持续发展的方针已经成为国际社会共同遵守的准则。审美活动不仅是人的一种精神生活，而且直接涉及整个物质世界的感性形态。从生产活动过程到生产成果的产品，从生活空间到生活消费，无不存在生态审美问题。生态美的研究可以为提高生活质量提供正确的导向，为克服技术的生态异化指出了解决的途径。

在实践功能方面，生态美为生态环境的建设提供了直观的尺度和导向。对于生态美的观照，直接促进了生态产业的发展，绿色农业的发展使农村在生态文明基础上实现向田园牧歌生活的回归，生态美的开发提高了人们的生活质量，推进了生活方式向文明、健康和科学方向的发展。总之，生态美对于传播生态文明、促进生态文明建设提供了生动的手段和感人的形式。

## [案例 5-05] 上海辰山植物园矿坑花园

矿坑花园位于上海植物园西北角，通过绿环道路和辰山河边主路与整个植物园相连。辰山采石坑属人工采矿遗迹，由于 20 世纪以来采石，南坡半座山头已被削去，设计者面临很多挑战。第一个挑战是修复严重退化的生态环境。场地内植被稀少，物种贫乏，岩石风化，水土流失严重；第二个挑战是充分挖掘和有效利用矿坑遗址的景观价值。因此，如何重新建立矿坑和人们之间的恰当联系成为设计师需要思考的问题。

设计者选择了同时用"加减法"应对采石矿坑特殊形态的生态修复设计原则：采取"加法"策略通过地形重塑和增加植被来构建新的生物群落。针对裸露的山体崖壁，设计者没有采取

图 5-26　上海辰山植物园矿坑花园

常规的包裹方法，而是尊重崖壁景观的真实性。在出于安全考虑的有效避让前提下，设计者采取了不加干预的"减法"策略，使崖壁在雨水、阳光等自然条件下进行自我修复。对于存留的台地边缘挡土墙，设计者用锈钢板这种带有工业印记的材料，对其进行包裹，形成有节奏变化和光影韵律的景观界面。

在中国山水画和古典文学的审美启示下，该项目采取现代设计手法重新诠释了东方自然山水文化及中国的乌托邦思想。不同于西方"静观"的欣赏方式，东方传统更强调可观、可游的"进入"式山水体验。设计师在平台处设置一处"镜湖"，倒影山体优美的曲线，从四周都可以观看，增大了观景视域。为了改造山体稍显枯燥的立面，倚山而建一个水塔，有效地调整了其节奏，并有泉水从山中流出，增加生趣。对应水塔，在镜湖另一侧坡地顶端设置望花台，可以在镜湖的水光中看一年四季山景变幻。

在生态修复与文化重塑的策略基础上，通过极尽可能的链接方式，场地潜力（Capabilities）得到了充分表现。一处危险的、不可达的（Inaccessible）的废弃地已经转变为使人们亲近自然山水、体验采石工业文化的充满吸引力的游览胜地（见图 5-26）。

### 5.3.5　艺术美

艺术是人们对社会生活作出的审美反映和精神建构，它以特定的物质媒介将人的感受、审美经验和人生理想物态化和客观化，以艺术作品的形式表现出来。因此，艺术是一种精神生产，艺术品是一种观念形态的产物，它要通过人的精神活动作用于社会生活。

艺术家要通过一定的工具和材料来进行艺术生产，因此，每一种艺术都有它自身的物质载体。

#### 1. 造型艺术的构成要素

造型艺术中有五种形象的构成要素。这就是线条、形的组合、空间、光影和色彩。

**（1）线。**线产生于点的运动，可以表现出内在运动的紧张。线在自然界中有大量形象的表现，不论在矿物、植物和动物的世界中，到处都可以找到。冰雪的结晶构造便是线的造型，植物种子的生长过程，从生根发芽到长出枝条，也是从点到线的运动。各种动物的骨骼也属线的构成，它的变化的多样性令人叹为观止。轮廓是物体外缘形成的线条，达·芬奇说："当太阳照在墙上，映出一个人影，环绕着这个影子的那条线，是世间的第一幅画。"轮廓是物体外缘形成的线条，轮廓线具有描述性，它最接近于物体的外形。作为史前艺术的洞窟壁画及儿童画，都是以轮廓线为开端。然而，当史前人或儿童画出一条线时，其中包含的主观的、情绪的因素仍然会超出客观的、写实的因素。绘画中的线条，则比轮廓线更富有意味，更具有主观的精神品格。

中国书法是线的艺术。书法主要由结体、用笔和章法布局三者组成。结体是构成文字符号的形状，用笔是构成这种形状时对不同类型线条的运用，章法布局是将全篇文字联系贯穿成为一个整体。由于中国文字起源于象形文字，所以在书法的表现上，虽然不受外物形象的制约，但仍十分注重吸收自然形象的态势特征（见图 5-27）。

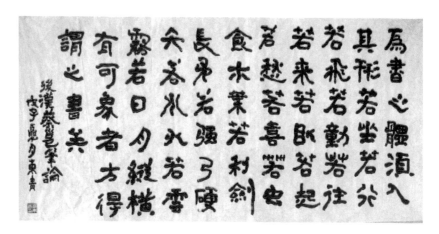

**图 5-27  后汉大书法家蔡邕书法作品**

（2）**形。**形的组合是对绘画形象的整体建构，在西方绘画中称为"构图"，在中国画的六法中称为"经营位置"，成为绘画创作的关键。形的组合是由块面和体积组成的结构，它通过时空关系揭示出一种情感意义，使艺术取得情感特质和符号形式。所以说构图一方面联系着各种形体的组合，另一方面涉及作品的立意和构思。一个有机整体的构图，像一个具有磁性的视觉引力场，各种视觉要素之间都会产生力的作用，形成具有不同运动指向的张力结构。艺术品所产生的情调，不仅在于对其结构序列和形式关系的认知。而且具有比联想和回忆更深层的心理根源。艺术的魅力往往是在创造这种象征性形式的过程中产生的。

（3）**空间。**构图方式涉及人的空间意识和对空间的处理。中西绘画有不同的空间观念和处理方法。西方绘画有一个固定的视点，它往往成为画面的视觉中心。由此形成各种透视关系，线透视造成近大远小，色透视造成近浓远淡，消隐透视造成近清晰远模糊。中国画则不采取一个固定视点，而是用心灵之眼，笼罩全景，从整体看局部，"以大观小"（沈括《梦溪笔谈》）。宋人张择端的《清明上河图》，便是时空流动自由、视角变化有序的全景图，它是靠一个固定视点所无法完成的（见图 5-28）。

图 5-28　张择端《清明上河图》

（4）光影。光影构成了绘画中的色调，反映了物体形象的虚实对比，同时包括了明暗之间的色彩关系。一定体积的物体，它的物象会存在不同的明暗分布。线条是抽象的产物，虽然也可以暗示对象的明暗分布，但由于光是流动的，光影的变化难以单纯用线条来表现。图像在体面造型明暗相宜的光影中可以脱颖而出，更具立体感和雕塑感。

（5）色彩。色彩可以赋予绘画一种质地的真实感和表情性。中西绘画有不同的色彩观。中国美学认为，以形写形，以色貌色，还是低层次的艺术。颜料的色彩有限而自然色彩幻化无穷，以有限逐无穷总会挂一漏万。水墨无色实乃大色，它可以代表一切色。中国画用色讲究"随类赋彩"，只注重类型的概括却不重光色的变化，而墨色是净化和升华了的色彩，它的干湿、浓淡和有无可以反映色彩的斑斓。对色彩的表现是油画的优势，它运用条件色，重视物体在不同光线环境条件下的色彩变化。

[案例 5-06] blossom stool

日本设计师吉冈德仁（tokujin yoshioka）与路易威登（louis vuitton）合作设计了一款形似四瓣花的凳子"blossom"，在 2016 年迈阿密设计节中展出。这款优雅大方的家具设计重新诠释了将该品牌经典的字母组合，经过重新塑造，打造出了一个精致的重叠结构。

该设计的主要目标在于通过设计出"永恒而普遍"的作品重新诠释路易威登的设计哲学。这款座椅天然的形状采用金色金属与皮革/木头作为原材料，其雕刻般的外形是在向该品牌的奢华审美与高级手工技艺致敬（见图 5-29）。

图 5-29　吉冈德仁与路易威登联手推出"blossom stool"

### 2. 艺术抽象在设计中的应用

为了给以包豪斯学院为代表的工业设计运动提供理论支持，赫伯特·里德的《艺术与工业——工业设计原理》（1935）一书，从艺术构成的分析中归纳出两类艺术：一类是人文主义艺术，它具有再现性和具象性的特点，是对社会生活形象的摹写；另一类是抽象艺术，它具有非具象性和直觉性的特点，体现了形式美的规律。在这里，里德把工业制品的审美特性归结为形式美。他没有能够认识到，以实用为前提的工业制品的审美价值不能只在单纯的形式美中去寻找，而要以功能美为主体。他还把人文主义艺术等同于纯粹艺术，而忽视了纯粹艺术中也有抽象艺术。此外，他在强调产品形式本身的美时，完全否定了工业制品中某些外加装饰的意义，摒弃了产品可能存在的一切人文主义要素及对人情味的追求。

把产品的美单纯归结为一种抽象艺术特质，显然是不恰当的。但是，由此要求设计师重视对于艺术抽象的研究还是很有必要的。

艺术抽象是一个使意象脱离物象的实在性的过程。它要切断对象与现实的一切关系，使它的外观形象达到高度的自我完满。从而在人们对它进行审美观照时，其兴趣完全集中在艺术作品本身上。其次它使形象的构成尽量简化，以便人们在感知和联想中能够直接把握形象的整体，使各种细节与整体形成有机的联系。艺术家从经验现实中抽象出的形象，是通过幻象的创造进行的，同时艺术抽象所创造的有机整体又是艺术家生命有机体的对应物，成为人类情感的符号。如图5-30所示为毕加索对牛的形象的抽象简化图。

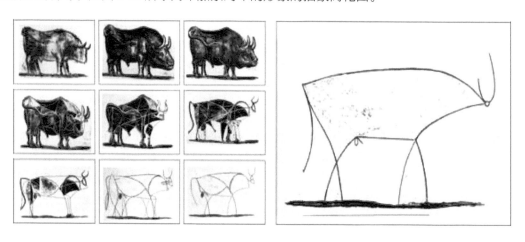

**图 5-30　毕加索对牛的形象的抽象简化图**

再来看看汉字发展，最初人们用图画文字（象形字）来记录，这是一种最原始的造字方法，把想要表达的物体的外形特征描绘出来，慢慢地演化到繁体，到现在的简体（见图5-31）。

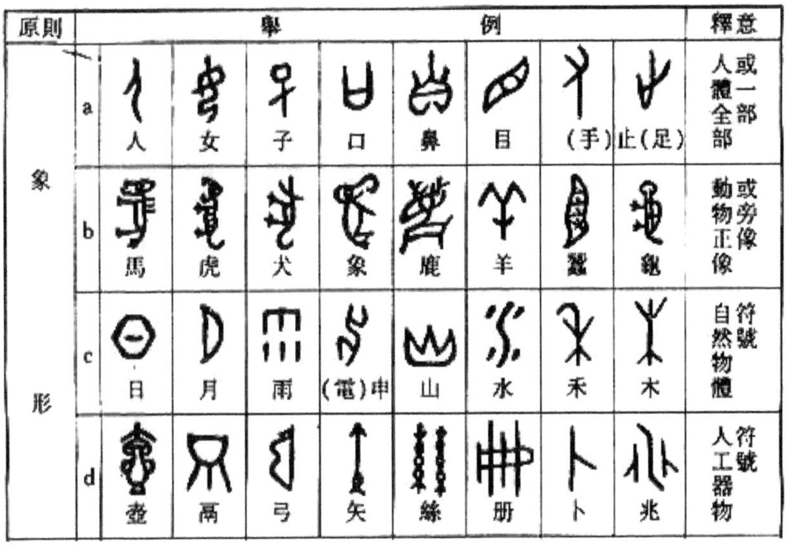

| 原则 | | 举 | | | 例 | | | | 释意 |
|---|---|---|---|---|---|---|---|---|---|
| 象 | a | 人 | 女 | 子 | 口 | 鼻 | 目 | (手)止(足) | 人或一部人體全部 |
| | b | 馬 | 虎 | 犬 | 象 | 鹿 | 羊 | 鼍　龜 | 或勞像動物正像 |
| 形 | c | 日 | 月 | 雨 | (電)申 | 山 | 水 | 禾　木 | 符號自然物體 |
| | d | 壺 | 禹 | 弓 | 矢 | 絲 | 册 | 卜　兆 | 符號人工器物 |

图 5-31　文字字形的发展

　　在城市环境设计中，艺术抽象的作用十分突出。从城市形体特征的把握，天际轮廓线、整体韵律和空间节奏的处理，到城市雕塑、园林、硬质景观的设计，都涉及对形体的塑造，都离不开设计师的艺术抽象能力。城市雕塑依功能的不同可以分为纪念性的和装饰性的，多设置在广场、绿地、建筑群的中心、园林及交通口岸等处，成为一个城市的文化品位和地域特性的表征。

　　具有艺术抽象性质的城市雕塑的兴起，是 20 世纪城市雕塑的一大趋向。在欧美各国的现代化国际都市中，这些城雕打破了具体形象的有限世界和情感的包围，提供了一种意味深邃、情调朦胧的境界。除了天然材料之外，抽象雕塑大量运用了金属的管材、线材和板材，给人一种延展、挺拔的态势和富有力度的表现。特定环境中的抽象雕塑对于形成环境主题和强化标志性具有极大作用（见图 5-32 与图 5-33 ）。

图 5-32　青岛市环境艺术海滨大道东端的
　　　　　抽象雕塑《蓝色的帆》

图 5-33　国外抽象雕塑

# 第6章 设计思维

　　思维是人脑对客观事物本质属性的概括反映，是人类自觉把握客观事物本质和规律的理性认识活动，是感觉和知觉的一种高级反映形式和高级认识阶段，是人类智力活动的主要表现形式。广义的思维既能反映客观世界，又能反作用于客观世界，它具有精神的属性，是物质产物的反映，又对物质具有能动性。彼得罗夫斯基在其 1979 年主编的《普通心理学》中对"思维"下了定义："思维是受社会所制约的，同语言紧密联系的，是探索和发现崭新事物的心理过程。"这个定义突出了思维的概括性、间接性、目的性、社会性等几个主要问题。人脑是思维的器官，思维只有依靠人脑才能完成。因此，当人类从类人猿进化成具有思考能力的原始人之后，思维的形式逐渐产生并完善起来。思维是人类特有的一种精神活动，是从社会实践中产生的，设计必须符合各种动态行为（视觉、思维、动作和情绪）的变化过程，设计必须以人为中心，使人机界面的操作符合人的视觉、听觉、触觉等能力和情绪。

　　设计是人类为了实现某种特定的目的而进行的一项创造性活动，是人类改造客观世界，使人类得以生存和发展的最基本的活动。设计思维是设计科学的核心问题，设计的发展在很大程度上就是设计思维的发展，设计的创造性也就是设计思维的创造性。人类自从最初的造物开始，就从未停止从事创造性的设计活动。在设计师的设计实践过程中，每一个环节都是设计思维在设计中的直接体现和转化。设计思维直接影响和决定了一名设计师的设计水平和创造能力。

　　从古至今，设计思维的不断扩展为人类积淀了巨大的创造力。现代科学技术的高速发展，促使产品的更新换代周期也越来越短，这就决定了将来的产品不是以数量优势占领市场，而是以独特的创意设计去占领市场。要适应这种市场的变化，设计创新就有赖于思维方式和观念的变革，而设计思维方式和观念的变革就要把旧观念的模式打散、分析、重建，创造一种新的更趋于合理的方式。要解决这些问题，就有必要对设计过程中的思维活动有一个清晰的认识，以便在设计过程中能更好地把握它。虽然设计思维活动是一个不可见的脑力劳动过程，但透过造物的种种表象特征，可充分展现出现代设计思维的内在规律和特点。

## 6.1 设计思维的特征

　　生理学和心理学研究表明，人脑是一个非常复杂的系统，它的各部分机能是有着科学分工的。不同的大脑皮层区域控制着不同的功能：大脑左半球控制人的右半肢体，以及数学运算、逻辑推理、语言传达等抽象思维；大脑右半球控制人的左半肢体，以及音乐形象、视觉记忆、空间认知等形象思维。设计思维是一种以情感为动力，以抽象思维为指导，以形象思维为其外在形式，以产生审美意象为目的的具有一定创造性的高级思维模式。从某种意义上讲，整个思维过程是发散思维、收敛思维、逆向思维、联想思维、灵感思维及模糊思维等多种思维形式，综合协调、高效运转、辩证发展的过程，是视觉、感觉、心智、情感、动机、个性的和谐统一。

设计心理学认为，艺术是直接诉诸人的情感体验的，这种情感体验是以美感体验为核心的。在这一点上，设计具有很强的艺术特征。审美正是从体验开始，以产生美感为目的的。受众对设计语意的理解是人对产品的本质、功能特征及其规律的把握。它既是认识、接受过程，又是想象、情感的能动创造过程，并且是认识、创造的结果。

设计是科学与艺术统一的产物。在思维的层次上，设计思维必然包含了科学思维与艺术思维这两种思维的特点，或者说是这两种思维方式整合的结果。一般在构思外观形态时，艺术的形象思维发生主要作用；而在理解内在结构、完善功能等设计时，更多依赖于科学的抽象思维的作用；有时，在这两种思维方式不断交叉、反复中进行。

## 6.1.1 抽象思维是基础，形象思维是表现

人脑在生理结构中分左脑和右脑，各自分管不同的功能区域，抽象思维与形象思维属于这两个不同的区域。科学的抽象思维（逻辑思维），是一种锁链式的、环环相扣、递进式的思维方式。钱学森阐述科学思维"是一步步推下去的，是线形的，或者又分叉，是枝杈形的"。设计艺术思维则以形象思维为主要特征，包括灵感（直觉）思维在内。

灵感思维是非连续性的、跳跃性、跨越性的非线性思维方式。抽象思维与形象思维是人类认识过程中的两种不同的思维方式。在整个设计思维的具体运行过程中，它们之间并没有明显的分界线。人脑的思维过程是一个复杂的立体空间，从设计选题、构思制作开始，逻辑思维与形象思维就是互相促进发展的关系。就如世界工艺美术大师威廉莫里斯所说："设计方法的本质便是形象思维与逻辑思维的结合，是一种智力结构。"它们都是在感性认识的基础上开始的，但发展的趋向却不一致。科学的抽象思维表现为对事物间接的、概括的认识，它用抽象的或逻辑的方式进行概括，并用抽象材料（概念、理论、数字、公式等）进行思维；艺术的形象思维则主要用典型化、具象化的方式进行概括，用形象作为思维的基本工具。两者的根本区别在于：科学的抽象思维，其思维材料是一些抽象的概念和理论，所谓"概念是思维的细胞"，概念和逻辑成为抽象思维的核心。而形象思维则以形象为思维的细胞，用形象来思维。

对于设计师而言，形象思维是最常用的一种思维方式。艺术设计需用形象思维的方式去建构、解构，从而寻找和建立表达的完整形式。事实上，不仅艺术家要运用形象思维，科学家、哲学家、工程师等也都需要运用形象思维解决问题；同样艺术家也要运用逻辑思维的方式进行创作活动。

感觉是一种最简单的心理现象，但它在受众的心理活动中却起着极其重要的作用。受众凭自己的耳、目、皮肤等各种感觉器官与信息相接触，感受到信息的某种属性，这便是感觉。人们只有通过感觉，才能分辨事物的各个属性，感知它的声音、颜色、软硬、重量、温度、

气味、滋味等。

设计是科学思维的抽象性和艺术思维的形象性的有机整合。设计思维中的逻辑思维根据信息资料进行分析、整理、评估、决策，保留在大脑皮层对外界事物的印象。形象思维是大脑把表象重新进行组织安排，进行加工、整理，创造出的新形象，是设计思维的突破口，是在逻辑的基础上总结合理的感性思维方向，通过形象的艺术思维赋予产品以灵魂。

科学思维与艺术思维之间是一种和谐统一的关系。在设计过程中，没有明确的形象就没有设计，就没有设计的具象表现。另外，设计的艺术形象不完全是幻想式的，不完全是自由的。不像纯艺术那样可以海阔天空，其思维的方式不是散漫无边的，而是有一定的制约性，即不自由性。设计思维中的形象思维和逻辑思维两者互为沟通，互为反馈。

正确的设计方法是要懂得如何运用设计思维中的逻辑思维与形象思维去发现问题、思考问题、研究问题、解决问题。成功的设计作品有很多内在要素，诸如结构严谨、造型简洁、视觉中心突出，充分发挥了材料的特征，符合人机工程学、细节处理精到、洁净、安全、可靠等。这些要素是点，设计思维的过程是线，有机地把这些要素联结起来，便是一个成功的设计。

## 6.1.2　设计思维具有创造性特征

设计创意的核心是创造性思维，它贯穿于整个设计活动的始终。

科学思维与艺术思维都具有创造性特征，艺术家和科学家都需要有强烈的创造欲望，才能取得成功。创造性思维可以被认为是高于形象思维和逻辑思维的人类的高级思维活动，是逻辑思维、形象思维、发散思维、收敛思维、直觉思维等多种思维形式的综合运用，反复辩证发展的过程，创造性思维便形成于这个过程之中。

创造性思维不同于普通思维，它是思维的高级过程，是一种打破常规、开拓创新的思维形式。创造性思维的意义在于突破已有事物的束缚，以独创性、新颖性的崭新观念形成设计构思。没有创造性思维就没有设计，整个设计活动过程就是以创造性思维形成设计构思并最终设计出产品的过程。

"选择"、"突破"、"重新建构"是创造性思维过程中的重要内容。因为在设计的创造性思维形成过程中，通过各种各样的综合思维形式产生的设想和方案是非常丰富的，依据已确立的设计目标对其进行有目的的恰当选择，是取得创造性设计方案所必需的行为过程。选择的目的在于突破、创新。突破是设计的创造性思维的核心和实质，广泛的思维形式奠定了突破的基础，大量可供选择的设计方案中必然存在着突破性的创新因素，合理组织这些因素构筑起新形式，是创造性思维得以完成的关键所在，因此，选择、突破、重新建构三者关系的统一，便形成了设计的创造性思维的主要因素。

创造性思维是创造力的核心，贯穿整个设计活动的始终。创造性思维是反映自然界的本质属性和内在、外在的有机联系，它具有主动性、目的性、预见性、求异性、发散性、独创性、突变性、批判性、灵活性等思维特征。

## 6.2　设计思维的类型

### 6.2.1　形象思维

在整个设计活动中，形象思维是一直贯穿始终的。我们平日对周围环境的感觉，都是源于以前生活经验的积累。所谓形象思维，是指用具体的、感性的形象进行思维。"形象"指客观事物本身所具有的本质与现象，是内容与形式的统一。形象有自然形象和艺术形象之别，自然形象指自然界中已经存在的物质形象，而艺术形象则是经过人的思维创作加工以后出现的新形象。形象思维是人类的基本思维形式之一，它客观地存在于人的整个思维活动过程之中。

形象思维是用表象来进行分析、综合、抽象与概括。其特点是：以直观的知觉形象、记忆的表象为载体来进行思维加工、变换、组合或表达。形象思维在认识过程中始终伴随着形象而展开，具有联系逻辑思维和创造性思维的作用，是和动作思维与逻辑思维不同的一种相对独立的特殊思维形式。它包括：概括形象思维、图式形象思维、实验形象思维和动作形象思维。

一般认为，形象思维在文学艺术工作和创造活动中占主导地位，因为艺术品是具有感性形式的物质和精神产品，并不仅仅以感性为其特征。19 世纪俄国文艺批评家别林斯基在《艺术的观念》一书中说，"艺术是对真理的直感的观察，或者说是寓于形象的思维"。

形象思维是科学发现的基础。科学研究的三部曲——观察、思考、实验，没有一步是离开形象的。不管是科学家的理论思维还是科学实验，都是从形象思维开始的。首先必须对研究客体进行形象设置，并将各种设置的可能性加以比较和储存，然后在识别和选择中决定取舍。

形象思维的进程是按照本质化的方向发展获得形象，而艺术思维中形象思维的进程是既按照本质化的方向发展，又按照个性化的方向发展，二者交融形成新的形象，这里的形象思维具有共性和个性的双重性。艺术思维中形象思维的表象动力较为复杂，它不是简单地观察事物和再现事物，而是将所观察到的事物经过选择、思考、整理、重新组合安排，形成新的内容，即具有理性意念的新意象。

[案例 6-01]　"衡" 系列台灯

"衡"系列台灯，打破传统台灯的开启方式，木框里的小木球是台灯的开关，我们将放置在桌面的小木球往上抬，两个小木球相互吸引时，两个小木球悬浮在空中，达到平衡状态时，灯光慢慢变亮。创新的交互方式给乏味的生活带来一丝乐趣（见图6-1）。

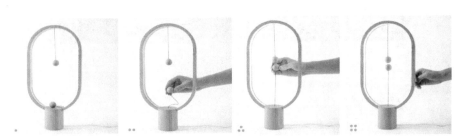

图 6-1　"衡"系列台灯

### 6.2.2 逻辑思维

任何设计师在动手设计之前都会对设计产品有个概念，这个概念有可能是这种产品的历史、相关信息、功用性能、市场需求等一系列的相关问题，这就需要抽象思维帮助设计师对所要设计的产品做一个分析、比较、抽象和全面的概括，作为设计时的参考，这些都需要设计师有十分卓越的逻辑思维能力。

逻辑思维是以概念、判断、推理等形式进行的思维，又称抽象思维、主观思维。其特点是把直观所得到的东西通过抽象概括形成概念、定理、原理等，使人的认识由感性到理性。逻辑思维是依据逻辑形式进行的思维活动，是人们在感性认识（感觉、知觉和表象）的基础上，运用概念、命题、推理、分析、综合等形式对客观世界做出反应的过程。因此，它是一种理性的思维过程。提起逻辑思维，人们往往认为只是和形象思维相关，实际上，逻辑思维的分析、推论对设计的创意能否获得成功起到关键性的作用。通过逻辑思维中常用的归纳和演绎、分析和综合等方法，艺术设计可以得到理性的指导，从而使创意具有独特的视角。

总之，逻辑思维在设计创新中对发现问题、直接创新、筛选设想、评价成果、推广应用等环节都有积极的作用。

**[案例 6-02] Supersuit 入耳式充气耳机**

虽然头戴式耳机相对于入耳式耳机在阻隔外界噪音方面优势较为明显，但其笨重的外形却会让舒适度大为降低。作为一款入耳式耳机，Supersuit 提供了一种两全齐美的解决方案，提供了拥有三种不同扩充状态的可膨胀圈，用户可以根据耳朵大小来调节膨胀圈的大小，不仅能有效阻隔外界的噪音，而且还能让耳机更稳固。在带来最佳的听觉体验的同时，也会让耳朵不再有被拘束的感觉（见图 6-2）。

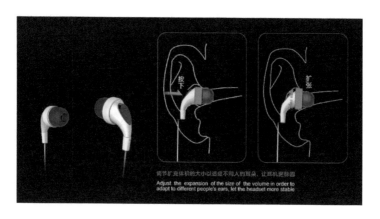

图 6-2 Supersuit 入耳式充气耳机

### 6.2.3 发散思维

发散思维是一种跳跃式思维、非逻辑思维，是指人们在进行创造活动或解决问题的思考过程中，围绕一个问题，从已有的信息出发，多角度、多层次去思考、探索，获得众多的解题设想、方案和办法的思维过程。

发散思维亦称求异思维或辐射思维、扩散思维、立体思维、横向思维或多向思维等，是创造性思维的一种主要形式，由美国心理学家吉尔福特提出。它不受现有知识或传统观念的局限，是从不同方向，多角度、多层次的思维形式。发散思维在提出设想的阶段，有着重要作用。

发散思维过程是一个开放的不断发展的过程，它广泛动用信息库中的信息，产生众多的信息组合和重组，在发散思维过程中，不时会涌出一些念头、奇想、灵感、顿悟，而这些新的观念可能成为新的设计起点和契机，把思维引向新的方向、新的对象和内容。因此，发散思维是多向的、立体的和开放的思维。

求异思维是一种发散思维，即开阔思路，不依常规，寻求变异，从多方面思考问题，探求解决问题的多种可能性。其特点是突破已知范围，进行多样性的思维，是从多方面进行思考，将各方面的知识加以综合运用，并能够举一反三，触类旁通。

### [案例 6-03] OPPO Find 5 手机

OPPO Find 5 是 OPPO 公司的旗舰智能手机产品，其设计理念是"当科技邂逅浪漫"。在科技层面，产品采用了最新最高的智能科技，如四核处理器、5 寸（1920×1080）高清大屏和 1300 万像素的摄像头等。在浪漫层面，产品不论在使用中还是熄屏握在手中时都有一种摄人心魄的魅惑之美。

智能手机因其屏幕面积大而其他能赋予设计的工作面积极少而对设计师们提出了一种特别的挑战。OPPO Find 5 的屏幕边框仅为 3.25 毫米，是 4.5 寸以上手机的最窄边框。边框由一块重约 210 克的不锈钢料切削加工至 6.3 克而成。机身线条优美舒展，后壳有贴合手掌的曲面设计。68 个喇叭微孔由数控机床钻头单独钻出，黑色晶体按键分列机身两侧的合理位置，提升了单手操作体验。这些设计与制造的选择，突出了 OPPO 对产品细节的精致追求。

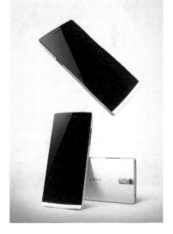

Find 5 开创了一种熄屏美学的概念。当手机在待命状态屏幕熄灭时，它看上去没有边框，没有倒角，黑色的屏幕、玻璃与不锈钢边框浑然一体，成为一整块纯粹而泛着光泽的黑色，神秘、深邃，平静中蕴含着无限的张力，就像宇宙中的一种磁场，有一种摄人心魄的魅惑之美。因为此前的设计一般都围绕屏幕点亮而进行，这个概念在智能手机行业里面是开创性的（见图 6-3）。

图 6-3　OPPO Find 5 手机

### 6.2.4　联想思维

很多时候，设计的创意都是来自于人们的联想思维。联想思维是将要进行思维的对象和已掌握的知识相联系相类比，根据两个设计物之间的相关性，获得新的创造性构想的一种设计思维形式。联想越多越丰富，获得创造性突破的可能性越大。联想思维有因果联想、相似联想、对比联想、推理联想等诸种表现形式。如鸟能飞翔，而人的两手臂却无法代替翅膀实现飞翔的愿望，因为鸟翅的拱弧翼上空气流速快，翼下空气流速慢，翅膀上下压差产生了升力。据此，设计师们产生联想，改进了机翼，并加大运动速度，从而设计出了飞机。设计中很多由联想产生的创意，在很多时候是师法自然的结果。物有其形，是因为在长期的生存进化过程中，自然赋予了它与其相适应的形。悉尼歌剧院造型"形若洁白蚌壳，宛如出海风帆"，设计它的灵感来自于切开的橘子瓣。这件世界公认的艺术杰作，用它特有的外形引领我们的想象驰骋飞翔（见图6-4）。

图6-4　悉尼歌剧院

**[案例6-04]　嗅觉手表**

这款基于生物钟的气味手表通过散发独特的气味来"潜意识"地告诉您现在的时间段，而非精确的时间点。比如，浓咖啡的香醇味道提醒您现在是早上；带有一丝印刷油墨及生了锈的银制品的味道则表示现在是下午或工作时间；而到了晚上，手表便会散发一种威士忌、甘菊及烟草的味道，这些气味能唤醒体内日周期节律，实现时间提醒作用（见图6-5）。

图6-5　嗅觉手表

### 6.2.5　收敛思维

又称集中思维，求同思维或定向思维。它以某一思考对象为中心，从不同角度、不同方面将思路指向该对象，寻求解决问题的最佳答案的思维形式。在设想或设计的实施阶段，这种思维常占据主导作用。

一切创造性的思维活动都离不开发散和收敛这两种思维，作任何一项设计都是发散和收敛交替进行的过程。在构思阶段，以发散思维为主，而在制作阶段，则以收敛思维为主。只有高度发散、高度集中，二者反复交替进行，才能更好地创作设计。作为辩证精神体现的现代思维方式，把求同思维和求异思维有机地结合起来，在同中求异，在异中求同，从共性和个性的相互统一中把握我们的对象。两者的结合，能够使寻求创造的思维活动在不同的方法中相得益彰、相互增辉。

**[案例 6-05]　可取代 U 盘的数据便利贴**

　　dataSTICKIES 是一款由石墨烯制成的，像便利贴一样的数据传输介质，可以方便地在光数据传输表面（ODTS）粘贴或者剥离从而进行数据存储。dataSTICKIES 由两部分组成，一部分是放置于设备端的光数据传输表面，这一表面通过物理方式跟机器设备相连。另一部分是便利贴存储介质，用于存储数据。据悉这一石墨烯制成的新型材料由平坦的单层碳原子组成，具有优异的的强度和电气性能，薄如纸片的石墨烯片材具备携带大量数据的能力。便利贴与 ODTS 进行数据交互，当读取或者写入数据的时候，便利贴便会亮起灯（见图 6-6）。

**图 6-6　可取代 U 盘的数据便利贴**

## 6.2.6　灵感思维

　　灵感思维是人们借助于直觉，得到突如其来的领悟或理解的思维形式。它以逻辑思维为基础，以思维系统的开放、不断接受和转化信息为条件。大脑在长期、自觉的逻辑思维积累下，逐渐将逻辑思维的成果转化为潜意识的不自觉的形象思维，并与脑内储存的信息在不知不觉的状态下相互作用、相互联系之中产生灵感。

　　灵感思维就像它的名称一样的抽象、令人难以捉摸。"灵感"一词起源于古希腊，原指神赐的灵气。"灵"者，精神、神灵的意思；"感"者是客体对主体的刺激，或者是主体对客体的感受。灵感是心灵在接受外界刺激之后，通过各种思维方式所产生的某种思维神灵。灵感，自古就引起了人们的注意。古人认为，灵感就是在人与神的交往中，神依附在人身上，并赐给人以神灵之气。随着科学的发展，人们逐渐从生理学、心理学意义上搞清楚了这些长期困扰我们的问题。灵感就是人们在文学、艺术、科学、技术等活动中，产生的富有创造性的思路或创造性成果，是形象思维扩展到潜意识的产物。它要求人们对某种事态具有持续性高度的注意力，高度的注意力来自对研究对象的高度热忱的积极态度。思维的灵感常驻于潜意识之中，待酝酿成熟，涌现为显意识。

对某一研究的成果或思路的出现，有一个较长的孕育过程。灵感是显意识和潜意识相互作用的产物，显意识和潜意识是人脑对客观世界反映的不同层次。显意识是由人体直接地接受各部位的信息并驱使肢体"有所表现"的意识。灵感是人类创造活动中一种复杂的现象，它来源于知识和经验的沉积，启动于意外客观信息的激发，得益于智慧的闪光。灵感的表现是突发的、跳跃式的，就是那种"众里寻他千百度，蓦然回首，那人却在灯火阑珊处"、"用笔不灵看燕舞，行文无序赏花开"的情境。灵感是显意识和潜意识通融交互的结晶，灵感思维具有跃迁性、超然性、突发性、随机性、模糊性和独创性等特点。灵感是思维中奇特的突变和跃迁，是思维过程中最难得、最宝贵的一种思维形式。因而灵感思维也叫顿悟思维，指人在思维活动中，未经渐进的、精细的逻辑推理，在思考问题的过程中思路突然打通，问题迎刃而解，是人的思维最活跃、情绪最激奋的一种状态。

在现代设计领域，灵感思维往往被认为是人们思维定向、艺术修养、思维水平、气质性格及生活阅历等各种综合因素的产物，是一种高级的思维方式，是人类设计活动中的一种复杂的思维现象，是发明的开端、发现的向导、创造的契机。

图 6-7 折纸鸟灯

### [案例 6-06] 折纸鸟灯

伦敦建筑师和设计师 Umut Yama 的灵感来自于一只栖息在树枝的小鸟，它看起来优雅又美丽。因此，"折纸鸟"栖息在黄铜"树枝"上，轻轻地触碰、或是有一阵风袭来，就会让小鸟自然地左右摆动，立马从一个安静的静物，变成室内的焦点，充满了活力。

这款灯采用可折叠的合成纸、黄铜和钢材料共同制成，是形式与功能的完美结合。既有着雕塑般的独特形态，又可作为照明用的壁灯或落地灯（见图 6-7）。

## 6.2.7 直觉思维

直觉思维是思维主体在向未知领域探索中，直觉地观察和领悟事物的本质和规律的非逻辑思维方法。我们可以从两方面理解直觉：一方面，直觉是"智慧视力"，是"思维的洞察力"；另一方面，直觉是"思维的感觉"，人们通过它能直接领悟到思维对象的本质和规律。

直觉思维与逻辑思维不同点在于：逻辑思维具有自觉性、过程性、必然性、间接性和有序性；而直觉思维具有自发性、瞬时性、随机性和自主性。直觉思维可以创造性地发现新问题、提出新概念、新思想、新理论，是创造性思维的主要形式。

　　随着人们对产品形象要求的提高，人们对产品的直觉思维开始趋于全方位的要求。除了视觉以外，触觉、听觉、甚至嗅觉方面的感受也得到了越来越多的重视，人们对材料的质地、肌理、色彩、产品中的声音效果和噪声隔绝，以及产品对环境的影响等方面有了更高的要求。

　　因此，直觉思维在对人们视觉、触觉、听觉、嗅觉的形成感知方面起到更加重要的作用。

**[案例 6-07]　盲人感知手表**

　　声音、盲文等都是帮助视觉缺陷者感知周围世界不错的方法，这款为此类人群设计的感知手表将表针藏在了表盘柔软的"皮肤"下，圆点代表分针，三角形代表时针，通过触摸便可获知当前时间（见图 6-8）。

**图 6-8　盲人感知手表**

## 6.3　设计思维的方法

　　设计思维的方法主要有头脑风暴法、6W 设问法和系统设计法。

### 6.3.1　头脑风暴法

　　头脑风暴法是创造学中的一种重要方法学。其形式是由一组人员针对某一特定问题各抒己见、互相启发、自由讨论，从多角度寻求解决问题的方法。头脑风暴是靠有组织的、集体的方法来达成，使参加者的思想相互激发并产生连锁反应，以引导出创造性思维。该方法为美国 BBDO 公司副经理 A·F·奥斯本博士首创，最早见于他的《应用想象》一书中。

　　头脑风暴法（Brain Storming）简称 BS 法，又称脑轰法、激智法、头暴法、智暴法、畅谈会议法等。

　　头脑风暴法先有一组人员，运用各人的脑力，作创造性思考，以促使意念的产生，达到寻求对某一问题的解决。头脑风暴法提倡大家随意发表意见，尽情畅谈，使这些意见自然地发生相互作用，在头脑中产生创造力的风暴，以此来创造出更多、更好的方案，这是一种典型的头脑风暴创造方法。

**[案例 6-08]　IDEO 设计公司**

　　著名的 IDEO 设计公司是采用头脑风暴法进行创造设计的典范。从 1991 年 IDEO 在加利福尼亚州的小城帕罗阿托诞生的那天起，它已经为苹果、三星、宝马、微软、宝洁乃至时尚之王 Prada 等公司，设计了很多传奇性产品。

IDEO 主要的设计方式在于将一个产品构想实体化，并使此产品符合实用性与人性需求，其设计的宗旨是以消费者为中心的设计方式，这种理念最强调的是创新。在 IDEO，除了工业设计师和机构工程师，还有多位精通社会学、人类学、心理学、建筑学、语言学的专家。IDEO 经理提姆布朗解释："如果能够从不同角度来看事情，可以得到更棒的创意。"

IDEO 坚持著名的关于渴求度、可行度和价值度的产品理论，即所有产品都是三种视角激烈角逐的最终结果：渴求度（Desirability），可行度（Feasibility），以及价值度（Viability）。

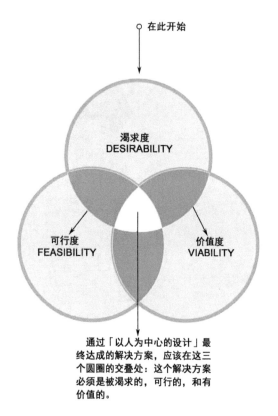

图 6-9　IDEO 关于渴求度、可行度和价值度的产品理论

IDEO 专注在新产品的渴求性上，这意味着他们思考的是如何制造出性感的、有着明确价值主张的产品，并从这一点出发来思考技术目标和商业目标。他们那些财富 500 强客户中的大多数并不是以这种方式工作的，当然，这也是他们要雇用 IDEO 的原因（见图 6-9）。

开始一项设计前，往往会由认知心理学家、人类学家和社会学家等专家所主导，与企业客户合作，共同了解消费者体验，其技巧包括追踪使用者、用相机写日志、说出自己的故事等，之后分析观察顾客所得到的数据，并搜集灵感和创意。

IDEO 不仅善于观察发现问题，更是以头脑风暴解决问题。IDEO 拥有专门的"动脑会议室"，这里是 IDEO 内最大、最舒适的空间。会议桌旁还有公司提供的免费食物、饮料和玩具，让开会开累的人，可以用来放松心情，激发更多创意。每当一场头脑风暴会议开始时，三面白板墙在几个小时内，就会被大家一边讨论一边画

下来的设计草图贴满。当所有人把画出来的草图放在白板上后，大家就用便利贴当选票，得到最多便利贴的创意就能胜出。而这些被选出来的创意，马上就会从纸上的草图化为实体模型。"头脑风暴"已经成为 IDEO 设计公司创意流程中最重要的环节之一。

IDEO 为日本 Shimano 公司设计的自行车，最关键的要素就是保证消费者有良好的乘骑体验（见图 6-10）。

图 6-10　IDEO 为日本 Shimano 公司设计的自行车

IDEO 和 Steelcase 合作设计的课桌椅 Node，对传统的办公椅进行改进，增加了一个小桌子，用来放书本或笔记本电脑，下面还增加了放杂物的空间，用来放书包（见图 6-11）。

图 6-11　课桌椅 Node

### 6.3.2　6W 设问法

6W 设问法因这些疑问词中均含有英文字母 "W"，故而得名。

（1）为什么（why）——即产品的设计目的。

（2）是什么（what）——即产品的功能配置。用来分析产品基本功能和辅助功能的相互关系如何，消费者的实际需要是什么。

（3）什么人用（who）——即产品的购买者、使用者、决策者、影响者。用来了解消费对象的习惯、兴趣、爱好、年龄特征、生理特征、文化背景、经济收入状况究竟怎样。

（4）什么时间（when）——产品推介的时机及消费者使用的时间。企业根据产品消费的时间，合理安排生产，把握好产品的营销策略等。

（5）什么地方使用（where）——产品使用的条件和环境。即针对什么样的地点和场所开发产品，有哪些受限和有利的环境条件。

（6）如何用（how）——行为。即如何考虑消费者的使用方便，怎样通过设计语言提示操作使用等。

6W 设问法列举出构成一件事情的所有基本要素，从而对构成问题的主要方面进行分析。

这些方法常被用来对概念方案、产品设计的可行性进行分析，设问法比较适用于目标定位阶段的构想。

**[案例 6-09] 视力受损儿童的最佳游戏装置**

对于眼盲或视力受损的儿童来说，如何训练好他们的认知能力和记忆能力就成为了非常重要的事情。墨西哥的两位知名教育心理学家夫妇 Nadia Guevara 和 Pedro Bori 就发明了一种名叫 Smash-a-ball 的机器（见图 6-12），可以用来帮助视力缺陷孩子发展认知水平，开发记忆和空间意识。

图 6-12　Smash-a-ball

这款 Smash-a-ball 游戏装置有些像我们熟悉的打地鼠游戏，同时还包括了一个可穿戴背包，用来给孩子提供触觉反馈，Smash-a-ball 要求用户玩时必须依赖从盒子里发出的音频信号，然后孩子们必须复制匹配的按钮进行相应的操作。Smash-a-ball 可以给孩子提供一个与朋友和家人互动的平台，还可以帮助视障孩子改善他们的记忆力和反应速率。

### 6.3.3　系统设计法

系统设计思维方法核心是把设计对象及有关的设计问题，如设计程序和管理、设计信息资料的分类整理、设计目标的拟订、人—机—环境系统的功能分配与动作协调规划等视为系统，然后用系统论和系统分析方法加以处理和解决。所谓系统的方法，即从系统出发，综合地、整体地解决各因素中的相互作用、相互制约的关系，以达到最佳处理问题的一种方法。

系统论的设计步骤可以分为多个阶段。

#### 1. 计划阶段

通常在进行设计工作之前，企业的决策者对本企业近期或远期的投资、制造和销售目标作出计划。在此基础上设计师为设计开发的产品定出具体计划，首先要对设计内部的资料进行分析、制订设计开发的方针；明确设计是为哪一层次的消费者服务，而消费者又是在哪种场合下使用等一系列问题。另外，还要与生产部门、管理部门、销售部门取得联系，由此所产生的设计计划报告书对整个设计过程的每一个阶段具有指导作用，此阶段是设计活动的基础阶段。

### 2. 发想阶段

计划制订好后便可进入发想阶段了。所谓发想是指利用一定的思考技术发掘解决问题的方案。具体的操作是：首先让设计师们把头脑中的各种想法都表达出来，而不要急于评价。在发想阶段常常召开讨论会，让各个方面的专家学者及普通消费者共同参加，畅所欲言，尽量多地收集各种方案。其次对各种方案进行检查，将所提出的方案与设计计划书的开发方针进行对照，考虑对方案进行修改，并画出较完整的预想图。最后对筛选后的方案进行评价、选择最优化方案送交技术部门、生产部门再次进行修改。

### 3. 提出阶段

提出阶段是十分具体的设计操作阶段，在这一阶段，设计师利用效果图、模型、图表、文字等各种表现手段表达自己的设计思想，并向企业决策层或设计委托人进行传达。设计师对人机工程学原理的运用、对材料的选择及对设计美学原则的运用，都将体现在最后形成的方案中。在充分考虑了设计方案的可能性、市场竞争力、成本等各方面因素的基础上，可以决定进行小批量试产。

### 4. 实施阶段

在决定最终设计方案后，便进入了实施阶段。这个阶段的重要任务是传达设计方案。如告诉生产部门产品的具体尺度和装配要求，对所用的材料进行说明，让生产部门对照制作模型进行小批量生产实验。根据实验结果对原先的设计再作一些修正和补充，并再一次提交企业决策层或设计委托人审定。在充分解决了各种问题的基础上，可以考虑正式投入生产。

## 6.3.4　类比和隐喻

由灵感源（启发性材料）通往目标领域（即待解决的问题）的过程中，设计师可以运用类比和隐喻得到诸多启发，衍生出新的解决方案。

在创意的生成阶段，类比和隐喻法的作用尤其突出。透过另一个领域来看待现有问题能激发设计师的灵感，找到探索性的问题解决方案。类比法通常用于设计中的概念生成阶段，该方法通常以一个明确定义的设计问题为起点。隐喻法则常用于问题表达和分析阶段。使用类比方法时，灵感源与现有问题的相关性可近可远。比如，与一个办公室空调系统相关性较近的类比产品可以是汽车、宾馆或飞机空调系统；而与其相关性较远的类比产品则可能是具备自我冷却功能的白蚁堆。隐喻方法有助于向用户交流特定的信息，该方法并不能直接解决实际问题，但能形象地表达产品的意义。使用隐喻方法时，应该选择与目标领域相关性较远的灵感源。

使用此方法时，首先，搜集相关的灵感源。要想得出更具创意的想法，应该从与目标领域相关性较远的领域进行搜寻。找到启发性材料后，问一问自己为什么要将此灵感源联系到设计中。然后思考应该如何将其运用到新设计方案中，并决定是否需要运用类比或隐喻。使用类比法时，切勿仅将灵感源的物理特征简单地照搬到所面对的问题中，而应该先了解灵感源与目标领域的相关性，并将所需特征抽象化后应用到潜在的解决方案中。设计师对观察结果抽象化的能力决定了可能获得启发的程度。

需注意，在使用类比方法时，设计师可能会花费大量时间确定合适的灵感源，且这个过程并不能保证一定能找到有用的信息。如果这些启发性材料不能帮你找到解决问题的方案，那么你可能会陷入困境。因此，要相当熟悉启发性材料的相关知识。

### 6.3.5　奔驰法

奔驰法是一种辅助创新思维的方法，主要通过这 7 种思维启发方式在实际中辅助创新：替代、结合、调适、修改、其他用途、消除和反向。

奔驰法适用于创意构思的后期，尤其是在产生初始概念后陷入"黔驴技穷"的困境时。此时，可以暂时忽略概念的可行性和相关性，借助奔驰法创造出一些不可预期的创意。在头脑风暴的过程中也常常用到此方法，参与者可以在这些创意的基础上通过奔驰法进一步拓展思路。独立设计师也可在个人项目中独自运用此方法。

一般情况下，设计师可以运用上述 7 种启发方式针对现有的每一个想法或概念提问思考。通过该方法产生更多的灵感或概念之后，对所有的创意进行分类，并选出最具前景的创意进一步细化（这一点与头脑风暴相似）。

（1）替代。创意或概念中哪些内容可以被替代以便改进产品，哪些材料或资源可以被替换或相互置换，运用哪些其他产品或流程可以达到相同的结果。

（2）结合。哪些元素需要结合在一起以便进一步改善该创意或概念？试想一下，如果将该产品与其他产品结合，会得到怎样的新产物，如果将不同的设计目的或目标结合在一起会产生怎样的新思路。

（3）调适。创意或概念中的哪些元素可以进行调整改良，如何能将此产品进行调整以满足另一个目的或应用，还有什么和你的产品类似的东西可以进行调整。

（4）修改。如何修改你的创意或概念以便进一步改进，如何修改现阶段概念的形状、外观或给用户的感受等，试想一下，如果将该产品的尺寸放大或缩小会有怎样的效果。

（5）其他用途。该创意或概念能怎样运用到其他用途中，是否能将该创意或概念用到其他场合或其他行业，该产品在另一个不同的情境中的行为方式会如何，是否能将该产品的废料回收利用，创造一些新的东西。

（6）消除。已有创意或概念中的哪些方面可以去除，如何能简化现有的创意或概念，哪些特征、部件或规范可以省略。

（7）反向。试想一下，与你的创意或概念完全相反的情况是怎样的，如果将产品的使用顺序颠倒过来，或改变其中的顺序会得出怎样的结果；试想一下，如果你做了一个与现阶段创意或概念完全相反的设计，结果会怎样。

奔驰法的介绍中虽说只要运用 7 种思维启发方式就一定能得到创新的结果，但得出创新的质量很大程度上取决于设计师如何应用这些启发方式。因此，该方法对未受过专业训练的设计师而言效果并不理想。

### 6.3.6　SWOT 分析

SWOT 分析法能帮助设计师系统地分析企业运营业务在市场中的战略位置并依此制定战略性的营销计划。营销计划为公司新产品的研发决定方向（见图 6-13）。

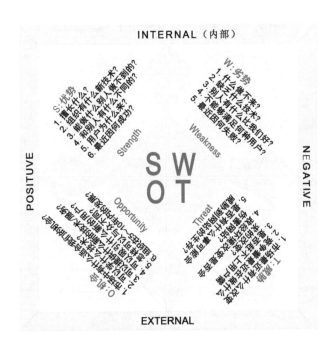

图 6-13　SWOT 分析法

SWOT 分析通常在创新流程的早期执行。分析所得结果可以用于生成（综合推理）"搜寻领域"。该方法的初衷在于帮助企业在商业环境中找到自身定位，并在此基础上作出决策。SWOT 是 Strengths（优势）、Weaknesses（劣势）、Opportunities（机会）和 Threats（威胁）四个单词的首字母缩写。前两者代表公司内部因素，后两者代表公司外部因素。这些因素皆与企业所处的商业环境息息相关。外部分析的目的在于了解企业及其竞争者在市场中的相对位置，从而帮公司进一步理解公司的内部分析。SWOT 分析所得结果为一组信息表格，用于生成产品创新流程中所需的搜寻领域。

从 SWOT 的表格结构上不难看出，此方法具有简单快捷的特点。然而，SWOT 分析的质量取决于设计师对诸多不同因素是否有深刻的理解，因此十分有必要与一个具有多学科交叉背景的团队合作。在执行外部分析时，可以依据诸如 "DEPEST：D=人口统计学、E=生态学、P=政治学、E=经济学、S=社会学、T=科技" 之类的分析清单提出相关问题。外部分析所得结果能帮助设计师全面了解当前市场、用户、竞争对手、竞争产品或服务，分析公司在市场中的机会及潜在的威胁。在进行内部分析时，需要了解公司在当前商业背景下的优势与劣势，以及相对竞争对手而言存在的优势与不足。内部分析的结果可以全面反映出公司的优点与弱点，并且能找到符合公司核心竞争力的创新类型，从而提高企业在市场中取得成功的概率。

# 第 7 章　设计心理

## 7.1　设计心理学

现代设计心理学的雏形大致产生在 20 世纪 40 年代后期。首先，"二战"中人机工程学和心理测量等应用心理学科得到迅速发展，战后转向民用，实验心理学及工业心理学、人机工程学中很大一部分研究都直接与生产、生活相结合，为设计心理学提供了丰富的理论来源；其次，西方进入消费时代，社会物质生产逐渐繁荣，盛行消费者心理和行为研究最后设计成为了商品生产中最重要的环节并出现了大批优秀的职业设计师。其中的代表人物是美国设计师德雷夫斯（Henry Drefuss），他率先开始以诚实的态度来研究用户的需要，为人的需要设计并开始有意识地将人机工程学理论运用到工业设计中，并于 1951 年出版了《为人民设计》（Design for People）一书。认知科学和心理学家唐纳德·A·诺曼对于现代设计心理学及可用型工程作出了最杰出的贡献，20 世纪 80 年代他撰写了《The Design Everyday Things》，成为可用性设计的先声，他在书的序言中写到"本书侧重研究如何使用产品"。诺曼虽然率先关注产品的可用性，但他同时提出不能因为追求产品的易用性而牺牲艺术美，他认为设计师应设计出"既具有创造性又好用，既具美感又运转良好的产品"。2004 年，他又发表了第二部设计心理学方面的著作《情感设计》，这次，他将注意力转向了设计中的情感和情绪，根据人脑信息加工的三种水平，将人们对于产品的情感体验从低级到高级分为三个阶段：内脏控制阶段、行为阶段、反思阶段。

内脏控制阶段是人类的一种本能的、生物性的反应，反思阶段有高级思维活动参与，有记忆、经验等控制的反应，而行为阶段则介于两者之间。他提出的三种阶段对应于设计的三个方面，其中内脏控制阶段对应"外形"，行为阶段对应"使用的乐趣和效率"，反思阶段对应"自我形象、个人满意和记忆"。

目前，我国对设计心理学的研究尚处于起步阶段。研究设计心理学的专家，按照专业背景的不同，可以分成两类，一类是曾接受了系统的设计教育，对与设计相关的心理学研究有浓厚兴趣，并通过不断地扩充自己的心理学知识，而成为会设计、懂设计、主要为设计师提供心理指导的专家；另一类是以心理学为专业背景，专门研究设计领域的活动的应用心理学家，他们学术背景的心理学专业色彩较浓，通过补充学习一定的设计知识（了解设计的基本原则和运作模式），在心理学研究中有较高的造诣。前者具有一定的设计能力，在实践中能够与设计师很好地沟通，是设计师的"本家人"。较一般的设计师而言，他们具有更丰富的心理学知识，能够更敏锐地发现设计心理学问题，并能运用心理学知识调整设计师的状态，提出更好的设计创意，是设计师的设计指导和公关大使，对设计活动的开展充当顾问角色，比设计师看得更远更高。由于其特殊的知识背景，可以在把握设计师创意意图的同时调整设计，兼顾设计师的创意和客户的需求，更易被设计师接受。后者是心理学家，心理学研究的广度和深度都优于前者，但若不积累一定层次的设计知识则很难与设计师沟通。他们在采集设计参考信息、分析设计参数、训练设计师方面有前者不可比拟的优势。现在许多设计项目都是以团队组织的形式进行，团队中有不同专业的专家，他们都专长于某一学科的知识，同时具有一定的设计鉴赏能力，可以从他们的专业角度，提出对设计方案的独到见解和提供必要的参考资料。心理学专家也是其中的一员，辅助、协助设计师进行设计。而为了与其他专业的专家沟通，设计师的知识构成中也应包括其他学科的一些必要的相关知识。在设计团队中，设计师与心理学家及其他专业的专家结成一种相互依靠的关系。由于设计师不可能精通方方面面的知识，因此与其他专业的专家在不同程度上的协作十分必要。设计创造性思维的训练也主要由心理学专家来指导进行，因为其专业知识，使他们在训练方法、手段和结果测试方面的作用更突出。前者以设计指导的角色出现，主要指导设计，把握设计效果，从某种意义上说仍然是设计师。后者主要还是进行心理学的研究，研究的范围锁定在设计领域，研究的方法和手段具有心理学的学科特色，更关注对人的研究。但目前存在的问题是，在对设计心理学的研究中，设计学与心理学的结合还不够紧密，针对性不够强。

对消费者和设计师的双重关注，使设计心理学在培养设计师、为企业增加效益、以设计打开市场、获取高额利润方面都有不可估量的重要作用。各设计专业的心理学研究有的已经很成熟了，有的则刚刚起步，只能随着设计心理学的发展而发展。目前存在的问题是部分来自调研、设计、销售等实践环节的经验，由于缺乏严谨的心理学和设计学的理论作基础，常常停留在现象层次没有上升到理论高度。

设计是一个艰苦创作的过程，与纯艺术领域的创作有很大的差别，必须在许多的限制条件下综合进行。因此，积极地发展有设计特色的设计创造性思维是设计心理学不可或缺的内容。传统的消费观关注的是物，只要能够充分发挥物质效能的设计就是好的设计。现代消费观越来越关注人对设计的要求和限制，越来越多人成为设计最主要的决定因素，人们不仅要求获得商品的物质效能，而且迫切要求满足心理需求。设计越向高深的层次发展，就越需要设计心理学的理论支持。而设计是一门尚未完善的学科，研究的方法和手段还不成熟，主要还是依靠和运用其他相关学科的研究理论和方法手段。设计心理学的研究也是如此，主要利用心理学的实验方法和测试方法来进行。

可见，设计心理学的研究是必要而迫切的，而且还有很大的发展空间，还需要在建立设计心理学的框架后细分设计心理学的内容，使其更专业化、更完善，这有待于设计师和心理学家的共同努力。

心理学经过多年的研究，内涵和外延都在不断地扩大和充实，形成了多方位的心理学研究领域，例如艺术学、美术学、创造心理学、格式塔心理学、精神分析、认知心理学、人机工程学、人因心理学、广告心理学、消费心理学、环境心理学、感性心理学等方面。

## 7.2　知觉与设计

客观事物直接作用于人的感觉器官，产生感觉与知觉。知觉是在感觉基础上对感觉信息整合后的反应。在日常生活及产品操作中，知觉对来自感觉的信息综合处理后，对产品及其操作做出整体的理解、判断或形成经验。

### 7.2.1　概念

知觉是心理较高级的认知过程。知觉活动是一个信息处理的过程。在此过程中，有许多知觉规律可以遵循。

知觉又称感知，其定义有多种。1986 年，Roth 认为"知觉是指外界环境经过感官器官而被变成为的对象、事件、声音、味道等方面的经验"。通常认为知觉是人脑对直接作用于感觉器官的客观事物的各个部分和属性的整体反应。在一定的外界环境中，刺激物与感觉器官之间相互作用，外界信息传入大脑对信息整合处理的过程。知觉是心理较高级的认知过程，涉及对感觉对象（包括听觉、触觉、嗅觉、味觉、视觉对象）含义的理解、过去的经验或记忆及判断。在感觉对象中，来自视觉和触觉的感知是最多的，也是我们研究的重点内容。在新产品中，有可以闻到香味的儿童卡片，也有可以食用的书，这些产品扩展了人们在嗅觉和味觉方面的感知。

在日常生活及产品操作中，知觉是通过各种感觉的综合对信息进行处理后起作用的。

用户操作产品的过程，首先是一个知觉的过程，因为在每个具体的操作步骤中知觉都起着重要的作用。

用户在操作产品过程中，每一个具体的操作都包含知觉的过程，而这个过程大多包含寻找—发现—分辨—识别—确认—搜索等。以上的这个知觉过程是可以反复多次出现，直至操作动作的完成。其中寻找的过程是发现相关有用信息的过程，是信息收集分析再确认的一个过程。这个最终会以发现有利于操作的一些信息为终止继而转入下一个发现的阶段。在这个阶段，可能会有多个信息，需要辨别在此步操作中需要的那个信息。通过分辨这个过程识别出当下操作步骤的信息和提示，再确认操作。在一个具体的知觉过程中，视觉起着收集信息的作用，知觉起着整合信息的作用，思维起着识别判定的作用，记忆起着搜索的作用。

### 7.2.2　类型

在每一个知觉的过程中，面对产品产生的感知是完成正确操作的一个前提。心理学家基布森认为知觉从外界物品感受到的是"它能给我的行动提供什么？"人对任何物品的观察都与行动目的联系起来。他发明了一个新词 affordance（提供的东西），可以把它翻译成"给行动提供的有利条件"或"优惠条件"。如平板可以提供"坐"，圆柱可以提供"转动"等。也就是说，知觉所感受的结果不仅仅是物体的形态。在完成操作产品这个行为任务的驱使下，知觉是在寻求利于操作的条件与判断产品所提供的形态便于怎样的操作。实际上，人感觉得到的不仅仅是形状、灰度和颜色，而是获得对行动有意义的实物。我们从以下几类知觉进行具体的分析。

### 1. 形状知觉

形状是视知觉最基本的信息之一。我们依靠视觉可以感觉产品具体的形状，包括各种各样的面、各种各样的体。用户在操作过程中，几何形状不是使用者的观察目的。观察的目的在于形状的行动象征意义和使用含义。比如，杯子的形状使人马上想到盛水、喝水，以及怎么端杯子、怎么喝。

我们以坐具为例，坐具最基础的形状就是平面，这种平面可以是任何材料、任何形式结构提供的面。这些各种形式的面都可以给人们提供坐的这样一个功能。如果这些面变换成其他的形状，人们依据所给的形的具体形式来确定坐的方式。

### [案例 7—01] Coracle 小圆舟躺椅

"Coracle"意为"小圆舟"，是一种诞生在公元前威士地区的原始小船。这把椅子的编织技法就源自这种小船的制作工艺。此外椅腿和框架部分也用穿孔皮革包裹，整体带来独特触感和舒适外形（见图 7-1）。

图 7-1　Coracle 小圆舟躺椅

### 2. 结构知觉

结构是指各个部件怎样组合成为整体。当使用任何产品时，用户感到的并不是外观的几何结构，而是零部件的整体结构、部件之间的组装结构、功能结构、与操作有关的使用结构。产品的一般结构知觉与提供的操作有利条件如下。

缝隙——扭合方式和扭合位置。

面的连接——滑动方式。

圆柱轴的连接——旋转动作。

仿生物的连接——生物自然的动作模仿。

**[案例 7-02] "Marke"椅**

一排橡木条以强化后的软木连接成为能卷曲的座位，Market 就是一把看起来那么亲切却那么不可思议的椅子！为了让心爱的实木椅更适合收纳，设计师 Noé Duchaufour Lawrance 在一次巴黎市集闲逛的过程中得到启发，想出用串联的木条作为座位，使它能跟椅框分离存放，椅子便可以轻易叠起来。同时有赖于软木的柔韧性，使 Market 比一般实木椅多了一分舒适（见图 7-2）。

对于产品的外观结构来讲，产品外壳不仅要满足审美和使用要求，还要符合各种生产工艺。如果设计师只会从几何结构理解产品外观，那么设计时就可能忽略了用户的使用要求和工程师的制造要求，这样的东西无法加工。因此，设计师还应当从用户角度、制造工艺角度理和功能角度理解产品外观的结构，提供适合的外观结构。

**3. 表面知觉**

心理学家基布森在研究飞行员在空中的视知觉时，他发现飞行员的主要感知来自对陆地表面各种东西的表面机理。这种表面给有意图性的知觉提供了许多信息。在许多情况下主要知觉对象不是形状，所需要的信息主要并不取决于形状。有时候知觉并不需要三维的知觉经验，人们使用环境情景中所含的信息就足够了。这种观点后来也应用到了日常人们使用产品的许多心理过程中。也就是说用户在操作产品的知觉过程中感受到的信息不仅来自形状和色调，而且也来自表面，有时表面信息更重要。

图 7-2 "Marke"椅

有关表面知觉的主要观点有：各种表面的肌理（包含布局纹理和颜色纹理）与材料有关，是我们识别物体的重要线索之一。任何表面都具有一定的整合性，保持一定的形式，金属、塑料、木材的形状结构各不相同。在外力作用下，有弹性的表面呈现柔韧以维持连续性，刚硬表面可能被裂断。这些经验使我们不会用石头打计算机的玻璃平面，不会把塑料器皿放在火上烧。因此根据这种表面特性就能够发现很多与操作行动相关的信息。另外，在不同的光线下，不同表面给人不同的心理审美感受。

**[案例 7-03] Redesign & Rebirth 手工竹椅**

竹在中国历史中对经济发展和文化提升发挥了巨大的作用。浙江安吉县——中国竹子之乡，蕴含了大量的竹资源，对其的利用也涉及了当地人生活的许多方面。W&Q 设计工作室敏感地发现并试图探索来自中国传统的民间手工艺，用以评估传统和现代设计之间的关系，解

释了中国艺术作品中的可持续发展的关键途径，赋予其可循环的重生意义，这是传统工艺与
现代设计相结合的新征程（见图 7-3）。

图 7-3 Redesign & Rebirth 手工竹椅

### 4. 生态知觉

我们在观察任何东西时，都是从一个特定点位置进行观察。起作用的光线只有射入我们
眼睛的那些环境光线，这意味着每一个视觉位置所看到的东西都不完全一样。由于观察视角
的改变使得物体的相对位置也在不断变化，而物体的背景也常常发生改变。这就是说人的视
觉位置与视知觉感受到的东西密切相关。人的知觉感受受到观察角度和环境的影响，我们的
知觉是人与环境的统一。

在产品设计时，由于生态知觉的影响，设计要考虑产品所在的环境。

### [案例 7-04] 意大利家俱品牌 Varenna Poliform Minimal 系列厨房家具

凭借 70 多年家具制造经验，Poliform 以精湛工艺及奢华品味成为全球首屈一指的意大利
家具品牌。随着 Poliform 收购顶级厨房家具品牌 Varenna，在两大国际知名品牌合作下孕育出
Varenna Poliform，将现代生活所追求的设计师级私人定制厨房家具带到用户家中。

Varenna Poliform 系列厨房家具提供私人定制厨房方案，诠释现代生活中优雅品味及独特
风格。拥有优雅的外形及高度灵活的设计细节，Varenna Poliform 前卫创新的技术解决方案将
每个厨房打造成能够满足不同用户需求及喜好的空间。种类繁多的材料、不同的饰面颜色选
择，使这些高质量的厨房家具可以完全根据用户的个性要求而度身定制。

其中曾荣获最佳橱柜设计大奖的 Minimal 系列，融合现代美学及功能性，将把手融入于
门板的一体化设计，给人以非凡独特的视觉享受。橱柜组合结合了天然木质组合柜及橱柜、
白色 Corian（可丽耐）柜面、白色烤漆柜及浅灰色水泥工作台面。Minimal 系列结合木材、烤
漆及简洁的几何线条，构建无限组合风格，并能够展现富有强烈个性特色的独一无二厨房。

Varenna Poliform 是目前市场上唯一一个能提供家庭设计"整体感"的厨房家具品牌，能
够连贯用户的厨房、饭厅、客厅，以至书房及卧房，使厨房与整体设计相辅相成，打造出更

舒适美好的家居生活（见图7-4）。

图 7-4　Minimal 系列厨房家具

## 7.3　消费需要与设计

人既有生物的个体属性，又具有社会属性。人在社会中为了个人的生存和发展，必定需要一定的事物，如食物、衣服、交通工具等。这些必需的事物反映在个人的头脑中就成为需要。需要总是反映个体对内部环境或外部生活条件的某种需求，它通常以意向、愿望、动机、兴趣等形式表现出来。

### 7.3.1　概念

需要是个体由于缺乏某种生理或心理因素而产生内心紧张，从而形成与周围环境之间的某种不平衡状态。其实质是个体为延续和发展生命，并以一定方式适应环境所必需的客观事物的需求反映。人在社会上产生消费行为，消费行为的产生是需要经过一系列的中间过程而形成的最终结果。那是因为人是在有了某种需要以后，才为自己提出活动目的，考虑行为方法，去获得所需要的东西，从而得到某种程度上的满足。从这个意义上说，需要是个性积极活动的源泉，是人的思想和行为活动的基本动力。我们要研究消费者的行为，研究消费者对产品是否购买，就必须先研究人们的需要是什么，什么时候人们会由需要转化为活动，什么因素可以控制并来促进消费者行为的产生。

一般情况下，我们可以意识到自己的需要，但有时消费者并未感到生理或心理体验的缺乏，但仍有可能产生对某种商品的需要。例如，面对美味诱人的佳肴，人们可能产生食欲，尽管当时并不感到饥饿；而华贵高雅、款式新颖的服装，也经常引起一些女性消费者的购买冲动，即便她们已经拥有多套同类服装。这些能够引起消费者需要的外部刺激（或情境）称为消费诱因。消费诱因按其性质可以分为两类：凡是消费者趋向或接受某种刺激而获得满足的，称为正诱因；凡是消费者逃避某种刺激而获得满足的，称为负诱因。心理学研究表明，诱因对产生需要的刺激作用是有限度的，诱因的强度过大或过小都会导致个体的不满或不适，从而抑制需要的产生。需要产生的这一特性，使消费者需要的形成原因更加复杂化，同时也为人为地诱发消费需要提供了可能性，即通过提供特定诱因，刺激或促进消费者某种需要的产生。这也正是现代市场营销活动所倡导的引导消费创造消费的理论依据。消费需要作为消费者与所需消费对象之间的不均衡状态，其产生取决于消费者自身的主观状况和所处消费环境两方面因素。而不同消费者在年龄、性别、民族传统、宗教信仰、生活方式、文化水平、经济条件、个性特征和所处地域的社会环境等方面的主客观条件千差万别，由此形成多种多样的消费需要。每个消费者都按照自身的需要选择、购买和评价商品。就同一消费者而言，消费需要也是多元的。每个消费者不仅有生理的、物质方面的需要，还有心理的、精神方面的需要；不仅要满足衣、食、住、行方面的基本要求，而且也希望得到娱乐、审美、运动健身、文化修养、社会交往等高层次需要的满足。

倘若以生存资料、享受资料、发展资料来划分消费对象，那么在人类社会消费需要的发展历程中，就可以发现某些带有普遍性和规律性的趋势。在现代，生存资料的需要从以吃为主的"吃、穿、用"的顺序转变为以用为主的"用、穿、吃"的结构；享受和发展资料的需要，将从以物质性消费为主，转变为以服务性消费为主。

消费需要作为消费者个体与客观环境之间不平衡状态的反映，其形成、发展和变化直接受所处环境状况的影响和制约，客观环境包括社会环境和自然环境，它们处在变动、发展之中，所以，消费需要也会因环境的变化而发生改变。

### 7.3.2　对需要的设计

从心理学角度讲，需要是个性的一种状态，它表现出个性对具体生存条件的依赖性。需要是个性能动性的源泉。消费者将自我需求反映给大脑同时表现为某种欲望，并通过支付满足其需求和欲望的产品或服务同等价值的货币来实现。从原始社会末期随着社会生产力的发展出现了偶然的交换发展到成熟的市场经济阶段，"需求—满足需求"贯穿始终，也是其本质所在。消费者需求的不断升级激起并促进经济的发展，同时市场产品不断地更新换代也同样引发消费者对产品或服务的占有欲，这种占有欲则是形成消费者需求的动力和基本条件之一。

产品设计的出发点是满足人的需要，即问题在先，解决问题在后。人类要生存就必要会遇到各种各样的问题，就有许多需求，产品设计就是为满足某种需要所产生的。因此，人的需求问题是设计动机的主要成分（见图 7-5）。

以产品设计领域为例，如果从需要的产品的对象属性来区分，则分为以下需要。

#### 1．对产品使用功能的需要

产品都有其使用功能，使用功能也是一类产品区别与另一类产品的基本属性。在日常生活中，人们选购产品，最基本的出发点就是消费产品的使用功能。比如，天气太热，就需要降温，而能使温度下降的产品可以是空调或风扇，这时候去购买这些产品，就是以产品的功能的需要为出发点的。当然在选择产品时，要兼顾产品的美观性、安全性、质量、规格、使用方便等。出于某种产品功能的需要，人们确定选择某类产品后，在市场上面临的是许多品牌的产品。在选购这些产品时，一般情况下，功能比较多的产品会吸引消费者的注意。这就使得产品生产厂家及设计师都很注重对产品新功能的开发。比如，最早的电视机在操作时是直接控制面板的，后来设计师增设了遥控的功能。最早的手机只有打电话功能，而后来加发短信功能、听歌功能，而现在的 3G 手机上网发邮件也不成问题了。从满足消费者的使用功能出发，依据新的技术发展，开发出产品越来越多的新功能，是产品更新的一个重要途径。

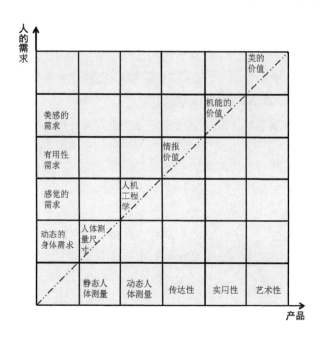

图 7-5　产品与人的需求之间的关系

[案例 7-05] 西门子助听器逸动 Motion

　　130 多年来，西门子一直引领着助听器的技术领域。西门子拥有多项专利用于改进助听器性能，设计舒适的听力解决方案。

　　没有烦恼的聆听体验是西门子逸动 Motion 诞生的使命，它为中度至重度弱听人士所设计，提供各种外壳形式及性能等级，以满足佩戴者不同的需求。逸动 Motion 是全自动化的，所以即使您身处复杂的聆听环境，也不需手动转换程序或调整音量，而且逸动所有的耳背式助听器都是可充电式的，所以使用者也无需担心更换电池的问题。逸动 Motion 配备的所有需要与世界联系的先进科技使用户一戴上就几乎忘

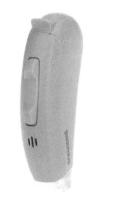

图 7-6　西门子逸动新一代耳背式助听器

了它的存在，可以将注意力放在其他更重要的事上（见图 7-6）。

西门子逸动新一代耳背式助听器是一个舒适的助听器，它采用了小巧的人体工学设计，可以舒适地佩戴在耳背后，而且牢固耐用无需特意维护。还采用了西门子最新一代的听力技术，可以自动地追踪您所想要听到的声音，为用户提供轻松并持久的听力解决方案。

### 2. 对产品审美的需要

对美的追求是人的天性，从古到今，人们对美的追求的步伐从未停止过。消费者对产品的审美需求随着社会的发展也越来越高。当今市场的产品也早已不像从前，仅仅实用就好了。产品对美的追求已由最初的大方实用到新颖别致再到个性有趣，产品设计也由最初的功能设计到美观设计到情感设计。

人们对产品审美因素的认可，与个体的价值观念、生活背景、文化程度、职业特点、个性心理等有关。俗话说"萝卜白菜，各有所爱"，人们的审美观念也各不相同。但同一阶层，同一生活环境下的群体审美观念通常有很大的相似性，并相对稳定。在消费需求中，人们对消费对象审美的要求主要表现在产品的工艺设计、造型、式样、色彩、风格等方面。比如，白领阶层对家用电器的审美需求可能就是造型简洁时尚、色彩淡雅。

[案例 7-06]　三星 S6000

随着人们生活品质的逐渐提高，大型家电作为居家环境中重要的组成部分，也由单纯的功能性单品逐渐开始兼顾装饰性。尤其是与美食休戚相关的冰箱市场，"时尚设计"、"高端智能化"、"健康化"已逐渐成为高端消费需求的关键词。S6000 对开门冰箱深得三星设计理念精华——Make it Meaningful。它是以时尚生活与和谐家居为主题，专为高端人群健康生活量身打造，更加简单、直观，充分体现了"少即是多"这一理念，它的每一个圆角、每一个把手的弧度都经过精心设计，给用户更多的欣赏空间和想象空间，不会一开始就被"繁复"或"简约"等名词定义。同时，它的机身采用目前最尖端的制作工艺，在耐久性和美观度上取得双赢，创造更多附加价值（见图 7-7）。

图 7-7　三星 S6000

### 3. 对产品时代性的需要

产品处于一定的历史时期也会体现其所在时代的特性，是所处年代的消费观念、消费水平、消费方式及消费结构的总和。人们追求消费的时代性就是不断感受到社会环境的变化，从而调整其消费观念和行为，以适应时代变化的过程。在产品上表现时代性，就是表现时代的主流设计发展趋势，也就是时尚的趋势。时尚在每一个不同的时代都由其特定的元素来表现。设计师要满足消费者对时代感的需求，就要能够敏锐观察到时代的变化，并能用一定的符号元素或设计元素表述出来。

[案例 7-07] Paralo PLAY

虚拟现实技术是计算机网络发展的又一重要产物，它不像命令界面的单一、不是图形用户界面的二维平面、更打破了多媒体界面的瓶颈。它创造了一个动态的、可交互的、三维的虚拟环境。然而，这项技术也仅仅在虚拟技术爱好者中比较流行。当 Paralo PLAY 在纽约的联合广场上做测试的时候，研究人员惊讶地发现只有 5% 的测试者知道虚拟现实是什么。传统的设备要么很笨重，要么就是价格之高把人吓跑。就连谷歌的 Cardboard 这样有突破的产品都被人们误解为只是供那些科技爱好者们使用，而 Paralo PLAY 正是想要改变这一切，它是真正意义上的可以负担得起的虚拟现实设备。它操作起来简单、有趣，用户可以任意浏览手机上的应用。一体化设计更是不必动手去装配。它采用了防水、抗摔的硅胶材料制成，运用了穿戴舒适的人体工程学设计，甚至是小孩子都不会有任何的不适感（见图 7-8）。

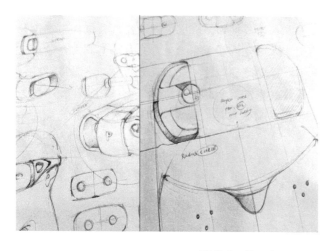

图 7-8　Paralo PLAY

### 4. 对产品社会象征性的需要

产品的象征性是指产品具有社会的属性，也就是人们赋予产品一定的社会意义，使得购买、拥有某种产品的消费者得到心理上的满足。在人的基本需要得到满足以后，大多数人都有提高自己社会威望和社会身份的需求。这就使得他们去选择一些能够代表他们身份和地位的一些产品，比如名牌手表、豪华汽车等。对于能满足人们社会象征性需要的产品来说，实用性要求并不被消费者重视，而是这件产品是否具有一定的身份地位或经济地位的某种象征。所以说，产品的本身是不具有社会属性的，是社会化了的人赋予了其特定的含义。设计者针对这一类消费者，设计要突出产品高端性、尊贵性来满足其需求。

**[案例 7-08] 西铁城 Proximity 蓝牙手表**

当今的钟表行业，流行一股科技风，当苹果的风潮涌动全球的时候，传统的钟表业也不免要跟苹果扯上点关联，当传统钟表跟苹果元素结合，将会迸发出怎样的火花呢？传统手表制造商西铁城（Citizen）推出一款名为 Proximity 光动能腕表，单纯从光动能本身，就可以看出这款产品蕴含的科技元素，将光能转换为电能来维持手表转动，无须更换电池，这样的方式没有使用到水银、镉等有害金属，安全环保无污染。

大多数具有蓝牙功能的手表并不适合商务人士佩戴，因为它们在外形上更偏向于运动风格。西铁城 Proximity 光动能腕表在外观上突破蓝牙腕表普遍采用的运动化设计风格，将商务腕表设计元素引入其中，将科技和时尚完美结合（见图 7-9）。

表壳采用了不锈钢，时刻闪耀迷人魅力；表带为黑色辅以蓝色亮线，其中表针、字粒、内影刻度、功能、模式刻度、柄头装饰垫、表带锋线和表带衬底均为蓝色，展现出男人深沉而又充满活力的内心世界；指针和刻度蓝白相间，为整块腕表注入了明快、灵动的气息。

西铁城 Proximity 蓝牙手表，可通过蓝牙 4.0 与 iPhone 4S（或新一代 iPhone）实现对接的西铁城"环保"手表。通过蓝牙与 iPhone 4S 或 iPhone 5 连接后，该款腕表可以实现震动提醒、手机搜索及同步时间等功能，为智能化生活带来了更多科技体验和乐趣（见图 7-10）。

图 7-9　Proximity 蓝牙腕表

图 7-10　Proximity 可通过蓝牙 4.0 与 iPhone 4S 或 iPhone 5 连接

### 5. 对产品情感功能的需要

人们对产品情感功能的需求，是指消费者要求产品蕴涵深厚的感情色彩，能够外现个人的情绪状态，成为人际交往中感情沟通的媒介，并通过购买和使用产品获得情感上的补偿、寄托。消费者作为有着丰富情感体验的个体，在从事消费活动的同时，会将喜、怒、哀、乐等情绪反映到消费对象上，即要求所购买的产品与自身的情绪体验互相吻合、互相相应，以求得情感的平衡。如在欢乐愉悦的心境下，往往喜爱明快热烈的产品色彩。另外，设计师在设计产品时，往往设计一些能让人产生愉悦情感或有情趣的产品，这些产品也满足了消费者对产品功能的需求。

### [案例 7-09] Svedka 酒瓶设计

伏特加（VODKA）产自瑞典南部的一个小镇。那里特产的冬小麦赋予了伏特加（VODKA）优质细滑的谷物特征。Svedka 伏特加取自于老瑞典旧世纪伏特加酒的传统制造方式结合新时代蒸馏技术，缜密蒸馏优质的瑞典麦，经过五重新式过滤器长达 40 个小时，结合瑞典极致春泉而成，创造出专属极致光滑、干净清新的绝妙口感，为目前市场上唯一获得大奖殊荣的平价伏特加。

包装对于建立品牌形象一直起着至关重要的作用，这点对于伏特加行业同样适用。设计师使用动态绚丽的色彩重新建立 Svedka 整个产品系列的色彩视觉设计效果。用超饱和的色彩冲击力塑造强烈的空间色彩对比视觉效果，大胆体现了 Svedka 品牌的超越性创新态度。

色彩的选择根据瓶装饮料或酒的口味，总共有椰奶白、樱桃红、橘子橙、柠檬黄、树莓玫红、香草浅咖 6 种色彩，选择这几种色调是基于酒瓶里酒的口味（见图 7-11）。

比如，椰子味的伏特加中混入了柔软滑腻的印度尼西亚椰子、酸酸甜甜的菠萝和一丝芒果，因此对应瓶子的色彩选用的是椰奶白为主色调加上淡黄色，明度和纯度都没有纯白高，却更加柔和（图 7-12）。

图 7-11　SVEDKA Colada 靓丽醒目的瓶装设计　　　　图 7-12　椰奶白

与之前的酒瓶相比，新设计的酒瓶包括这样两个细节上的变动：瓶盖下的玻璃瓶颈及略显倒锥形的瓶身。另外，和整瓶色调搭配的各色印刷字体和金属制的金色封口是其包装的主打特色。而品牌名称"Svedka"也被鲜艳的背景颜色衬托地更加显眼。其他有关酒的相关信息，文字采用白色色调，在背景色的衬托下，字虽小，阅读起来却毫不费力。整体包装有重点又不乏细节。

### 6. 对产品个性化的需要

追求个性，彰显自己的与众不同，这是当今年轻人普遍的观念。这就使得对产品个性化的要求越来越高了。个性化的需求就是消费者要求产品的创意、不古板、风格多样、有时尚感、有幽默感等，能够满足消费者作为个体不同于其他个体的特征。一般创新性的产品都能满足这类青年人的需求。

**[案例 7-10] OZAKI iCoat Slim-Y+ IC502　iPad 创意保护套**

OZAKI=绿野仙踪（动画片）+阿基拉（动画片）

　　　　=东方的精神 + 西方的世界

OZAKI=Oz + AKIRA

OZAKI=代表着"阿基拉"在"绿野仙踪"的世界

在 20 世纪 80 年代末，Mr.Freeman 前往日本为了他人生的未来寻找灵感。当他抵达东京，发现这个东方最先进的城市却充满了西方的技术与人群，面对未来诡谲多变的世纪末，他认为要想在新时代成为一个活得快乐的人就得像阿基拉，活在"绿野仙踪"的世界里"敢去做"，也因此他大胆地为日后的品牌命名为"OZAKI"（见图 7-13）。

**图 7-13　品牌 Logo**

一些人想法与众不同，但行为一成不变，另一些人外表与众不同，但是想法却一成不变。OZAKI 敢于真正的与众不同，他们不怕别人怎么看，不怕向旧传统的质问，他们不怕标新立异，随性的，创新的，好玩的，向规则挑战，向愿望挑战，向平凡挑战。这就是为什么他们建议人们换一种方式玩 Apple，将你的工具变成你的玩具，毕竟生命太短，让每一段生活都充满乐趣。OZAKI 品牌代表着自由表达多样化的你，不仅可以有最狂野的想法，而且敢于去实现——成为任何你期望成为的样子。

苹果拥有数以百万计的追随者。你买苹果，它给你的不仅仅是产品，更是向你提供了一种不同的生活方式。你买苹果，就是因为它和路易威登和香奈儿一样价格居高不下。苹果的专卖店就像是一个庙宇，卖的是一种信仰。OZAKI（大头牌）是苹果第三方配件授权品牌，行销 Apple 旗下 iPad、iPhone、iPod 系列配件，行销全球 60 多个国家，"敢自由，敢不同，敢享乐"的品牌理念，为用户提供创新的、好玩的苹果配件，令 Apple 配件变成了好玩的玩具，让生活充满乐趣。

OZAKI 为喜欢追求个性艺术感的文艺小清新们提供了黑色电路图、蓝色线条、蓝色图纹、粉色花纹、粉色波点、绿色机械、灰色图纹 7 个颜色款式（见图 7-14）。

Slim-Y+ IC502 给人一种潮流的设计感受。鲜艳的颜色加上夸张的 LOGO 人头足够具备视觉冲击力的包装。

图 7-14　7 个颜色款式

产品的外观设计也是独具特色，凸起的立体花纹图案让保护套充满艺术感。里外的颜色深浅的变化，造成一种视觉上的层次感（见图 7-15）。

图 7-15　凸起的立体花纹图案

前盖部分采用柔软材质，能正面保护 iPad 屏幕免受划伤。软硬结合的后盖部分能保护机身免受划痕和磨损，并且在 iPad 受到外力冲击时，提供减震抗摔保护（见图 7-16）。

这款 OZAKI Slim-Y+ IC502 的最大特别之处在于申请专利的 Y 型设计，手指沿着前盖的 Y 形一按，一秒钟让保护套变支架，同时支持横向、竖向两种支撑角度。支架相当之稳固，无论是点击玩游戏还是触控操作时都非常稳当（见图 7-17）。

图 7-16　前后盖人性化的材质设计

图 7-17　Y 型支架设计

## 7.4　情感化设计

### 7.4.1　什么是情感化设计

"情感化设计（Emotional Design）"一词由 Donald Norman 在其同名著作当中提出。而在《Designing for Emotion》一书中，作者 Aarron Walter 将情感化设计与马斯洛的人类需求层次

图 7-18　什么是情感化设计

理论联系了起来。正如人类的生理、安全、爱与归属、自尊和自我实现这五个层次的需求，产品特质也可以被划分为功能性、可依赖性、可用性和愉悦性这四个从低到高的层面，而情感化设计则处于其中最上层的"愉悦性"层面当中。一个有效的情感化设计策略通常包括以下两个方面。

（1）创造出独特并且优秀的风格理念，令用户产生了积极响应。

（2）持续地使用该理念打造出一整套具有人格层面的设计方案（见图 7-18）。

在《情感化设计》一书中从知觉心理学的角度揭示了人的本性的三个特征层次："即本能的、行为的、反思的"，提出了情感和情绪对于日常生活决策的重要性。三种水平的设计与产品特点的对应关系如下（见图 7-19）。

本能水平的设计——外形；

行为水平的设计——使用的乐趣和效率；

反思水平的设计——自我形象、个人满意、记忆。

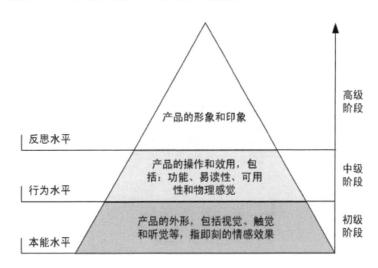

图 7-19　人的本性的三个特征层次设计与产品特点的对应关系

（1）**本能设计**。人是视觉动物，对外形的观察和理解是出自本能的。视觉设计越是符合本能水平的思维，就越可能让人接受并且喜欢。

（2）**行为设计**。行为水平的设计可能是我们关注最多的，特别对功能性的产品来说，讲究效用重要的是性能。使用产品是一连串的操作，美观界面带来的良好第一印象能否延续，关键就要看两点：是否能有效地完成任务，是否是一种有乐趣的操作体验，这是行为水平设计需要解决的问题。优秀行为水平设计有 4 个方面：功能，易懂性，可用性和物理感觉。

（3）**反思设计**。反思水平的设计与物品的意义有关，受到环境、文化、身份、认同等的影响，会比较复杂，变化也较快。这一层次，事实上与顾客长期感受有关，需要建立品牌或者产品长期的价值。

本能的设计关注的是视觉，视觉带给人第一层面的直观感受，相当于视觉设计师完成的工作；行为的设计关注的是操作，通过操作流程体验带给用户感受，相当于交互设计师完成的工作；反思的设计关注的是情感，相当于用户体验的提升，情感设计无处不在，也是这里要探讨的是如何对产品进行情感化设计。

情感是感性化的东西，如何设计？通过刚才的"认知理论"和例子我们知道，虽然不能直接设计用户情感，但是可以通过设计用户行为、特定场景下的行为，来最终达到设计用户情感的目的。当我们在做产品设计的时候，相信大家都是希望让特定的用户群或者更多的人接受、使用并喜爱我们的设计。那么就需要满足人本能的、行为的、反思的三个层面的心理需求。情感化设计体现在：功能设计、界面设计、交互设计、运营设计等各个环节。

## 7.4.2　情感化设计案例

情感化设计大致由以下这些关键性的要素所组成，我们可以从这些关键点出发，在产品中融入更多的正面情感元素。诚然，用户最终会产生的反应还将取决于他们各自的生活背景、知识技能等方面的因素，但是我们所抽象出的这些组成要素是具有普遍适用性的（见图 7-20）。

> **惊喜**：提供一些用户想不到的东西
>
> **独特性**：与其他的同类产品形成差异性
>
> **注意力**：提供鼓励、引导与帮助
>
> **吸引力**：在某些方面有吸引力的人总是受欢迎的，产品也一样
>
> **建立预期**：向用户透露一些接下来将要发生的事情
>
> **专享**：向某个群体的用户提供一些额外的东西
>
> **响应性**：对用户的行为进行积极的响应

**图 7-20　情感化设计的关键性要素**

基于满足人本能的、行为的、反思的三个层面的心理需求，可以从以下三个方面进行情感化设计。

（1）**产品形态的情感化**。形态一般是指形象、形式和形状，可以理解为产品外观的表情因素。在这里，更倾向于理解为产品的内在特质和视觉感官的结合。随着科技的发展，产品

的功能不仅只是指使用功能，还包含了其审美功能、文化功能等。设计师利用产品的特有形态来表达产品的不同美学特征及价值取向，让使用者从内心情感上与产品产生共鸣。让形态打动消费者的情感需求。漂亮的外形、精美的界面由此提升产品的外在魅力，并最快传递视觉方面的各种信息。视觉的传达要符合产品的特性、功能与使用环境，使用心理等。

（2）**产品操作的情感化**。巧妙的使用方式会给人留下深刻的印象，在情感上会越发喜欢这种构思巧妙的产品。这种巧妙的使用方式会给人们的生活带来愉悦感，从而排解了人们来自不同方面的压力，所以受到用户的青睐。

（3）**产品特质的情感化**。真正的设计是要打动人的，它要能传递感情、勾起回忆、给人惊喜的。产品是生活的情感与记忆。只有在产品/服务和用户之间建立起情感的纽带，通过互动影响了自我形象、满意度、记忆等，才能形成对品牌的认知，培养对品牌的忠诚度，品牌成了情感的代表或者载体。

### 1. 产品色彩的情感化设计

心理学家认为，人的第一感觉就是视觉，而对视觉影响最大的则是色彩。接下来我们以色彩的设计应用为例，了解情感化设计的组成要素是怎样以不同的表现形式被运用到产品、包装、广告等产品形态当中的。

著名的色彩学家约翰·伊顿先生曾说过："色彩就是生命，因为一个没有色彩的世界在我们看来就像死的一般——通过色彩向我们展示了世界的精神和活生生的灵魂。"人类生活在一个斑斓多彩的世界，在五彩缤纷的美妙的自然界中，色彩起到了巨大的作用。人类进入文明时代后，在对色彩进行了充分研究的基础上，认识到色彩对人们的心理和生理产生巨大影响。色彩是一种语言，一种全世界的视觉通用语言，色彩通过视觉传达包括文化、种族、地位、特征、意识、情感、秉性等各种有形无形的信息。

在如今科学不断进步、商业高速发展的时代，越来越多的产品都呈现出大众化的现象，消费市场也正逐步迈向成熟期。好的色彩设计可以创造独特的产品形象，满足现在消费者"个性化、差异化、多样化"的需求。产品色彩传达的不仅仅是一种视觉上的美感，并且其中还承载着消费者生理和心理的需求，以及需要传达的一种文化意义。色彩正在成为一种消费时尚走进百姓的生活。色彩的重要性和科学性也日益受到重视，在发达国家色彩咨询已风行十多年，作为一个"色彩工程"，色彩咨询早已不仅仅局限于个人服饰，还运用于产品的色彩设计甚至城市的色彩形象设计等范畴，使得色彩也成了商品附加值的一部分。

在产品设计中，色彩的视觉表现力主要有以下几种方式。

（1）利用色彩表达出产品的功能性，使色彩适应产品功能的要求，反映出产品的功能。

（2）利用色彩形成辅助形态的一些产品，由于受结构、材质、成本等方面的限制，在形态、体量的感觉上往往不尽人意，这时可利用色彩对人的心理的影响进行弥补。

（3）给人留下鲜明印象的配色。充分利用色彩对人的视觉和心理上的巨大影响，采用独特、强烈的色彩配置，使产品从环境中脱颖而出，吸引消费者注意，这种配色方法适合于流行性产品。

（4）利用色彩使材质、构造、形态更好地调和，使产品的材质、构造不过于复杂。

（5）使人产生联想的配色。利用配色可使人对产品的品质、属性等产生联想。

（6）和其他产品、环境空间、自然环境相协调的配色是人在生活空间用色的最高准则。

（7）去掉不必要的装饰细节，表达出具有时代感的配色。

[案例 7-11] iPod nano 7

乔纳森·伊夫作为苹果工业设计的高级副总裁，是苹果产品背后的驱动力。他指出好的设计是由三个要素组成。第一要素是用途。产品用来做什么？它是否如预期般发挥效用？第二个要素是外观。产品外观决定它给人的感受，必须拥有它的原因及它的价格。第三个也是最重要的要素，则是它的诉求。产品的特色是什么？您对它的感觉如何？您可以试想一下关车门的声音和感觉，有些车子就是会让人感到比较放心和可靠，但这一点不一定与车辆的基本工程结构有关。苹果的目标很简单——设计并制造出更好的产品。

一款产品的设计，可以说是决定普通消费者是否购买的第一感官，产品外观向外界传达信息也是非常重要的，这款全新 iPod nano7 受众定位在以青春、活力、热血为主打的特定消费群体，在 iPod 的发展过程中外型尺寸在做着不断地调整，唯一不变的是年轻的色彩，这也是 iPod 产品的独特标志。苹果 iPod nano 7 的机身背面采用简洁时尚的设计，材质为铝合金，包裹到机身侧面的边框，圆润的曲线十分精致。另外，苹果 iPod nano 7 的个性基本上也都是从背面来体现，机身色调偏粉嫩一些，包括炭黑、银、紫、粉红、金黄、草绿、粉蓝及（PRODUCT）RED 特别版的大红色。八种机身色彩可供选择，令色彩控们大呼过瘾。

银色属于明度高的淡色调，优雅、明朗、干净；炭黑属于明度最低的暗灰色调，厚重、有力度；粉红色属于明度和纯度比较高的明亮色调，优雅、甜蜜；紫色是由温暖的红色和冷静的蓝色化合而成，跨越了暖色和冷色，是极佳的刺激色；粉紫色是女性色，代表优雅、高贵、魅力、神秘；蓝色是最冷的色调，加入粉色，则柔和和许多，粉蓝表示秀丽清新、宁静、豁达、沉稳；大红属于明度中等的强烈色调，活力、积极、个性、张扬；草绿属于明度稍高的轻柔色调，淡雅有生机，突出自然的气息，特别符合夏日里的自然和清爽需要（见图 7-21）。

iPod nano7 延续了 iPod 家族中最为多变且无规律可循的特点，年轻的色彩搭配上复古的外观，新一代 iPod nano 再次见证了苹果超前的产品设计理念，颠覆了设计理念，以超乎想象的姿态与全世界人们见面。

产品外观也回归到最原始的设计，再一次变得又高又细。它使用了两大苹果 iPod 复古元素。第一，前表面大面积的白色塑料，与最经典的，尤其是 2003 年前那种"苹果白"质感更为接近的塑料表面。第二，系统图标使用了圆形设计，与现在圆角方块图标不同，这也是苹果最早期产品中的设计。

图 7-21　iPod nano7

### [案例 7-12] 手语解读器设计

当我们轻松地相互交谈的时候，你有没有想过那些聋哑人呢？对于他们来说，手语是他们的第一语言，他们之间只能通过手语进行交谈。但是如果一个聋哑人和一个没有学过手语的正常人交谈，那该怎么办呢？这个专门为残疾人设计的手语解读器便可解决这个问题。这个手语解读器外观是一对手环，当残疾人带着它打手语的时候，它可以通过定位残疾人手指甲的位置，从而快速地翻译出手语，并用文字和声音两种形式解读出来，即使不会手语的人也能够看懂（见图 7-22）。

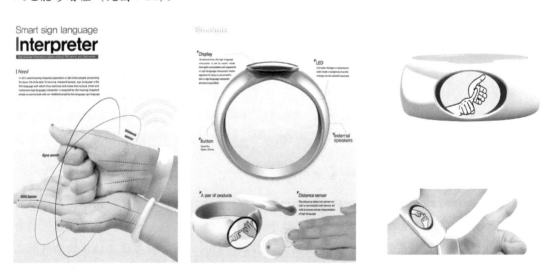

图 7-22　手语解读器

[案例 7-13] 阿迪达斯世界首双针织足球鞋

　　阿迪达斯推出了世界首双针织足球鞋，名为"Samba Primeknit"，这款轻量级足球鞋拥有全针织鞋面，能够为运动员提供良好的贴合性、舒适性与灵活性，而缝入其中的针线框架则保证了球鞋的稳定与强度，涂抹的防水层让其在雨天完好无损（见图 7-23）。

图 7-23　阿迪达斯推出的世界首双针织足球鞋

### 2. 包装的情感化设计

　　色彩、图案、文字是包装设计的基本三要素。我们平时所见到的包装设计，虽然是由插图、文字、色彩等要素组成，但是通常人们在观看产品包装的瞬间，最先感受到的是色彩效果。商品包装的色彩及广告采用的色彩都会直接影响消费者的情感，进而影响他们的消费行为。可口可乐公司曾做过实验：在电影放映过程中以每 35 秒频闪一次它特有的红白相间品牌，购买这种饮料的观众就增加了 60%。包装的形式处理应当与同类产品设计作出明显的区别。作为产品的推销手段，必须注意设计的竞争性而求新求变。人们的审美口味往往随着时间的变迁而有所变化，时尚色彩引领社会消费文化潮流，很多消费者为追求潮流选择商品，包装设计者在进行设计时应把握时尚色彩潮流，采用当前流行色系并应用于设计中，吸引消费者的眼球。色彩是影响视觉最活跃的因素，图案和文字都有赖于色彩来表现，因此色彩是影响包装设计成功与否的重要因素。

[案例 7-14] 当包装上的 LOGO 被热量值代替

　　许多垃圾食物因为含有高糖分和油炸外皮，受到大家喜爱，然而垃圾食物同样也含有高热量，对人体有害。最近就有外国媒体将垃圾食物含有的热量与包装结合，希望唤醒人们的警觉。Calorie Brands 最近为一系列高热量食物设计出了新的包装，虽然这些垃圾食物的新包装同样具有美感，然而原本包装上的 LOGO 却被食物所含有的热量取代了。像是很多人喜欢的士力架（SNICKERS）巧克力包装上的 LOGO 字样变成了 250 大卡，而麦当劳薯条上的 M 型字样也被换成了 515 大卡。在国内外皆受到欢迎的能多益（NUTELLA）巧克力酱一罐（750 公克）的热量更是高达 4520 大卡，就连绝对伏特加（Absolut Vodka）一瓶热量也有 1625 大卡（见图 7-24）。

图 7-24　将垃圾食物的热量取代 LOGO 的包装设计

这一系列将垃圾食物的热量取代 LOGO 的包装设计引来国外网友的讨论，有网友认为这样的设计很棒，可以让人减少吃高热量食物。但也有网友表示，如果他喜欢吃这些食物，不管热量多高都还是会吃。

**[案例 7-15] 带有鲜明怀旧色彩的 Hello 物料创作**

一系列利用激光切割印刷技术设计制作的铅笔、尺子和邮票等物料系列，包装由设计师团队共同创作完成。在中国香港，人们生活工作节奏速度很快，没有文化以及历史的记忆，有意义的历史以及在人们快节奏的生活当中被逐渐的遗忘。因此设计师团队极其想通过富有创造性创新性的文具物料设计项目恢复人们对过往生后时代的怀念以及纪念，再次以鲜活的理念展现给公众（见图 7-25）。

图 7-25　带有鲜明怀旧色彩的 Hello 物料创作

### 3. 广告的情感化设计

世界万物都与色彩有着紧密的联系，色彩有着千变万化的表现形式，并能在任何领域中运用自如，色彩是广告表现的一个重要元素，在广告设计中的运用大大地影响了广告的宣传效果。

我们生活的世界是色彩斑斓的，色彩能影响人的视觉神经，从而产生色彩的审美。不同的人有着不同的经历，也就有了对色彩的不同喜好。一幅广告包含色彩、文字和图形等多种元素，其中色彩能将广告的形象立体化，凸显广告的质感，并将画面的主体情感表达出来，而且绚丽多彩的画面，能通过刺激观者的视觉神经，产生积极的宣传效果，作为版面中的装饰性元素，色彩使人对广告产生浓厚的兴趣，并提高人的注意力，以达到强化广告宣传效果的目的。

**[案例 7-16]　百事×emoji 广告**

关于 emoji 的热潮真是高涨不下，最近有星巴克推出了官方版"Starbucks emoji"，杜蕾斯为世界艾滋病日推出安全套图案的 emoji，现在百事可乐也在 emoji 上再花心思，推出了一系列 5 秒的广告。

平时我们看的广告都在 30 秒或 1 分钟，5 秒能看什么？但是百事让这 5 秒也发生了故事，不同的 emoji 表情图案被百事放到了各个不同的场景中：跳伞、日光浴、音乐现场、棒球比赛……生动的拟人化像镜子一样让我们看到了平日的自己，简单而有趣。

谁都不喜欢被广告打断，5 秒的广告应该能很好地应对这点。为了吸引消费者，百事将推出 100 多支这样的 emoji 广告，并让它们更贴近大家的生活。比如 2016 年 8 月～9 月的美国公开赛期间，就播放关于网球的 emoji 主题；你在谷歌搜索防晒霜时，可能会看到在日光浴的

emoji 表情变成龙虾这样的广告（见图 7-26）。

图 7-26　百事×emoji 广告

### 7.4.3　体验设计

体现一词的字义源于拉丁文 "Exprientia"，意指探查、试验。按照亚里士多德的解释，体验是感觉记忆，是由许多次同样的记忆在一起形成的经验，即为体验。在《现代汉语词典》中，体验的意思是 "通过实践认识周围的事物，亲身经历"。在《牛津英语字典》（The New Shorter Oxford English Dictionary）中，体验的定义是：从做、看或者感觉事情的过程中获得的知识或者技能；某事发生在你身上，并影响你的感觉；假若你经历某事，它会发生在你身上或者你会感觉到它。

在心理学领域，体验被定义为一种情绪；在商业领域，体验是一种经济手段。在产品设计领域，Houde 和 Hill 认为体验是对产品的 "看与感受"，是一种具体的对使用的 "人造物"的感官体验，如用户在使用产品时的视觉、触觉和听觉等。Schmitt 认为，体验是个体对某些刺激回应的个别事件，包含整体的生活本质，通常是由事件的直接观察或者参与造成的，不论事件是真实的、梦幻的，还是虚拟的。体验如同触动人们心灵的活动，经由消费者亲身经历接触后获得的感受。随着消费者特性的不同，体验也有所差异，即使是消费者特性极为相似的个体，也很难产生完全相同的体验。

总体而言，体验是人们在特定的时间、地点和环境条件下的一种情绪或者情感上的感受。它具有以下几个特征。

（1）**情境性**。体验与特定的情境密切相关。在不同的情境条件下，体验是不同的；即使是同一件事情，但是在不同的时间和环境下发生，给人的体验也是不一样的。

（2）**差异性**。体验因人而异。不同的人对于相同事件的体验可能完全不同。

（3）**持续性**。在与环境连续的互动过程中，体验得以保存、累计和发展。最后，当预期目的达到时，整个体验不是结束，而是令人有实现的感觉。

（4）**独特性**。体验有自身独特的性质，这个体验遍布整个过程而与其他经验不同。

（5）**创新性**。体验除了来自于消费者自发性的感受以外，更需要通过多元化的、创新的方法来诱发消费者的体验。

随着科学技术和社会经济形态的发展，人类迈入了"体验经济时代"。随着生活水平的提高，在消费物质产品的基础上，消费者更加关注的是一种感觉，一种情绪上、智力上，甚至精神上的个性体验。

随着现代科技的发展、知识社会的到来、创新形态的嬗变，设计也正由专业设计师的工作向更广泛的用户参与演变，以用户为中心的、用户参与的创新设计日益受到关注，用户参与的创新模式正在逐步显现。用户需求、用户参与、以用户为中心被认为是新条件下设计创新的重要特征，用户成为创新的关键词，用户体验也被认为是知识社会环境下创新模式的核心。设计不再是专业设计师的专利，以用户参与、以用户为中心也成了设计的关键词。

用户体验设计（User Experience Design，UED）是一项包含了产品设计、服务、活动与环境等多个因素的综合性设计，每一项因素都是基于个人或群体需要、愿望、信念、知识、技能、经验和看法的考量。在这个过程中，用户不再是被动地等待设计，而是直接参与并影响设计，以保证设计真正符合用户的需要，其特征在于参与设计的互动性和以用户体验为中心，以提供良好的感觉为目的。

苹果公司一直以来都是公认的用户体验设计领域的领跑者，无论是其软件开发，还是硬件设计，都十分关注用户体验，体现以人为本的设计思想。用户体验设计在其他 IT 及家电产品企业，如 IBM、Nokia、Microsoft、Motorola、HP、eBay、Philips、Siemens 等都有十几年甚至更长时间的实际运用历史，相应地建立了几十人到几百人规模的部门。随着信息技术日益深入地融入到人类社会和面向大众，用户体验设计在自身的不断发展和完善过程中在工业界越来越得到了广泛的应用。在国内，阿里巴巴、华为、联想、网易、腾讯、海尔、新浪和中兴等企业和一些银行系统也纷纷成立了用户体验设计部门，通过对市场以及用户的研究与分析，使得开发设计的产品能够更好地满足用户的体验需求。中国科学院、清华大学、北京大学、浙江大学、大连海事大学、浙江理工大学等纷纷建立了相关的实验室，研究人机交互、可用性以及用户体验设计。

### 7.4.4　交互设计

随着网络和新技术的发展，各种新产品和交互方式越来越多，人们也越来越重视对交互的体验。

移动互联时代的到来，智能手机的流行已成为手机市场的一大趋势。与传统功能手机相比，智能手机以其便携、智能等特点，使其在娱乐、商务、时讯及服务等应用功能上能更好地满足消费者对移动互联的体验。在诸多的应用当中，移动社交因与传统的 PC（个人计算机）

端社交相比，具有更加逼真的人机交互、实时场景等特点，能够让用户随时随地创造并分享内容，让网络最大限度地服务于个人的现实生活的优势而成为移动交互的重要一部分。

随着物联网、云计算等密切相关领域技术的飞速发展，在应用交互方面，智能手机发展与可穿戴设备相连接，你可以足不出户用手机买更多东西，智能手机可以知道你的健康程度、在家里控制更多的设备、应用会知道你的位置，以及你买过什么东西……在安全交互方面，依靠人脸识别和摄像头拍照进行解锁或者进行身份验证，已经不算是罕见的创新技术。苹果公司日前获得了一个新专利，弥补了自身在人脸识别技术上的空白。用户可以利用手机摄像头进行自拍，手机将会分析人脸数据，并且和手机中存储的用户照片和数据进行比对，如果比对正确，则用户验证完成，手机可以解锁。

用户体验设计发展史上的每一个重要里程碑，都源自技术和人性的碰撞。互联网和新兴技术正在越来越多的介入我们的生活，我们可以预见到用户体验设计会在接下来的日子里，一日千里地发展前进。只是这种发展也越来越多地需要专业技能，跨领域协作，多学科实践，比如用户研究、图形设计、客户支持、软件开发等等。根据 indeed.com 网站的统计数据，在用户体验设计高速发展的今天，仅 15 天里，就有超过 6000 个相关职位的招聘需求发布在网上。

互联网不再单纯局限于我们的笔记本计算机和智能手机，可穿戴设备、智能汽车和智能医疗设备也都会接入网络。全球互联的时代赋予专业的用户体验从业者更重大的责任，用户体验设计也不再局限于屏幕和像素，超出外形，关乎生活每个细节的用户体验设计无时无刻无处不存在。

让交互产生积极效果有以下四大模型：对谈式、操作式、指令式、浏览式。

### 1. 对谈式

对谈式的互动，让使用者透过类似对话方式和系统进行沟通。许多软件程式的安装小精灵，都会选择透过对谈式的互动来引导使用者。许多公司的客服专线也采用这种互动概念模型，因为对谈式互动的优点，在于人性化的态度比较容易让使用者安心，所以特别适合初学者和需要帮助的人。

而对谈式互动的缺点，则在于系统设计不良或者是人工智能不足的情况下，可能会造成以下两种结果。

（1）使用者可以做的反应受局限，造成冗长而没有效率的单向对话，例如许多的电话语音系统，都有相同的毛病，让使用者只能在声声慢的"请按 1、2、3"中无奈、焦急地等待。

（2）人工智能是提升对谈式互动效率的一个方式，但人工智能的技术门槛很高，非常不容易做到精良（见图 7-27）。

**图 7-27　人工智能是提升对谈式互动效率的一个方式**

微软 2015 年间推出 Xbox One 版本的 Siri 语音控制程序，命名为 Cortana（见图 7-28）。这个名字是不是很熟悉？Cortana 是《光环》中 UNSC 最优良的人工智能，不仅名字一样，微软还将请到 Cortana 的配音 Jen Taylor 来为 Cortana 程序献声（见图 7-29）。

图 7-28　语音控制程序 Cortana

图 7-29　Cortana 是《光环》中 UNSC 最优良的人工智能

Cortana 程序首先于 2014 年 4 月在 Lumia 手机平台推出测试版，在 2014 年秋天，该项功能加入微软 Bing App，供 iPhone 用户下载。2015 年让该项语音控制功能登陆 Xbox One 主机和 PC 平台（见图 7-30）。

图 7-30　手机上的 Cortana 程序应用

Cortana 不只是一个让用户和他们的硬件更自然的语言互动的程序，应该会让未来 Windows Phone、Windows 和 Xbox One 操作系统的服务和体验发生翻天覆地的变化。

### 2．操作式

操作式互动基本上可以分成三种类型。

（1）实体对象的操作。中华文化中的伟大发明——算盘，就是以操作实体物来达成运算功能实例，这种强调肢体运动的互动方式，有助于学习和记忆，因此许多儿童玩具，都会利用直接操作的互动模型。

（2）直接操作。操作式互动的第二种典型，就是现代计算机接口中常见的"直接操作"（direct manipulation）。直接操作的概念由班·施奈德曼（Ben Shneiderman）在 1983 年提出，其特点包括：以实际动作取代指令并且能得到立即的反馈；新手能够透过相关经验的转移，来快连学习基本操作方式；久未接触的使用者，也能够轻易回想起操作方式。

直接操作是现代电脑作业系统的主流，Apple 计算机以及 Windows 的图形化作业系统，

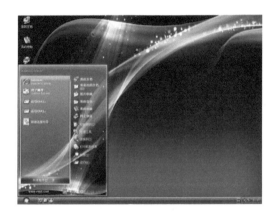

**图 7-31　Xp 图形化系统界面**

都是运用直接操作概念模型的早期范例。要将档案归档，就把代表档案的图像抓起来丢到代表档案夹的图像上。要将档案删除的时候，使用者就直接把一个代表档案的图像，拖曳放置到代表删除功能的垃圾桶图像上。只要放开滑鼠键，就会即时出现类似将纸团揉掉的声响，代表档案已成功地被丢弃了。这种设计，就是借用使用者在现实生活中整理档案和丢垃圾的经验，来快速学习如何整理和删除数字档案的一种操作方式（见图 7-31）。

现代作业系统运用桌面（desktop）这个象征（metaphor）概念的传统，起始于蕴伦·凯伊（Alan Kay）在 1970 年代的设计。第一台有图像界面出现的个人数字计算机系统，是 1980 年代问世的 Xerox Star。Google 公司在 2010 年，买下了设计 3D 桌面操作系统的 BunmTop 公司，试图将以桌面为核心的直接操作系统，提升到下一个立体的层次（见图 7-32）。

**图 7-32　BunmTop3D 的桌面操作系统**

图 7-33　以实际物体的运动来操作虚拟物件，
是 Wii 游戏机的一大特色

（3）透过实际物体来操作虚拟物的互动。第三种操作式互动，是透过实际物体来操作虚拟物的互动，任天堂公司 2006 年推出轰动一时的游戏机 Wii，就是采用这种互动概念模型，让使用者透过实体摇杆的运动，在虚拟空间中得到相对应的结果（见图 7-33）。

操作式互动概念模型有许多好处，但也有它所不容易克服的缺点。首先，数字系统中一些比较抽象的工作，并不容易找到合理的实际操作方式做呼应。例如，"将档案另存新档"如果不用指令来完成，那应该要用怎么样的象征手法才能让使用者来直接操作呢？再者，特别是对于一些重复性的工作，要逐一操作则太过繁琐。比如用拖拽的方式来整理档案，远不如用指令按钮编排来得迅速。比如现在的智能手机都采用的是触控操作，许多的数字设备也在采取和推广这种形式（图 7-34）。

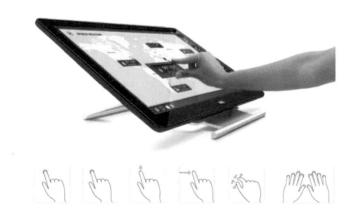

图 7-34　戴尔推出的支持触控操作的显示器

## 3. 指令式

指令式是一种非常直接的互助模型，用户透过文字指令、按钮、目录选单或者快捷键来指挥系统运作，用户一个命令、系统一个动作，就像军队执行任务一样直截了当。这种互动模型非常普遍，从早期 DOS 输入文字的命令行（command line）操作系航、用按钮来操作的家电产品、路边的自助贩卖机或者是复杂的专业应用软件，许多都是采用指令式互动模型，因此它可以说是最普遍的一种互动模式。

如图 7-35 所示的食物自动售卖机，想要一种食物，就按下面对应的按钮，是指令式操作界面的典型例子。

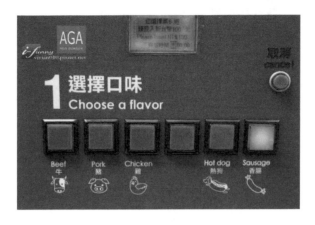

图 7-35　食物自动售卖机

指令式互动的好处在于直接、有效率。可是只要系统的功能一旦复杂化，指令式互动模型的缺点就会暴露出来。因为过多的按钮和指令，不但容易造成混淆，也会延长用户的学习

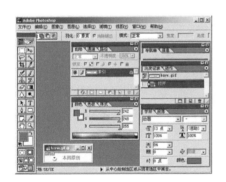

图 7-36　Photoshop 软件操作界面

曲线（Ieaming curve）。曾经因为找不到 Word 软件中某一项功能而开骂，或者曾经在 Photoshop 冗长使用说明书之中埋首叹息的人，相信都能够体会这种延长学习曲线所造成的困扰（见图 7-36）。

但由于指令式互动的高效率特质，许多专业的软硬件还是采用这个概念模型。因为这种类型的互动产品，所面对的并不是一般消费者，而是必须长期使用这些工具的专业人员。在熟能生巧之后，指令式互动其实是非常快速而且便捷的，因此这个概念模型适合用在专业的互动产品（见图 7-37）。

图 7-37　Facebook 网站随平台的不同而呈现不同的界面

图 7-37　Facebook 网站随平台的不同而呈现不同的界面（续）

### 4．浏览式

浏览式互动概念，就是让使用者像是在真实生活中逛街一般地，在信息空间中随性移动。有些人将网络上的搜寻和浏览也归于此类，但我个人认为，浏览式互动真正的典型有以下两种。

（1）虚拟空间中的浏览。也就是让使用者在 3D 虚拟空间中自由移动，许多角色扮演电玩游戏及所谓的虚拟实境（Virtual Reality），都是属于这个互动概念的典型。

以网络游戏为例，《开心农场》是以农场为背景的模拟经营类游戏，讲究互动互助。每天用户只需要上线给自己或者帮好友的作物浇浇水、杀杀虫、除除草、收收（或偷取）果实即可。游戏不仅可以调动用户上线的积极性，还可以促使用户发起对站内好友的互动，让好友一起互动。游戏模拟了作物的成长过程，玩家在经营农场的同时，也可以感受"作物养成"带来的乐趣（见图 7-38）。

图 7-38　《开心农场》是以农场为背景的模拟经营类游戏

（2）实体空间与数字信息空间的结合。近几年更为热烈讨论的一种浏览式互动模型，则是结合实体空间与数字科技的做法，比如会随着人的移动和需要调整的智能型家居（Smart Home）或是感知环境（Context-aware Environment）。像智能手机和 iPad 这种携带式的数字器材，全面提升了数字资讯与实体空间的衔接。有人将这种虚拟与实体重叠的现象，称之为增强现实技术（Augmented Reality）。这种实体与数字的结合，让使用者以另一种模式与资讯互动。

电影《阿凡达》热映掀起了 3D 电影视觉体验的热潮。如今，4D、5D 技术也已被广泛应用。比如 4D 电视在原有 3D 立体显示基础上由单一空间上的立体显示，升级为空间上、时间上和空间与时间上三种立体显示模式，这样可以满足全家人围坐在一台电视机前，同时以全屏的形式观看着各自喜欢的节目而互不影响，使得一台电视变为了多台电视。5D 影院让观众从听觉、视觉、嗅觉、触觉及动感五方位来达到身临其境。当观众在看立体电影时，随着影视情节内容变化感受到风暴、雷电、下雨、撞击、喷洒水雾所对应的立体事件，座椅也随时 6 度变化（见图 7-39）。

图 7-39　5D 影院让观众从听觉、视觉、嗅觉、触觉及动感五方位来达到身临其境

Layar 是全球第一款增强现实感的手机浏览器，由来自荷兰的软件公司 SPRXmobil 研发设计（见图 7-40）。

图 7-40　Layar 是全球第一款增强现实感的手机浏览器

Layar 具体工作流程为用户开启应用程序，自动启动摄像头，GPS 探测到目前所在的位置，

罗盘判断摄像头所面对的方向。然后每个内容合作伙伴（CP）自动匹配当前位置的内容，并各形成一个图层。用户可在屏幕侧面通过点击来切换自己感兴趣的图层。通过这些步骤，Layar将现实世界跟虚拟的数字内容完美地结合到了一起，让你通过手机浏览器，就能知晓现实世界。比如，将手机的摄像头对准建筑物等，就能在手机的屏幕下方看到与这栋建筑物相关的、精确的现实数据。有趣的是，还能看到周边房屋出租、酒吧及餐馆的打折信息、招聘启事以及 ATM 等实用性的信息（见图 7-41）。

图 7-41　将手机的摄像头对准建筑物等，就能在手机的屏幕下方看到与这栋建筑物相关的、精确的现实数据

[案例 7—17] FWA 2015 网站设计最佳奖项

　　关注网页设计的人一定很熟悉 the Favourite Website Awards 这个网站（下文简称 FWA）。它是一个优秀网站展示平台，由评审团队每天、每个月、每年评选出"最佳网站"，在网页设计、媒体创意领域十分权威。来自世界各地的网页设计师都会在 FWA 网站上寻找灵感，参考上面的作品。

　　FWA 的"年度最佳网站"和"人民选择奖"历年来都很受关注，某种程度上说，它们也代表了当年最有创造力、最高水准的网页设计。FWA 揭晓的 2015 年度最佳奖项，尽管这两个网站的内容和风格不太相同，但它们都在做同样的事情：注重互动性（有趣的互动体验），网站呈现出来是美的，内容充实但不花哨（见图 7-42）。

图 7-42　Because Recollections 将旗下音乐人的专辑封面动画化，并邀请观众/听众/网页使用者参与互动

"年度最佳网站"颁给了为庆祝音乐厂牌 Because Music 成立 10 周年而设立的网站 Because Recollection。网站用一种非常幽默的方式展示了十年间 Because 旗下音乐人（Klaxons、Justice 等）的专辑和他们的音乐。

点击进入网站，长按空格键随机选择不同乐者，选定后，页面变成表演者的某张专辑封面，这时，原本静止的平面图案变成了动画，你需要与这个专辑封面进行"互动"才能开始播放音乐。比如，有一张专辑封面照是一位穿深 V 衣领服装的女士，网站会坏坏地要求你克制住害羞，帮她把衣服拉链拉低到一定程度才能听到歌曲。尽管原本可能不了解这个厂牌和它的音乐，但这个网站好看又好玩，让人上瘾。

FWA 的评委之一 Todd Purgason 如此评价这个网站："音乐是一种发自内心的体验，经过 50 年的发展演变，音乐专辑的艺术已能以视觉的形式来表达这种内心体验。而这个项目将这其中的创新精神又提高了一个层次，让听者能参与到音乐与艺术中来。这种互动体验让他们既是作曲者又是艺术创作者，既是听者又是观者。"

获得"人民选择奖"的是最受 FWA 用户和关注者欢迎的网站 Way to Go。你就是主人公，网站中的一个动画人物，在森林里穿梭，有时行走，有时飞行。尽管文字叙述起来很简单，但真正进入那个情景，以 360°视角看着里面的树木、植物、湖泊（它们不断在变幻），感觉真的很棒。

FWA 创始人 Rob Ford 认为 2015 年是见证了"交互体验迸发新能量的一年"，人们终于感到"网站设计从 Flash 的时代向前跨进"，而这个非常前沿的项目就是其中佼佼者，可以说是"网站形式的虚拟现实"。这种真切的浸没式交互体验让你深深感受到自己的内在人格——这是树林里一次难忘的行走，而你完全地掌控着自己的旅途（见图 7-43）。

图 7-43　尽管只是在浏览网页，却能有自由的感觉

# 第8章　设计程序

设计程序是有目的地实现设计计划的科学次序与方法。虽然艺术设计在不同领域的设计程序错综复杂，但熟悉一般设计程序和设计方法，可以帮助设计师较为科学地完成设计。

## 8.1　设计的基本程序

一般来说，设计有几个基本的程序。构思过程——设计创作的意识，即为何创造、怎样创造；行为过程——使自己的构思成为现实并最终形成实体；实现过程——在作品的消费中实现其所有价值。在整个设计过程中，设计师需要始终站在委托方与受众之间，为实现社会价值与经济目标而工作。按照时间顺序，设计从立项到完成一般经过以下四个主要阶段。

### 1. 设计的准备阶段

这是一切设计活动的开始。这一阶段可以分为"接受项目，制订计划"与"市场调研，寻找问题"两个步骤。设计师首先接受客户的设计委托，然后由委托方、设计师、工程师及有关专家组建项目团队，并且制订详细的设计计划。"市场调研，寻找问题"是所有设计活动开展的基础，任何一个好的设计都是根据实际需要与市场需求而诞生的。

### 2. 设计的展开阶段

可分为两个步骤"分析问题，提出概念"及"设计构思，解决问题"。前者是在前期调研的基础上，对所收集的资料进行分析、研究、总结，运用设计思维方法，发现问题的所在。"设计构思，解决问题"是在设计概念的指导下，把设计创意加以确定与具体化，对提出的问题做出各种解决方案。这个时期是设计中的草图阶段。

### 3. 设计的深入阶段

可分为"设计展开，优化方案"两个步骤。前者是指对构思阶段中所产生的多个方案进行比较、分析、优选等工作，后者是在设计方案基本确定后，再通过样板进行细节的调整，同时进行技术可行性分析。

### 4. 设计的制作阶段

这是设计的实施阶段，在这个阶段里要进行"设计审核，制作实施"和"编制报告，综合评价"两个步骤的工作。

## 8.2　设计调研的展开

设计调研是设计活动中的一个重要环节，通过调研可广泛收集资料并进行分析研究，得到较为科学的设计项目定位。设计调研一般由设计师或专门的调研机构完成，设计师必须了解调研的过程，并能对结果进行深入分析。调研结果反映的基本上是短期内的情况，而设计思维需要具备一定的超前性才能把握设计的正确方向，设计师要利用调研结果，但不能被调查数据和调查结论禁锢了头脑。

### 8.2.1　设计调研的内容

#### 1. 市场情况调查

即对设计服务对象的市场情况进行全面调查研究的过程，包括以下三方面内容。

（1）市场特征分析，分析市场特点及市场稳定性等。

（2）市场空间分析，了解市场需求量的大小，目前存在的品牌所占的地位和分量。

（3）市场地理分析，主要是地域市场细分，包括区域文化、市场环境、国际市场信息等。

#### 2. 消费者情况调查

即针对消费者的年龄、性别、民族、习惯、风俗、受教育程度、职业、爱好、群体成分、经济情况及需求层次等进行广泛的调查，对消费者家庭、角色、地位等进行全面调研，从中了解消费者的看法和期望，并发现潜在的需求。

#### 3. 相关环境情况调查

消费者的购买行为受到一系列环境因素影响，我们要对市场相关环境如经济环境、社会文化环境、自然条件环境和政治环境等内容的调查。由于文化影响着道德观念、教育、法律等，对某一市场区域的文化背景进行调研时，一定要重视对传统文化特征的分析，并利用它创造出新的市场机会。

#### 4. 竞争对手情况调查

对相关竞争对手的情况调查，包括企业文化、规模、资金、技资、成本、效益、新技术、新材料的开发情况以及利润和公共关系。另外，还包括有相当竞争力的同类产品的性能、材料、造型、价格、特色等，通过调查发现它们的优势所在。

### 8.2.2　设计调研的方法

调研方法在设计项目确认阶段极其重要，能否科学并且恰当地运用调研方法，将对整个设计项目的准确定位产生十分重要的影响。设计调研方法主要有观察法、询问法、实验法等。观察法可以由调查员或者仪器在自然状态下对调查者进行观察实现；询问法有电话交谈、面谈、邮寄问题、留置问卷几种；实验法是指把调查对象置于一定条件下，有控制地分析观察市场因果关系的调研方法。

设计调研技术是调研结果有效性的重要支撑。一般而言，采用询问法调研时，可以采用"二项选择法"，如对问题"您对某建筑的室内设计喜不喜欢"可以采用"多项选择法"，还可以采用"自由回答法"方便得到建设性意见；还有"倾向偏差调查询问"，这种方法使用比较复杂，但可以用于调查相关对象某方面意见与态度的程度，如问题 1"您用什么牌子的手机？"答：X 牌。问题 2"目前最受欢迎的是 Y 牌，当您更换手机时，是否仍用 X 牌？"

### 8.2.3　设计调研的步骤

设计调研的步骤主要有确定目标、实地调研、资料整理分析及提出调研结果分析报告等几个阶段，具体包括以下几项。

（1）确定调查目的，按照调查内容分门别类地提出不同角度和不同层次的调查目的，其内容要尽量具体的限制在少数几个问题上，避免大而空泛的问题出现。

（2）确定调查的范围和资料来源。

（3）拟订调查计划表。

（4）准备样本、调查问卷和其他所需材料，按计划安排，并充分考虑到调查方法的可行性与转换性因素，做好调查工作前的准备。

（5）实施调查计划，依据计划内容分别进行调查活动。

（6）整理资料，此阶段尊重资料的"可信度"原则十分重要，统计数字要力求完整和准确。

（7）提出调研结果及分析报告，要注意针对调查计划中的问题回答，文字表述简明扼要，最好有直观的图示和表格，并且要提出明确的解决意见和方案。

## 8.3　设计方案的确定

在市场调查的基础上，我们依照设计情况制定合理的目标，产生设计概念和定位，确定设计方案，指导设计过程。

### 8.3.1　确定方案的步骤

#### 1. 设计方案的提出阶段

这是一个思维发散的过程，需要设计师们充分展开思路与构思，产生尽可能多的创意，而不能只局限在某一两个想法里面。在构思展开的过程中，可以借助各方面资料以及生活中的刺激来获得启发。

#### 2. 设计开展的阶段

本阶段在策划中根据策划目标，紧紧围绕策划主题，寻求策划切入点，产生策划创意、设计方案并选择方案。

### 3. 创意的比较与选择阶段

这是对前一步骤的优选，按照设计概念的要求，应用设计原则，剔除不合适的创意，并保留有进一步发展可能的方案。

### 4. 方案深入和优化阶段

通过草图和计算机绘图等各种形式，对创意阶段得到的多个方案进行深入设计，并考虑细节表现，通过比较选择，确定切实可行的方案。如果还是得不到理想的方案，则需要重新展开构思。

### 5. 设计论证与调整

设计的论证包括考虑结构、尺寸、材料、工艺、人机关系、色彩、成本、效果等内容，并根据论证的结果对设计方案做出进一步的调整，以适合实际应用的需要。这一步骤很重要，特别是在产品设计方面，需要设计师与工程师等其他专业的人共同合作。

## 8.3.2　设计报告的内容

在确定设计方案后，需要根据委托方的要求和开发计划制定一份详尽的设计报告来保证设计的顺利展开，设计报告主要包括以下内容。

### 1. 设计工作进程表

设计的计划表，用于协调各方面的进程。各工作组都要在规定的时间内完成任务。

### 2. 设计调查资料汇总

对市场调查的内容进行分析，确立市场定位，提出设计概念。可采用文字、图表、图片相结合的方式来表现。

### 3. 调查分析研究

对市场调查的内容进行分析，提出设计概念，确立该产品的市场定位。

### 4. 设计构思

以草图或文字等形式来表现，并能反映出设计深层次的内涵。

### 6. 设计展开

主要包括设计构思的展开、形态研究、色彩计划、设计效果图、实物等。

### 7. 方案确定

把确定的方案绘制出加工图、结构图、尺寸图等，并添加设计说明。

### 8. 综合评价

设计完成后由设计师、委托方和消费者共同参与评价，并以简洁、有效的文字表明该设计方案的优缺点。

除了制作设计报告，有时为了展示设计方案，也可以制作展示版面及多媒体演示系统。

## 8.4 设计表达的类型

设计表达是设计师进行设计交流的重要工具。从构想到实现的整个设计过程中，设计师需要经常采用多种方式对自己的设计构想与意图进行详尽的说明和展示，以求得到企业和用户的认识和支持。设计表达主要包括以下几种类型。

### 8.4.1 形态分析

形态分析旨在运用系统的分析方法激发设计师创作出原理性解决商案。运用该方法的前提条件是将一个产品的整体功能解构成多个不同的子功能（见图 8-1）。

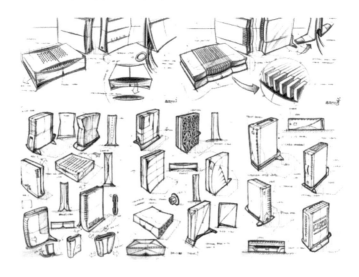

图 8-1 形态分析

### 8.4.2 设计手绘

#### 1. 设计草图

草图是设计思维最直接、最便捷的表现形式，是传达设计师意图的工具之一，可以在人的抽象思维和具象表达之间进行实时的交互和反馈，使设计师抓住稍纵即逝的灵感火花。草图设计表现手法要求快捷、简单、活跃，并能准确清晰地表达设计概念。

草图的形式可以分为概念草图、形态草图和结构草图。通过概念草图快速表现的训练，可以提高设计师的艺术修养和表达技巧（见图 8-2）。

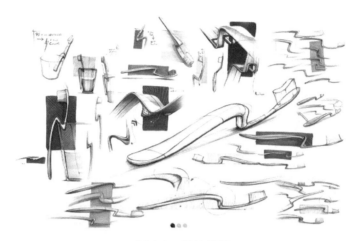

图 8-2　设计草图

### 2. 方案效果图

效果图是设计师对设计方案的自我表达，是对设计构思的全面提炼，是向他人传递设计创意的最佳方式。效果图可以手绘或用计算机软件完成，平面软件和三维软件能够表现出不同的效果。在方案尚未完全成熟时，需要画较多的图选优综合，此时效果图的绘制以启发思维、提供交流、诱导设计、研讨方案为目的。在设计师与各相关专业人员协商后，提交几个效果图方案，选择最后方案定稿。在设计方案确定后，用正式的设计效果图给予表达，目的是为了直接表现设计结果，根据设计要求可分为方案效果图、展示效果图、制作效果图（见图 8-3）。

图 8-3　产品设计效果图

### 8.4.3　样板模型

样板制作是设计师把构想中的方案用立体化的方式再现的过程，其中也包含了对个别细节的重新修正。在印刷品设计方面，样板就是打印出来的样张；在产品设计方面，样板就是按一定比例制作的模型；在环境设计方面，样板则多以沙盘或样板房的模型出现。实物模型具有直观明确的优点，并能用于实验及人机分析。设计师在进行设计时，模型本身也是设计的一个环节，模型能将作品真实地表现出来，为最后设计图纸的调整、定型提供参考，也能为先期市场宣传提供实物形象（见图 8-4）。

图 8-4　实物样板

### 8.4.4　视觉影像

视觉影像方法能帮助设计师将产品体验与情境视觉化，展示设计概念的潜在用途及其为人类未来生活带来的影响（见图 8-5）。

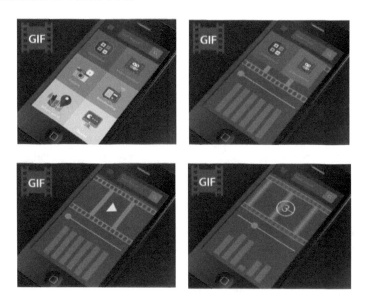

图 8-5　手机界面使用效果动画演示

### 8.4.5　技术文档

技术文档是一种使用标准 3D 数字模型和工程图纸对设计方案进行精准记录的方法。3D 模型数据还可以用于模拟并控制产品生产及零件组装的过程。在此基础上，还能运用渲染技术或动画的手法展示设计概念（见图 8-6）。

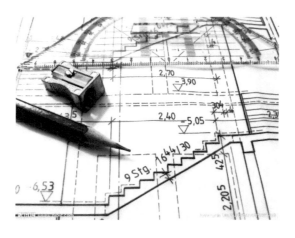

图 8-6　工程图纸

## 8.5　设计项目的评审

### 8.5.1　项目审核

　　设计审核是某专家组从设计程序、设计理念和设计实施方法上评价该设计方案的优缺点，以决定该设计项目能否达到要求，通过审核。设计审核要求设计师通过对样品的相应审核、评价、修正与确认，使其更符合设计方案效果，并对制作方法以及设备、人力和能源等方面提出合理建议，力求达到质量标准。

### 8.5.2　项目评价

　　对设计方案的评估是始终贯穿在整个设计过程中的，它是一个连续的过程。设计评价是在收集相关反馈信息的基础上进行的。在设计推向市场后，设计师应该积极关注并参与到设计评价中，以获得再设计的必要信息反馈。

# 第9章　设计营销

## 9.1　设计营销概述

市场营销是通过提供令人满意的商品和服务来满足消费者需求的过程。这一过程可从不同方面来观察。

（1）营销作为一种交换过程。两方或多方通过交换某种有价值的东西——产品、服务或想法，来满足彼此的需求，而设计可促进这一过程。设计师会找出这些需求或者改变消费者的价值感知。

（2）营销作为一种联系在生产者和消费者之间自然存在着鸿沟，交换对跨越这一鸿沟极为重要。设计师的工作是改善市场中的空间与知觉鸿沟。

（3）营销作为一种职能部门。设计师与营销部门一起进行物流和销售运营方面的工作。

（4）营销作为一种效用的创造者。生产、营销和设计共同创造出"形态效用"，并且在很大程度上决定了产品的最终形态、大小、质量和属性——包括核心产品、延伸产品和品牌产品。

营销和设计一样，是关注消费者需求满足的商业思想。现代营销理论强调消费者导向，要求公司协调所有部门的力量来满足消费者，从而达到长期的利润目标。

在理论上，设计和营销具有相同的思维方式，它们会尽力理解消费者需求和影响这些需求的因素，从而建立良好的消费者关系。在实践中，设计和营销之间由于相互不了解而产生分歧：设计师只在产品规格方面与营销人员合作，忽视了营销其他的职责和专长；而营销人员常将设计作为一种输出（产品或包装）而不是一个过程。设计和营销的根本分歧在于两者对"消费者需要"的不同理解，比如设计师常常批评"后视镜"式的市场调查。

然而，如果想在公司中发展以消费者为导向的文化，设计是种很有效的管理工具。在经营时，设计和营销并非背道而驰，而是相辅相成的。两者都致力于制定能在竞争中脱颖而出的产品战略，同时增强竞争优势。设计师的作用是创造这种吸引消费者的不同之处，这同时也会影响消费者的行为。品牌是最常用的差异化工具。品牌差异化和品牌管理正是设计管理的一部分品牌效果优势。

## 9.2　设计营销研究

设计在以下方面拓展了营销研究的领域。

（1）提供一个新的细分市场的方法：根据消费者感知和美学偏好。

（2）丰富消费者行为研究设计形态作为营销对象而被感知，它可以从不同维度被度量认知的、情感的和行为的，并且它可以作为一个市场细分化的工具。

（3）提供根据设计属性来分析产品属性的模型。

鲍勃·维利泽（Bob Veryzer）发展了一个完整的精选设计属性的审核表，它有助于定义新的产品策略。基于消费者体验的描述可以根据更普遍的维度分组：操作的、理解的、构建的和可决策的（见表 9-1）。

表 9-1　设计属性审核表

| 操作的 | 理解的 | 构建的 | 可决策的 |
|---|---|---|---|
| 性能 | 可理解性 | 节俭性 | 吸引力 |
| 效用 | 识别性 | 适应性（灵活性、模块性） | 适宜性 |
| 创新性 | 发现性 | 可维修性 | 价值 |
| 质量 | | 可回收性 | |
| 耐久性 | | 可制造性 | |
| 认证度 | | 经济性 | |
| 熟练度 | | | |
| 配合度 | | | |
| 一致性 | | | |
| 安全性 | | | |

传统营销方法通过某些设计问题而得到丰富，例如社会学和美学间的关系；在消费者生活中对产品的占有机制；在新社会群组中的价值—符号关系；对消费者品味和设计体验的研究。

既然在一个经济部门的所有公司中都在运用同样的营销方式，那么要使企业成功就必须打破常规，在营销决策的各个层面上运用创造性的设计思想。营销人员成了"营销设计师"，在工业与文化之间建立新的关系。

新营销研究的方法看起来就像一个设计过程。它是运用宏观社会学特征（"趋势学"），确定专家和社会人物的作用，这需要对环境的体察。

设计师把他们观察的能力带到了营销研究。人类学分析是在实际中使用者不知情的情况下对其进行观察，提供了消费者行为更多个性化的知识。微观营销的目标是个体。在人机专家、人类学家和心理学家的帮助下，设计为基于观察的消费者行为研究发展了一些工具（借助录像，特别是界面设计）。

新营销研究促进了创造、研发、营销和新产品开发多极间的对话。营销和设计整合的过程是双重的：上游的概念阶段，下游的行动阶段。研究试图通过源头的消费者来实现商业成功。这种新的职业实践把市场的回馈看得很重要，这与创造性的设计过程相一致。

## 9.3 App 营销

顾客的变化是一个根本的事实，大多数的企业已经确认这一点，但是光有这个认识还不够，我们还需要清楚围绕顾客变化所作的努力如何展开，这就要求企业能够围绕着顾客思考，来选择自己的战略。对于顾客的理解是营销最根本的目标。

全球科技已经从机械化时代进入数字化时代，互联网、计算机、智能手机、智能穿戴和社会化媒体等新兴事物正在对消费者的生活方式和消费模式、生产厂家的生产方式和营销手段同时造成深刻的影响。人们逐渐习惯了使用 App 客户端上网的方式，而目前国内各大电，均拥有了自己的 App 客户端。社会大众越来越多地运用 App 将更多的功能化、情感化和精神化利益融入生活，在科技浪潮下，App 也迅速成为诸多国内外企业为消费者提供品牌体验价值的良好选择。

App 是英文 Application 的缩写，由于 iPhone 智能手机的流行，现在的 App 多指智能手机的第三方应用程序。目前比较著名的 App 商店有 Apple 的 iTunes 商店里面的 App Store、Android 的 Google Play Store、诺基亚的 Ovi store，还有 Blackberry 用户的 BlackBerry App World。

一开始，App 只是作为一种第三方应用的合作形式参与到互联网商业活动中去的。随着互联网越来越开放化，App 作为一种萌生与盈利模式开始被更多的互联网商业大亨看重，如腾讯的微博开发平台、百度的百度应用平台都是 App 思想的具体表现，一方面可以积聚各种不同类型的网络受众，另一方面借助 App 平台获取流量，其中包括大众流量和定向流量。

App 营销依托移动互联网进行，使用移动终端呈现，以 App 形式发布产品、活动或服务、品牌信息。作为智能科技优秀代表，App 带来了一种全新的媒体应用方式，也创造了全新的媒体交互环境，全新的传播方式对营销方式产生新的影响。App 营销变"被动接收"为"主动吸引"，在传播信息的可靠度、信息的互动价值、信息的个性化特征等方面要比传统的广告形式更高，可以有效地改善消费者对品牌信息的接收。而通过娱乐方式搭建用户与品牌关系的纽带，可以利用不可复制的用户体验，提高消费者对品牌的好感和忠诚度。

作为品牌商，耐克在移动营销上起步很早。7 年前，刚执掌耐克的马克·帕克联手乔布斯推出了 Nike+iPod 系列产品。它允许用户将传感器连接至 iPod Nano、iPod Touch，从而记录用户运动过程中的相关数据。2012 年年初，耐克公司推出了 Nike+Fuel band，将其传感器连接至腕带式设备中，6 月底，耐克又推出了专门领域的 Nike+Basketball，与 Nike+Training 同属一个系列，只是将传感器改连接至智能手机（见图 9-1）。

在营销专家们看来，App 是一个越来越主流的载体。

### 1. 纯 App 营销——德国之翼航空公司 Germanwings

出自德国之翼航空公司的移动 App 除了可以预订机票等正常业务，还肩负起了闹钟

App 的功能。当然这款"兼职"闹钟应用绝对不是普通的只会用嘈杂铃声吵醒你的闹钟，也不是自己会飞会跑会思考需要回答问题的闹钟，而是一款文艺型的闹钟应用。"每天早晨叫你起床的不是闹钟，而是梦想"，这款 Germanwings 在你规定的起床时间响起的是你目的地的声音，比如要去英国的话就会是大本钟的声音。这样一个简单的功能不仅体现出了品牌文化，还提升了用户对品牌的认知度，口碑相传后更是对有旅行梦想的潜在消费者"杀伤力"巨大。

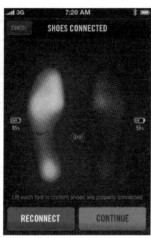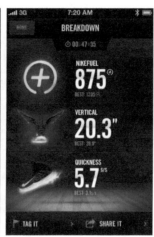

图 9-1　耐克移动营销 Nike+ Basketball 界面

2. 借势营销——《蝙蝠侠：黑暗骑士崛起》同名大型动作游戏、舌尖上的中国、碧生源"会说话的减肥熊猫"游戏

对于品牌推广来说借势是个不错的选择，典型的借势如 Gameloft 出品的《蝙蝠侠：黑暗骑士崛起》是根据同名电影改编的大型动作游戏，可以让用户亲身体验扮演超级英雄，借势将上映的机会使游戏本身获得了很高的关注度和用户量（见图 9-2）。

图 9-2　《蝙蝠侠：黑暗骑士崛起》同名大型动作游戏

再如豆果网在中国央视纪录片《舌尖上的中国》热播的时候推出的同名美食应用，将纪录片中的各色美味通过图片与文字的形式制作成真实的菜谱。借势的成果就是该款应用在 App Store 里发布仅两周的下载量就突破 100 万（见图 9-3）。

图 9-3　《舌尖上的中国》同名美食应用

除了如上面两个借助同名改编外，还可以借势同等类型的热门应用，如在"会说话的汤姆猫"应用流行的时候，碧生源推出同类型的"会说话的减肥熊猫"游戏，借助时下热门的虚拟宠物形象来与消费者进行互动，传递碧生源健康减肥的品牌内涵（见图 9-4）。

图 9-4　碧生源推出的"会说话的减肥熊猫"游戏

### 3. 游戏营销——赛百味"倔强的摩托"、康师傅　"传世寻宝"手机游戏

登陆国内不久的赛百味（Subway）为了唤起一线城市年轻族群的注意并将注意转化为实际销售采取的策略就是移动 App 品牌推广，他们推出了一款名为"倔强的摩托"的游戏应用，消费者可以在玩游戏的同时解锁优惠券，了解赛百味的最新菜单，以及真正赛百味的真实地理位置等信息（见图 9-5）。

图 9-5　赛百味"倔强的摩托"

　　除了赛百味，康师傅也曾经玩过一把"传世寻宝"手机游戏，该游戏可以让消费者在游戏互动的过程中了解了"传世新饮"酸梅汤、酸枣汁的原料和工艺流程，加深了消费者对于康师傅"传世新饮"老字号定位的理解（见图 9-6）。

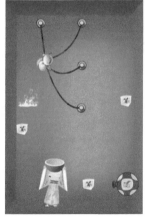

图 9-6　康师傅"传世寻宝"

### 4. 移动 App + 线下营销推广——"红牛时间到"

　　红牛 2012 年开始进行"红牛时间到"活动推广，这次推广活动就是一个典型的移动 App 结合线下营销。用户将"红牛时间到"App 下载到手机，然后按照参与互动就能免费获取红牛赠饮（需线下认领），在移动 App 里同时还有"召唤能量小队"及"睡神征集令"等结合线下营销的手段来进行品牌推广（见图 9-7）。

图 9-7　"红牛时间到"

[案例 9-01] 星巴克咖啡——Early Bird

2012 年 4 月份，星巴克推出了一款新广告，广告中的年轻人每天清晨关掉闹钟继续睡懒觉，但短片最后"小懒虫"居然精神抖擞地按时起床，然后赶到星巴克喝咖啡——这是星巴克为自己一款名为"Early Bird"的手机应用做的广告（见图 9-8）。

图 9-8　星巴克为"Early Bird"的手机应用做的广告

星巴克根据现代营销媒介的发展特点，推出了这样一种应用——Early Bird。这是一款别具匠心的闹铃 App，在设定的起床时间闹钟响起后，用户只需按提示点击起床按钮，就可得到一颗星，如果能够在一小时内走进附近任意一家星巴克实体店，就能买到一杯打折咖啡，迟到作废。在 Early Bird 中，星巴克深刻宣扬了其"一切与咖啡无关"的思想，关注了广大用户的真正需求——需要闹钟却没有起床动力。由于其良好的互动性和体验性，这款 App 一经推出就获得了众多好评，使得星巴克品牌更加深入人心。

[案例 9-02] 贝克啤酒向酒驾说 "NO" ——Beck'stra Party

以啤酒为代表的酒水类产品在经过产品大战、广告大战、包装大战、礼品大战、价格大战、渠道大战之后，目前已达到了竞争极致状况的酒水市场的红海已被各大生产商撕扯得体无完肤。从大流通到买店包场，从送礼品给开瓶费到应用人海战术促销，从酒店盘中盘到消费者盘中盘，费用高涨、利润透薄、营销模式越来越不灵验。正是酒水营销内部的相互克隆、近亲婚配等行为才导致了今天酒水界在产品、包装、概念、模式等各个层面的高度同质化。

随着互联网、移动 3G 互联技术等科技的飞速发展和迅速普及，酒水类产品迎来了全新的商业环境，传统的酒水营销模式正在突破和被颠覆。单纯的电视广告已不能满足酒水企业宣传的需求，App 应用正在深刻地改变着每一个传统行业，当然酒水企业也不例外，移动 App 营销正成为酒水行业的营销新手段。

而根据世界卫生组织的事故调查显示，大约 50%～60% 的交通事故与酒后驾驶有关，酒后驾驶已经被世界卫生组织列为车祸致死的首要原因，每个国家都对酒驾的处罚十分严厉。如何使企业利益与社会责任并驾齐驱，是酒水企业不断关注的话题。拥有百年历史的德国贝克啤酒利用 App 开启了新商业模式下的酒水营销革命，发布了世界上首款防止酒驾的 App—Beck'stra Party（见图 9-9）。

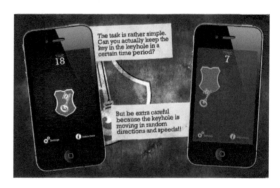

图 9-9　Beck'stra Party

喝酒的人开车是非常危险的，他们甚至都不能用钥匙打开车门，所以贝克开发了 "Beck'stra Party" 这个简单的 App 来测试开车人是否喝了酒。应用操作很简单，只要你可以把钥匙移到锁眼处停留 25 秒，便说明你没有醉酒。反之，这个应用会立即帮你拨通离你最近的出租汽车公司的电话（见图 9-10）。

图 9-10　贝克啤酒标志

# 第 10 章 设计管理

随着管理从层级化的泰勒模型转变为扁平化、鼓励自我激励、独立和冒险的灵活组织模型，设计师会更适应这个新的更随意的管理模型。客户驱动型管理、基于项目的管理、全面质量管理，这些新模型所基于的概念都跟设计相关。

这种管理方式的转变产生了对企业内部设计进行管理的需求。这不仅给某种商业或者营销战略赋予了一种形态，更是要改变企业行为和远景。因而，设计师的"缺点"——创造力、主动性、对细节的注重、对消费者的关心成为管理者可以用来支持管理变化的力量。

为了更加有效，设计必须用一种渐进的、负责任的、深思熟虑的方式导入组织中。

### 1. 渐进

一种使整个公司理解设计好处的方法是通过一系列成功的项目逐步把设计整合到组织中。以一个项目开始，取得小范围的成功。那会有助于在整个公司中推广与设计师一起工作的思想。

### 2. 负责

即使单独以一个项目开始，设计的整合也需要高级主管来阐述设计的战略角色。设计是难以管理的，必须指定公司中特定的人员来管理。

正如同创新管理，设计领域的项目必须由一个"拥护者"来推动。一个对设计充满热情的人可以使事情截然不同。我们只要思考一下诸如苹果公司的斯蒂夫·乔布斯、索尼公司的盛田昭夫（Akio Morita）或飞利浦公司的设计主管罗伯特·布莱其（Robert Blaich）这样的人对其企业产生的影响，就会明白这一点。

### 3. 深思熟虑

设计管理不该只是停留在设计计划或项目上，而必须扩展到所有的管理层面。企业的价值观必须传达给设计师；设计部门必须受到公司所有部门的支持；设计部门和公司高层之间必须进行有效的沟通。

## 10.1 设计管理的定义

设计管理包括两个目的：一是培训合作者（管理人员）与设计师，这使得管理者熟悉设计、设计师熟悉管理；二是开发把设计整合到企业环境中的方法。

Interbrand Koln 公司的杰根·豪瑟（JURGEN HAUSER）博士于 1998 年说："从本质上说，设计管理挑战了公众对设计管理最常见的误解——这两个词本身就是矛盾的。"

彼得·高伯在 1990 年把"设计管理"定义为"通过诸如财务、生产、销售等职能部门的经理对公司内可用设计资源的有效配置来帮助公司达到其目标的活动。"

这个定义强调设计既是目的（把设计与企业目标相联系）也是手段（对解决管理问题作出贡献）。设计管理既是一种"价值管理"（创造价值），也是一种"态度管理"（调整公司的观念）。

阿兰·托帕利安（Alan Topalian）在 1986 年将设计管理分为两类：短期设计管理（short-term design management），指对设计项目的管理；长期设计管理（long-term design management），指对设计部门的管理。

帕特里克·赫特泽尔（Patrick Hetzel）在 1993 年扩展了设计管理的范围，给出如下定义："对设计进行的管理，即管理企业中的创意过程；根据设计的原则来管理一个公司；对设计公司的管理。"

设计管理包括分配固定的行政任务，管理人力和财力资源等行政职责，但其最重要的特征在于确立一种方式来对设计进行管理，使其对公司的战略有所贡献。

福特汽车公司前任 CEO 唐纳德·E. 帕特森（Donald E. Paterson）认为："对设计过程进行管理的关键问题在于确立设计与企业其他所有领域的适宜关系。"

设计管理作为企业内一种正式活动计划的设计实施过程，从而来完成企业的目标；这主要体现在用传达设计表现企业的长期目标，以及协调企业活动所有层面的设计资源。设计管理的作用也包括促进人们进一步理解设计与企业长期目标实现的相关性，以及协调企业内各个层次的设计资源，包括：通过制定审核设计政策、在企业识别与战略中体现设计政策和运用设计界定需求，为公司的战略目标作出贡献；对设计资源进行管理；建立一个信息和创意的网络平台（包括设计的和学科交叉的信息网络）（Blaich & Blaich，1993）。

设计管理在于设计活动有特别意义，但只有高级设计主管通过日常对设计政策的阐释，才能把要点向员工传达清楚。

Stanley Works 企业工业设计总监盖瑞·凡. 丢尔森（Gary Van Deursen）认为："在设计管理中，关键是管理人员必须具备很高的设计技能，只有这样他们才能通过批评、激励和选出最好的解决方案来为企业的设计作出重大贡献。"

设计管理是设计在公司中的展开，以帮助公司开发企业战略，这包括对操作层面（项目）、组织层面（部门）和战略层面（使命）的设计整合进行管理，在公司内部管理设计系统。设计师的创意作品包括具备独特美学品质的文档、环境、产品和服务等。公司必须具备管理良好的正式设计系统。

这一设计管理定义包含了设计的双重性：设计是企业运作过程和管理范式中不可分割的部分，这是设计的不可见方面；设计是社会形态系统和设计范例的一部分，这是设计的可见方面。

每个公司在设计方面投入不同，但设计是很有价值的财产，至少值得我们花与其他商业活动一样多的技巧和心思来管理（Oakley，1990）。

汤姆·彼特斯（Tom Peters）也曾说："设计如何处理那些拙劣的物品是第二位的，设计的首要任务是建立一种全面的方式来进行商业运作、顾客服务和价值创造。"

在世界范围内，设计管理方面的课程已得到了开发，MBA课程也包含设计方面的专业方向。例如，在纽约普拉特学院（美国著名的艺术学院），其课程内容包括市场营销专业服务、广告和战略营销、领导行为模拟和谈判、商业和知识产权法律、管理传达技能、设计操作管理、新产品管理与开发、财务报告和分析、企业与风险投资项目融资、商业战略和管理决策、商业规划和设计管理案例研究等。

综上所述，我们可以认识到设计管理是根据使用者的需求，有计划有组织地进行研究与开发管理活动。有效地积极调动设计师的开发创造性思维，把市场与消费者的认识转换在新产品中，以更合理、更科学的方式影响和改变人们的生活，并为企业获得最大限度的利润而进行的一系列设计策略与设计活动的管理。

# 10.2 设计和管理的交融

## 10.2.1 设计和管理模式的比较

设计者与管理者认知模式上的差异经常被引用，以作为一个公司很难整合设计的理由。但这两种模式差异真的那么大吗？仅仅把"设计"和"管理"并列在一起理解是困难的，特别是那些不会超越管理的理性和经济维度看问题的设计师。但对于这两个学科本质特征和概念的分析，显现出更多的相似而非不同。

如表10-1所示为设计和管理的重要概念的比较。很明显，大部分的概念普遍存在于两个领域，甚至设计的文化和艺术性方面也与管理的"组织文化"、"企业识别"、"消费者偏好"等方面对等。

表 10-1　设计与管理概念的比较

| 设计的概念 | 管理的概念 |
| --- | --- |
| 设计是一种解决问题的活动 | 过程，解决问题 |
| 设计是一种创造性活动 | 观念管理，创新 |
| 设计是一种系统性的活动 | 商业系统，信息 |
| 设计是一种协调性的活动 | 交流，结构 |
| 设计是一种文化和艺术性的活动 | 组织文化，企业识别，消费者偏好 |

所以，在设计与管理认识上的不同主要源自管理人员与创意团队的互不信任。因为设计

专注于追求原创、新奇、创造性和创新性，这与传统的管理模式和阻止组织变化的保守态度产生冲突。

　　作为一种规则，管理的理性模式基于更多的控制与规划，而不是创造。根据一些执行官的反映，缺乏完全形态的泰勒管理模式使其很难适应系统的设计活动，但它可以把设计作为一种解决问题的活动加以承认，其目标是通过差异化来促进公司的增长和建立竞争优势。

　　但是最新的管理模式认识到直觉对于策略形成的重要性，并且为更"艺术化"的管理人员提供了一个框架。这种非正式的模式，可以很好地套用到设计的过程中，因为它喜欢明快、简单的结构，鼓励行动与实验，管理者决策建立在更为直觉的、对人的仔细观察的基础上。这种模式对于设计师更有吸引力。从这种模式的角度来看，设计和管理都是一种强调直觉、推崇调查和实验的决策过程。

　　既然两者有一些共同的概念，设计和管理领域可能很容易交汇在一起。但是，实践显示把设计整合进企业结构是很复杂的。对于某特定的企业，克服了这一困难（指把设计整合进企业结构）就是企业的内部竞争优势。对设计进行整合的能力已成为一种秘诀（know-how），除了是一种核心竞争力以外，还很难被其他企业所模仿。

　　假如设计和管理属于两个不同的认知半球，设计管理就必须视作一种组织的学习过程。设计师和管理者像其他人一样，他们依赖于过去的经验和熟悉的参考框架开展决策。管理者和设计师观察和解释现实的模式是不同的。

　　设计管理认知方式解释了把设计导入组织结构的困难：对于管理，设计是未知的信息。进而言之，管理者不容易察觉到变革的要求，他们习惯于已知的东西。最后，管理者不总是按照完全理性的方式做出反应。

## 10.2.2　设计和管理的设计科学模型

　　以设计和管理各自的概念范式为起点，可以建立一个汇聚设计和管理的模型，它基于两个观点反应式（管理）模型和前摄式（战略）模型。管理模式致力于通过调整行政和管理的概念来增强设计。对所有的管理范式进行审查，选择使企业设计更有效率的观念和方法。这可以通过将设计与产品、品牌、识别和创新管理的重要概念相联系来获得。

　　这个观点要求应用管理的不同理论——科学的、行为的、决策的、系统的、境遇的，并要调查它们与丰富的设计管理方法在概念和实践上的相关性。

　　**（1）科学的**：设计管理被视为一种纯粹的逻辑过程。

　　**（2）行为的**：设计管理被视为由人来完成的事项，它以关系、人与人之间的群体行为和相互合作为中心。

　　**（3）决策的**：设计管理被视为一种决策活动。

　　**（4）系统的**：设计管理被视为具备与环境和复杂子系统之间开发交互的组织系统。

　　**（5）境遇的**：设计管理依赖于各种客观形势和条件。

　　**（6）操作性的**：设计管理包括诸如规划、组织、命令、控制和部门化的基本管理活动。　战略模式是把设计作为一种新的范式来分析，以获得概念和方法来增强总体管理效率，特别是设计管理的效率。这需要理解设计感知现实的方式，以及对其方法（形状、色彩、美学和物品社会学）作仔细分析，从而来增强管理的概念。一种不同于原先的模式从"设计科学"中出现：基于符号和形态的管理系统，它本质上是理性的和解释性的，并能增强商业战略和公司远景（见表 10-2）。

**表 10-2　设计和管理交融的模型**

| 设计管理模式 | 设计管理的目标 | 对质量管理的应用 |
|---|---|---|
| 管理模式 | 以管理的方式增强设计 | "质检人员"对设计师和设计经理的贡献 |
| | 设计和组织绩效 | 设计对"零缺陷"效果的数据 |
| | 设计/品牌、识别、战略 | |
| | 通用管理和设计管理方法 | 测试感知质量 |
| 战略模式 | 通过设计知识来改善管理 | 设计师对"质检人员"的贡献 |
| | 形态、理论、设计原理 | 对过程重新思考 |
| | 创造力与概念管理 | 共享的远景，持续的改进 |

设计提供了具体的工具：战略制定的审计流程、竞争基准测试、概念管理、创新模型与原型及跨边界沟通工具。

## 10.3　设计管理的内容

设计管理的内容包括企业设计战略管理、设计目标的管理、设计程序的管理、企业设计系统的管理、设计质量的管理和知识产权的管理六个方面。

### 1. 企业设计战略管理

企业必须具备自己的设计战略，并加以良好的管理。设计战略是企业经营战略的组成部分之一，是企业有效利用工业设计这一经营资源，提高产品开发能力，增强市场竞争力，提升企业形象的总体性规划。设计战略是企业根据自身情况作出的针对设计工作的长期规划和方法策略，是对设计部门发展的规划，是设计的准则和方向性要求。设计战略一般包括产品设计战略、企业形象战略，还逐步渗透到企业的营销设计、事业设计、组织设计、经营设计等方面，与经营战略的关系更加密切。加以管理的目的是要使各层次的设计规划相互统一、协调一致。

### 2. 设计目标的管理

设计必须有明确的目标。设计目标是企业的设计部门根据设计战略的要求组织各项设计活动预期取得的成果。企业的设计部门应根据企业的近期经营目标制定近期的设计目标。除战略性的目标要求外，还包括具体的开发项目和设计的数量、质量目标、营利目标等。作为某项具体的设计活动或设计个案，也应制定相应的具体目标，明确设计定位、竞争目标、目标市场等。管理的目的是要使设计能吻合企业目标、吻合市场预测及确认产品能在正确的时间与场合设计与生产。

### 3. 设计程序的管理

设计程序管理也称为设计流程管理，其目的是为了对设计实施过程进行有效的监督与控制，确保设计的进度，并协调产品开发与各方关系。由于企业性质和规模、产品性质和类型、所利用技术、目标市场、所需资金和时间要求等因素的不同，设计流程也随之相异，有各种不同的提法，但都或多或少地归纳为若干个阶段。然而不管如何划分，都应该根据企业的实际情况作出详细的说明，针对具体情况实施不同的设计程序管理。

### 4. 企业设计系统的管理

为使企业的设计活动能正常进行、设计效率最大限度发挥，必须对设计部门系统进行良好的管理，不仅指设计组织的设置管理，还包括协调各部门的关系。同样，由于企业及其产品自身性质、特点的不同，设计系统的规模、组织、管理模式也存在相应的差别。从设计部门的设置情况来看，常见的有领导直属型、矩阵型、分散融合型、直属矩阵型、卫星型等形式。不同的设置形式反映了设计部门与企业领导的关系、与企业其他部门的关系，以及在开发设计中不同的运作形态。不同的企业应根据自身的情况选择合适的设计管理模式。

设计系统的管理还包括对企业不同机构人员的协调工作，以及对设计师的管理，如制定奖励政策、竞争机制等，以此提高设计师的工作热情和效率，保证他们在合作的基础上竞争。只有在这样的基础上，设计师的创作灵感才能得到充分发挥。

### 5. 设计质量的管理

设计质量管理是使提出的设计方案能达到预期的目标并在生产阶段达到设计所要求的质量。在设计阶段的质量管理需要依靠明确的设计程序并在设计过程的每一阶段进行评价。各阶段的检查与评价不仅起到监督与控制的效果，其间的讨论还能发挥集思广益的作用，有利于设计质量的保证与提高。

设计成果转入生产以后的管理对确保设计的实现至关重要。在生产过程中设计部门应当与生产部门密切合作，通过一定的方法对生产过程及最终产品实施监督。

### 6. 知识产权的管理

随着知识经济时代的到来，知识产权的价值对企业经营有着特殊的意义。在信息化、全球化的进程中，一方面对知识产权的保护意识越来越强，制度的制定与运用也日渐完善；另一方面在现实生活中有意无意地侵占和模仿十分严重。因此，企业应该有专人负责知识产权管理工作。对设计工作者来说，则首先要保证设计的创造性，避免出现模仿、类似甚至侵犯他人专利的现象。应有专人负责信息资料的收集工作，并在设计的某一阶段进行审查。设计完成后应及时申请专利，对设计专利权进行保护。

随着科学技术的日新月异，面对激烈的全球竞争，设计概念的内涵和外延都在不断发生变化。设计实际上不仅与产品融为一体，也日益与管理自然地融合在一起。设计管理作为一门新的研究领域，一种应对激烈竞争的最具潜力的工具，也正在飞速发展，并且受到越来越多人的关注和讨论。设计管理的内容还有许多，对它的研究运用将会成为企业发展的突破口，并将在今后的社会生产行为中发挥重要的作用。

# 10.4　设计管理案例

下面，我们从相关案例出发，来认识设计管理的实施和设计管理在实际的产品设计中所起到的重要作用。

### [案例 10-01] 丰田汽车交互式车窗概念设计

丰田汽车欧洲分公司（Toyota Motor Europe）和哥本哈根互动设计学院（Copenhagen Institute of Interaction Design）合作的世界之窗（Window to the World）设计，通过将交通工具的玻璃窗转化成一个交互界面，重新定义了搭乘交通工具的乘客与周围环境之间的关系。

通过使现实感增强的技术，窗格玻璃可以为乘客提供路途中所有地标建筑的信息。这个窗户还可以被用作画布，乘客能够随意在玻璃上描画沿路的风景。这个创意的目标是重新定义在不远的未来的移动人文关系，让日本价值观和文化对欧洲产生影响，通过体验触发情感。

Window to the World 的功能包含以下五个方面。

（1）移动绘画。利用这一功能，车窗可被乘客当做画板，用手指画面。

（2）变焦摄影功能。让乘客将透过车窗看到的景色和物体拍摄并拉近。

（3）翻译。乘客可以点击透过车窗看到的物体并得到关于它们的翻译及发音。

（4）"增强的距离"可以估量车辆与可视物体之间的距离。

（5）"虚拟星座/汽车的全景天窗可以显示恒星星座和有关它们的信息，以实际的天空为背景。

这个项目的灵感来自丰田汽车公司总经理吉世凯达（Tetsuya Kaida），他专注研究日本哲学多年，并专注情感传递。他在欧洲生活时，针对此领域做了很多相关调查，调查并没有采用只需回答"是"或"否"的问卷方式，而是着重理解人们对事物和人做出某种反应的逻辑和动机。

他没有将来自这些调查的资料和观点用作一个独立的意见驱动，而是用来创建大量的知识。知识的聚集带给了人们对于相关话题的认知，也在概念生成阶段起到了框架作用。

从这个框架出发，两个设计团队交换了他们对于交互设计、车内设计和情感设计的认知，也在一开始就让专注概念生成的汽车工程师参与研发。

概念生成阶段进行了包括丰田工程师在内的大量人数参与的"身体风暴（Body Storming）"、头脑风暴和概念构建。之后对收集回来的大量数据进行了加工、集群和重新排列，以便定义能够进一步发展应用，并通过快速原型和概念迭代开发出了最终模型（见图 10-1）。

图 10-1　丰田汽车交互式车窗概念设计

# 第11章 设计价值

从根本上说，一个设计作品如果是有用的、好用的和被用户想拥有的，并能在生活方式、可用性及人机工程等方面产生更强的影响力，这个设计作品就会被认为是对用户是有价值的。

## 11.1 设计价值的概述

设计价值范畴是设计价值研究的基石，对设计价值的界定将决定整个设计价值体系的性质和方向。

"价值"原是一个经济学术语，这一词汇在日常生活中也频繁地被使用。在经济学中，价值就是指凝结在商品中的一般的、无差别的人类劳动。在日常生活中，价值的含义有"好、坏、得、失"、"真、善、美、丑"、"有用、无用"、"有利、无利"等词语表达。19世纪中叶，新康德主义弗莱堡学派的代表人物洛采和文德尔班将这一经济学术语运用到哲学研究中，发展出价值哲学。之后，对价值问题的研究渗透到社会人文学科的各个领域，给研究者从新的角度观察思考社会生活的各个方面带来有益的启示。

价值问题也是设计的一个基本问题。对于设计价值的认识，一般总是停留在"使用"的概念上，食物充饥、衣服御寒、房屋居住、车辆运输等着眼点在于这些对人实用的特殊价值上，而缺少或没有从价值哲学的高度去分析、理解设计艺术中的一般价值问题。因此，尝试把价值哲学理论引入设计研究领域，希望能从新的角度就设计艺术的意义价值做出比前人深刻一些的探讨，也给当代学人准确地揭示设计艺术的本质提供可资借鉴的理论基础，走出设计艺术研究的一条新路。

对于设计价值范畴的界定，应该遵循一定的原则。第一是不能用具体的特殊价值来界定一般价值。设计艺术具有实用的特殊价值，而我们寻求的是设计的一般价值，这种抽象意义的"一般价值"是对包括实用、功能、伦理、审美在内的各种特殊的、具体的价值形态的共性的考察，是对人类设计的普遍现象和活动内容的本质概括，因此，以设计中具体的、单一的特殊价值无法界定设计的"价值一般"。第二是不能用实体来界定设计价值。设计艺术有物、有人、有实体，但设计价值不是实体，需要在物的创造的比较中显示出来，在物与物、物与人、物与社会、物与环境的各种关系中获得。第三是不能用客体满足主体需要来界定设计价值，因为，价值不只是需要的满足，设计价值不是人的需求的产物。第四是要确证设计价值的客观性。设计价值是客观存在的，设计价值是人的创造实践活动的结果，起到完善人、服务生活、发展社会的作用。这四项原则是根据价值学研究成果、结合设计学科特性而确立的，其总目标就是要求对设计价值的界定能揭示设计价值最本质的东西。根据上述原则，下面我们可以对设计价值的范畴作出分析和界定。

对设计价值的界定首先遇到的问题就是：设计的使用价值或交换价值是否就是设计价值？在设计艺术领域使用"价值"一词，常常会有层次上的不同表达。一种是作为产品或商品所具有的社会本质特征即在"商品中凝固的相对劳动量"，这是商品交换价值的基础，用货币形式表现就是价格，这是经济学特有的概念。另一种是从功能作用的角度对其所作的狭窄的理解，把实用与审美区别对待或并列使用，这是社会人文学科的做法。按照上述四项原则，这两种表达无论哪一种均不是对于设计艺术现象和内容的本质概括。

经济学中的"价值"概念与哲学中的"价值"概念内涵不同，这是多数学者的观点。因为在经济学中，价值的"着眼点是商品交换"，而在哲学中，价值的"着眼点是使主体人更趋完善"。两者强调的重点不同，所涉及的外延大小也不一样。从物与人的关系上看，商品能够交换，中间必有一个使用价值，食的充饥、衣的御寒、车的代步、房的居住……这些物品供人使用，其使用价值强调的是物所具有的能供人使用的自然属性。因为这些物的使用价值取决于它的自然属性，离开物体就不存在……正如马克思所说"使用价值表示物和人之间的自然关系，实际上表示物为人而存在"。比如衣服是由实际的面料制成的设计物，人在寒冷和酷暑时需要这些物品，这就产生了保暖防暑等具体的、特殊的价值，如果保暖防暑的目的实现了，就是使用价值或实用价值。但是，衣服在使用价值之外对人还具有一些其他的潜在价值或内在价值，如果我们谈"衣服对人的作用很大"，这就绝不是单指使用价值而言的，而是就哲学意义来说的。设计价值所要昭示的就是设计对人的某种意义或作用，包括衣服的政治、道德、宗教、审美、教育、伦理、环境等所有的社会行为，从而构成了人类生存与衣服相关的、整体的、全部的内容。因此，无论从内涵还是外延看，物的使用价值与设计价值是两个不同的范畴，属于特殊与一般的关系，我们不能用特殊的使用价值来代替或当做一般的设计价值。

接下来的一个重要的问题是：设计价值是客观的还是主观的？这是设计价值的本质问题。

设计艺术是由于我们的欲求、兴趣才具有了价值，还是因为设计艺术自身就带有价值，我们才对它有欲求、兴趣？设计价值论一旦上升到哲学领域，就避免不了这样的提问，这是属于哲学领域的设计价值范畴的两种看法——主体论或客体论。在价值哲学领域有主观主义价值范畴或客观主义价值范畴，反映到设计价值领域也会有这样的两种主张，比如"设计价值是人的欲求的满足"，"设计价值就是满足某种需要或引起某种愉悦的东西"。如果以这种"客体满足主体的需要"的观点来对设计价值下定义，就是从人的主体经验方面来理解设计价值的本质，把设计价值归结为主体的需求、情感、兴趣和利益。认为设计艺术本身并不具有价值，其价值存在于主体对它的评价之中。某一设计之所以具有价值，是因为它能满足人们的欲求和快乐；某一设计之所以没有价值，是因为它不能满足人们的需求和兴趣。人的需求是价值的必要条件，在满足之外决没有价值存在。

设计价值如果完全取决于主体需求，这种观点就是一种主观主义价值论，用它来界定设计价值，会存在一些问题。如主体需要有好的、不好的，正当的、不正当的，健康的、不健康的，合理的、不合理的需要，假如不加分析地认为只要满足了主体的任何需要，某一设计就有了价值，那么即使有害的、丑恶的需要也有其价值，这就使不良设计泛滥，让白色污染、老虎游戏机等畅通无阻。另外，从满足主体需要出发仍然没有脱离客体商品的使用价值的特点，尽管主体需求不只限于实用功能，还有其他的审美需要等，但客体满足主体是使用价值的根本特征，设计的使用价值是特殊价值，从设计的特殊价值无法准确理解人类生活中的设计价值，只能将设计价值实用化。

以上所述，说明了满足主体需要的主观价值论不能保证设计价值的客观性。那么，如果凭着对设计艺术的直觉，我们会感觉到，设计价值属于设计事物自身，是客观的、非派生的，是独立于主体的欲求与否、不因主体的评价而改变的。这种强调设计价值与主体无关的看法着重于客体及其属性对设计价值的重要性，在设计价值本质问题上与主观论相反，属客观主义价值论。

以客观论来界定设计价值有其合理的一面，将客体视作设计价值之"源"，这无疑是正确的，因为设计的意义、目的、有用性等均来自这个"源"。但是，设计价值是否就是这一"源"自身，而没有其他引申出来的意义吗？一个东西就是它本身不会因人而异。但一个事物的价值却是因人而异的。就像同一双鞋的存在是客观的，但它是否"好穿"，则必然因脚而异。这就是说，同一个事物对不同的人有不同的意义。设计价值是客体对主体的合目的性的意义和作用，其中的一个前提是必须有设计艺术物客体或设计价值对象实体即物本身，但能否对主体产生意义或作用并不取决于物本身，而是取决于主体与客体两者间的关系和作用。

主观论者认为设计价值不离主体，这无疑是正确的，但却否定客体的作用，将主体无限放大；客观论者主张设计价值不离客体，这也是正确的，但认为与主体无关，将客体作用绝对化。两者对于设计价值本质的认识都是片面的，因此也无法准确地界定设计价值的范畴。

那么设计价值是否就是"以人为尺度"？

我们认为，一切设计的根本出发点是人而不是物，这是人类造物的首要原则。以人为尺度，一切为人而设计，这无疑是正确的，因为人是万物之灵，具有最高的价值。但人是一个实体，而价值不属于实体的范畴，价值是一种关系范畴，不能以一个实体来说明。人的价值又是一种特殊的价值，会因为社会、历史、文化、教育、经济的不同价值取向完全不一样。而设计价值寻求的是一般价值，以特殊价值来说明一般价值也不合理。因此，以人来界定设计价值难以成立。这里的人又是抽象的人，并非现实生活中的个别的具体的人，因此，设计上以人为尺度只是重点强调人生理的共性。近年来以人为中心，强调功利主义、利己主义，强调人的需求和利益高于一切，所谓改造自然、征服自然，实际上就是蔑视自然、反自然。那么，假如设计价值就是人的尺度，我们将以怎样的人的尺度来说明设计价值呢？所以，人的尺度是需要进一步探讨的哲学问题，人的价值到底是什么还没有定论，因此也就无法帮助我们理解设计的价值，更不能揭示出设计的本质。

当然，人可以作为设计价值的主体依据，也可与设计价值评判密切相关。但设计价值并不是人的派生物，设计的优劣高下等价值判断，不会由人性的先验能力而决定，会受到社会生活实践的诸多要素的制约。人自身也具有一定的社会性和历史性，人没有永恒不变的价值观，只有把人与具体的社会历史条件相联系时才能凸显出每个人的价值观。因此，对于这些不尽相同的人的价值追求只有加以引导，使个人价值在追求过程中达到与社会价值相一致、与社会统一时，才可能作为设计价值的主体依据判断得失。

通过上述探讨和分析，我们排除了一些不恰当的对设计价值的理解和局限，在对实际的人类设计活动的历史考察基础之上，我们对设计价值范畴定义为：设计价值是在主体与客体间相互作用下所产生的一种正负效应。

设计价值的正效应在于主体人的创造力使物更趋完美；客体人造物使人类生活与智慧自由全面地发展，这是设计的正价值。设计价值的负效应是主体人的创造力让不合理的甚至腐朽丑恶的设计泛滥，物满足了人性中贪婪的不合理的需要，这是设计的负价值。主客体相互作用，是价值产生的基础。设计主体人与设计客体物之间的互相作用，就形成了我们常说的设计活动。如果设计活动仅仅是相互作用而不产生双方或一方的改变即"效应"，还不能算有设计价值。只有在相互影响中任何一方发生变化的情况下，才可以说产生了"效应"而具有了设计价值。

而这种"效应"是指一切作用和影响，其中也有实用、功能、功利在内，但不等于实用、功能、功利。"效应"还包括物质实用和精神审美在内的综合作用，并强调其正向性与负向性，否则就不能真正揭示设计价值的本质。

## 11.2 设计价值的取向

设计价值如何确定，主要体现在人们对于设计行为的认知、看法、观点与态度中，体现在对各类设计现象所作的抉择与寻求的行为方式上，这就是设计价值取向，是通过择取与比较的方式来确定的。设计价值的取向因时代、观念、文化、社会的不同而呈现出不同的层次和类型，探讨其中的异同点，分析与社会生活的适应性能够帮助我们把握当前设计价值取向中的问题所在。

### 11.2.1 设计价值的取向及基本模式

在设计实践中，我们总会感到有些地方的设计者为什么是这样看问题，为什么信奉这个而不相信那个。在设计历史回顾中同样如此，为什么卢斯认为装饰是罪恶，而屈米相信设计者的幻想能够决定设计的形式。这里涉及一个价值取向的问题，某些事物对于某些人、某些地区、某个时代来说是有价值的或没有价值的。相信它、提倡它、回避它或否定它都是一种选择，一个设计家做什么样的价值选择，并不完全取决于设计家的个性，而是取决于这个设计家所处的社会文化体系。设计的历史证明，任何社会在某个历史时期都流行一种主导性文化，这一主导性文化与这一时期的政治、经济、宗教有着密切的关联，一旦形成主导性文化，社会风气、大众心理、生活时尚、民间信仰都以此为向导，设计价值的选择同样无法背离这一主导性文化，因此，若要研究设计价值取向必须了解当时的社会主导性文化是什么。

最初关于价值取向的研究源于人类学中的文化与人格学派，他们关注异民族的原始部落。

马林诺夫斯基的经典著作《西太平洋的航海者》，通过对特罗布里恩德岛交换方式的考察，建立起与价值观相关的人类学的一系列主要研究课题。比如，特罗布里恩德人的交换物项链等设计物品无实用性也无货币功能，由此观察到西方经济学概念不能解释非西方社会的经济文化现象，并由此而引发一些新课题，整体性地了解一个地区的经济社会文化脉络，以被观察者的视角认识他们的行为方式的价值取向。

由此可见，观察一个社会的价值取向，是社会学家、人类学家们关注的一个主要问题，也是研究某些重大问题的突破点。设计价值的最终目标是人类生活的和谐幸福，而不同的社会文化群体，对于人的和谐幸福的理解是不一样的。不仅特罗布里恩德人与现代西方人的理解不同，东方人与西方人理解不同，同是欧洲人与同是亚洲人之间也有不同的理解，因此任何关于设计价值取向的研究都应对一个社会、民族的思想观念、文明状态及政治、经济、文化作一系列的调查考察，通过比较，才能真正做到对价值取向有合理的把握、深入的理解。

设计价值取向是从如何生活得好的角度来决定如何设计，它有一个基本模式：设计的主体角色存在（取向者）——设计价值取向的立场与依据——取向者认为如何设计才能对主体发生最大、最佳效应，即设计客体对设计主体产生好的效益的作用和影响——在设计行为中注入择取的价值思想。这一模式中的设计价值取向者实际上就是设计主体人，这一角色的存在是早就由这个角色所处的社会、文化体系给定的，不可更改。也就是说，设计主体在价值取向问题上应该是理性的而不是感性的，是整体性的而不是个体的，总之是根据这个社会"总体的喜好"来决定取向的。这一模式如图11-1所示。

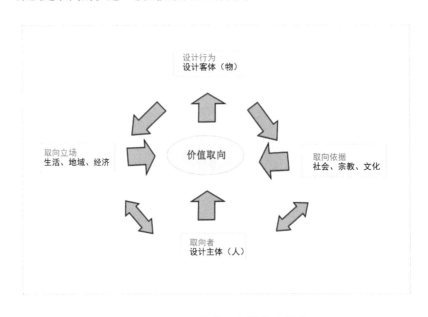

**图 11-1　设计价值取向的基本模式**

设计价值取向者在取向时并不是完全以自己个人的立场，而是以超越自己的眼光对各种社会、生活关系做理智的冷静思考。因此设计价值取向并不能有特别丰富的个性特点。但是人类设计主体的角色存在并非完全一致，世界各民族、各文化区域的主体角色均有较大的差异性，主体角色在各个历史时期也会发生很大的变化。另外，设计主体在取向时的取向立场和取向依据也会有所不同，会因社会环境、科学技术、生产体系、生活方式等的变化而变化。所以，取向时发生的种种变化，将产生设计价值的改变。当然，作为同一文化体系的价值取向，虽然基于上述的"社会"、"宗教"、"地域性"、"经济"、"生活"、"文化"等普遍性立场和依据而发生变化，但不论变化如何，在"价值取向"上，其实只有"程度"和"类别"上的不同，而没有本质上的不同。因此，同一文化体系的价值取向内涵应该是一脉相承的。

## 11.2.2　设计价值取向的层次与类型

设计价值的取向是一个涉及人类物质活动与精神活动的诸多方面、并与人所生存的社会生活领域密切相关的问题。由于人类精神活动与社会生活的复杂多变，人们在择取价值时会对价值的有无作出判断，对价值的大、小、高、低作出判断，因此，在价值取向问题上具有三个层次：第一，择取有设计价值的，放弃无设计价值的，在有无设计价值上作选择。第二，择取有设计正价值的，否定设计的负价值，在正负价值之间作选择。比如，装饰一般认为是有设计价值的，但也要用得好、恰到好处时具有正价值，过度运用的烦琐装饰则会产生负价值。第三，择取设计价值高的，去除设计价值低的，在高低、多少、大小价值之间选择。

在以上三个设计价值层次的选择中第一层次是确定有没有价值，第二、第三层次是确定好与不好或哪个价值更好、更完善。从前面的取向模式看，不同的取向立场、不同的取向依据却会有哪个有价值、哪个更完善的问题。事实上，人类历史上的设计价值体系是有不同的"类"的区别的，也就是有不同的类型体系的。这种类的形成除了都有自身形成的原因和基础，主要还是由价值取向决定的。如图 11-2 所示列出了设计价值取向的五种类型，虽不能全面涵盖设计价值取向中的全部要素，但无疑在人类整个设计历史发展中起了重要的作用，有着"类"的代表性，而任何一类都是经过价值判断、经过若干层次比较之后择选出来的。

**图 11-2　设计价值取向的类型**

### 1. 以宗教、伦理意识为主的设计价值取向

原始宗教与社会政治伦理的核心是把"神"或"礼"作为主要的设计价值目标，旨在通过对"神"或"礼"的崇敬、遵循达到人神沟通、社会和谐的理想境界。这种价值取向经历了漫长的历史时期。自石器时代起，原始宗教意识就对人类设计价值取向产生影响，尤其是欧洲中世纪时期，一千多年的漫长岁月将宗教与设计价值合为一体。在亚洲，佛教对于设计价值取向至今有着潜在的影响。社会伦理意识的价值取向，以政治宗教的需要为着眼点来决定设计价值的取向。这一取向意识孕育于新石器后期，从商周时期开始直到清代末期成为中国设计史上最为重要的价值意识，规范着设计思想并得到了充分的实践。在西方从克里特文化开始直到近代工业革命时期，社会伦理意识曾经占据过设计价值的核心地位，同中国相比只是断断续续与人文意识、宗教意识相互交替发挥出重要的历史作用。

### 2. 以文化、审美意识为主的设计价值取向

文化审美意识的价值取向是指对文化生活圈、文化群体意志的充分关注和以这一生活群体的情感宣泄、审美趣味作为设计价值的取向。这一取向选择是把一个民族长期形成的文化上的意志力、精神上的象征性和文化情感、民众美感意向的表现作为设计价值的取向目标，体现出地域性、民族性在设计价值上的意向要求。西方拜占庭艺术设计、哥特式风格设计、巴洛克和洛可可风格设计以及近现代产生的工艺美术运动、装饰艺术运动等是这一取向的代表性设计流派，大部分世界文化区域自早期设计开始直至今日，在设计价值取向上均体现出这一意向追求，如果进一步举例和深入研讨这一取向类型，艺术人类学是寻找这类设计价值取向最为有效的方式方法。

### 3. 以商业、经济意识为主的设计价值取向

这是指以设计对于商业利益的客观效用为尺度，突出设计经济促进社会生活变化的意义，核心是把社会发展、人类幸福的设计价值目标与追求设计的经济效益、市场竞争结合起来。设计作为商品离不开经济市场运行，人类为实现自己物质生活和精神生活的需求而进行的产品设计和精神财富的创造，是需要有生产过程和消费过程的，有了这些过程才能真正实现设计价值。工业化社会产生的某些设计价值，比如"有计划地废止制"这样的设计方式就是这一取向的代表。在西方现代设计价值中，这不是主要的价值取向之一，它甚至发展到背离设计价值总目标、唯经济价值为取向的程度，给我们留下了许多值得研究的经验教训。

## 11.3 设计价值的实现

设计价值的实现有一个过程，其途径却是多种多样的，总体上讲由设计客体的价值潜能、设计价值的主体认同、设计价值的效应三个基本环节构成，具备了这个结构，设计价值才能真正实现。

### 11.3.1　设计客体的价值潜能

设计价值的实现，必须具备一种客观属性，也就是说，首先是设计物品内存在的一种价值实现潜能，隐含着日用、舒适、美观、经济、社会、政治、宗教、伦理、环境等设计价值实现的各种可能性，构成一个潜在的价值结构。这是一个稳定的静止的状态，在获得服务主体的认同时，就会实现设计价值，某些价值潜能转化为价值，某些价值潜能无法实现而消失。设计客体的价值潜能是设计价值实现的基础，并不是设计价值，还需要在生活实践中被主体认同产生效应方能真正实现价值作用，但这是设计价值实现途径的第一步，是一个重要的基本环节。

设计客体的价值潜能是设计作品本身所规定的一种客观存在，是由设计家的价值认知或对于生活现实的直觉所决定的。设计作品是由物质、功能、形式、结构等基本因素组成，在每件设计作品的结构中，还包含着某种文化、社会、宗教意义，这些均有在特定的生活环境中被接受使用的可能。设计物质通过某种形式能产生某种固定的使用功能，对生活发挥作用，设计作品意义也在使用者的认同下产生影响，这些都是由作品结构所决定的，具有客观性。功能的作用是固定的，意义有时会发生转化，所以，这种设计客体的价值潜能具有特定的功能指向和意义转化的可能，当具体到生活使用的实践中时，特定的指向就能作用于人并发生意义的接受或转化。如一把椅子，特定的功能是坐，是普通生活中的坐还是会议室中的坐，或是外宾来访两国外交礼仪中的坐，意义均不一样。坐只是具有功能的普遍性，而坐的场合就赋予它意义上的特殊性。只有设计作品的功能与意义相统一时，其设计价值就真正产生。而坐的意义会因同一作品发生变化，也会因作品形式的不同产生作用。

所以，设计的价值潜能在生活使用中不会因使用者的实际需要的不同而发生功能上的变化，但会随实际需求的不同产生意义上的转变。

### 11.3.2　设计价值实现的主体认同

任何设计作品中的价值潜能，只有在生活实践中被使用者认同才能得到发挥，也就是说，设计价值是作为消费对象在使用过程中体现出来的。在使用者的使用过程中，并不仅仅是以功能为主的，也不是以审美为主的设计认同，而是以舒适生活、意义目标为本质的设计认同活动。在这种生活主体的认同中，生活者的舒适感受与认同有着一定的关联，设计作品的意义与所达目标也由生活者来评估、认可，因此，是否舒适地生活与设计、是否达到了预设的目标是评估衡量作品价值的尺度。设计被主体认同属于主观行为，设计本身所具有的价值潜能属客观存在，认同将潜在价值释放出来，设计所具有的潜在价值又制约着主观认同，两者是相互作用、互相影响的。

如前所述，设计价值的潜能具有一定的指向性，在功能上的指向一定需要得到生活主体的认同才能产生作用，如为保护环境而生产的绿色作品，为生活有障碍者所做的伦理设计，都具有较强的指向性，当其指向与使用者的需求相一致时，设计所具有的价值潜能就被认同激发出来。因此，认同的基础是设计客体所具有的价值潜能，在认同中被激发、呈现出来的设计价值就是设计作品中价值潜能的实现。

主体的认同是由主体人在社会生活中所处的角色、兴趣和需求决定的，有时是功能上的需求较多，意义追求较少，如对日常用品、生活必需品的认同；有时是意义上的追求较多，功能满足较少，如礼仪用品——一些特殊场合所穿着的服装、领带、首饰等。因而主体认同总是有限的，只能引发设计客体中一部分价值潜能产生作用，而客体价值潜能因素必定会多于主体认同因素，无论哪种认同，都只是与主体有限认同相适应的那部分价值获得认同。在价值潜能与价值认同之间形成了一种关系，即一个作品的价值潜能越多，就越能获得主体的多样的认同，从而更能充分地转化为价值效应。所以，兴起的一种 design for all（通用性设计），是企图获得更多的主体认同的新的设计理念。

### [案例 11-01] TOTO 卫浴引入通用性设计理念

著名的卫浴品牌——TOTO 在 2012 年 11 月 15 日召开的第六届中国国际福祉博览会上展出了设计独特的适合老年人、残疾人及儿童使用的产品。无障碍卫生间包括的产品有座便器用扶手、婴儿床、婴儿放置台及儿童更衣台。老年人卫浴空间包括的产品有升降式座便辅助器、花洒升降杆及壁挂式洗脸盆（见图 11-3）。

#### 1. 座便器用扶手

在普通座便器的周围设置了弹起式的扶手，它的作用是方便老年人及坐轮椅的朋友能够借助扶手的支撑顺利地坐在座便上。在放置手纸的地方也安装了扶手，方便老人及残疾人站起（见图 11-4）。

图 11-3　TOTO 通用性产品设计概念　　　图 11-4　坐便器用扶手

#### 2. 婴儿床

适合 0~2 岁的婴儿。它是专门为带小孩的父母准备的，方便家长为孩子换尿布及固定婴儿，方便家长暂时离开上卫生间等。用过之后还能够收起，节省空间。因为是给婴孩使用的产品，因此这款产品使用了抗菌树脂材料，非常环保而且干净卫生。另外，它还有一定的柔软度，婴儿在上面也会感到舒服（见图 11-5）。

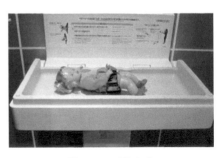

图 11-5　婴儿床

### 3. 婴儿放置台

适合 0～2 岁的婴儿使用。它的作用是方便大人去卫生间的时候放置婴儿，这种安全产品非常适合公共场所的使用。

### 4. 儿童更衣台

适合 3～5 岁的孩子，可以让他们站在上面更换衣服，更衣台配有扶手，使用的时候安全方便。使用之后也是可以收起的，可节省更多空间。

### 5. 升降式座便辅助器

马桶上面配有一个升降椅，可以垂直或倾斜状态升起 170mm。主要的作用是方便腿部不能弯曲及站起有困难的老年人使用。座椅还配有可调节高度的扶手，让使用更加舒适。还可推荐搭配 TOTO 的卫洗丽，这样坐便器更具有保温、温水洗净等功能，可方便老年人使用（见图 11-6）。

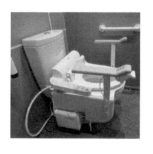

图 11-6 升降式座便辅助器

### 6. 花洒升降杆

老年人洗澡容易滑倒，因此，建议坐着洗。这款淋浴配备了升降杆，喷头可以调节到正常人使用的高度，同时也可以调节到老年人坐着洗浴时的高度。搭配的花洒上面配置了一个按钮，作用是方便开关水，这种方式不仅简单方便而且能够使水温保持为一个固定的值，不必反复调节水温。下面的龙头是可以调节方向的，不使用的时候可以贴墙放置，使用的时候垂直墙面，使用方便且节省空间。另外，可搭配采用 SMA 恒温记忆合金浴缸用恒温龙头，具有热水保护功能，水温最高设置在 38℃，避免烫伤。通过按下面的一个小红按钮才能够提高到更高的温度，非常安全。

### 7. 壁挂式洗脸盆

壁挂式安装，方便坐轮椅的人使用。鹅颈式的龙头同样增大了使用空间。高度可以调节，并且最大的特点是它的龙头是可以抽拉出来的，方便老年人洗头发或者夏天冲洗胳膊肩膀等，使用非常方便。水龙头的开关做了加长设计，方便了老年人的使用。

这次展会的主要目的就是为老年人及残疾人等特殊人群提供适合的产品，而 TOTO 所生产的这些通用性产品也非常适合这些特殊人群。TOTO 此次参加展会也是要将通用性设计的理念引入中国，并且希望 TOTO 能够尽快实现这些产品在生产方面的国产化，使中国的老年人及残疾人的生活更加方便、舒适。

## 11.3.3 价值效应与价值实现

设计价值的潜能经过主体认同，就产生了价值效应，设计价值就已经实现了。但是，设计作品的结构中常常具有各种功能和隐含意义，也就包含着多样的价值潜在因素。一般主体只能根据自身的需求与期望，选择其中部分价值来产生效应，而其他的价值因素常常被忽略或弃之不选，无法转化为设计价值效应。在生活实践中，我们经常会遇到这类情况，同一件设计作品，被两种生活使用者认可接受，一种使用者认可作品中的某些主要的功能和意义，在生活中享用并体验其价值；另一种使用者接受其中的次要功能和意义，将作品转化为另一种价值效应。

比如，抽水马桶用于人的每日排便需求，有冲刷卫生的功能目的，但在非洲的某些地方，当地民众却用来冲刷摘下来的葡萄，自用或出售，有便捷卫生的功能目的。抽水马桶的设计价值在他们那里没有得到充分的实现，却转化为另一种功能和意义，产生了与本义完全不同的另一种价值效应。

还有一种情况，对于同一件设计作品，生活中有两种不同的态度：一种是完全接受，常常使用并十分赞赏，颇感舒适和谐，其作品的设计价值得到了充分的实现，产生了较强的价值效应；另一种是完全拒绝甚至产生反感，并不选用，其作品的设计价值根本无法实现，设计价值效应也无法产生。这种设计价值实现过程中的纯粹主观因素决定的现象，使得设计作品中隐含的价值潜能若隐若现，无法真正完全实现。这种主体认可的差异甚至对立，并不能说明设计价值是相对的，而证明了价值效应是价值潜能与主体认可碰撞的结果，它是主客体的一种关系，本身不是固定不变的，固有的设计价值并不存在。从作品的价值可能性经主体认可与否，然后决定是否产生价值效应，最后是否实现设计价值，这是设计价值的三部曲。

在这个三部曲中，第一步隐藏在设计作品中的价值潜在性是客观的，它的指向性和意义能引导和规范使用者的选择；第二步使用者对设计作品的认可是主观的，不同的使用者有着完全不同的接受标准，但这并不说明设计价值是由主观性所决定，因为过于单一的价值可能性会导致使用者放弃该作品，而价值可能性越丰富的设计作品会获得越多的选择；最后一步是产生价值效应，这是设计潜在价值实现为设计价值的标志。设计价值的创造就在这个实现途径中真正完成。

## 11.4　设计价值的评价

价值评价是设计价值研究重要的内容之一，关系到设计价值的实现，以及如何丰富并真正发挥设计价值的作用。

设计价值评判不同于价值认知，虽然两者都适用于设计实践，但价值认知是认识其重要性，而评判则注重价值的整体意义，涉及主客体信息如何辨别、设计的生活实践事实如何把握和评判活动个体性与社会性如何统一等问题。

设计的评判是价值的评判，自然会让我们想到实用、审美、生态、伦理、生活、社会、文化价值及正与负的价值等。对于设计价值来说，最基本的是人的生活实用与审美价值，由此而引申出种种与人相关的价值类型。对于实用与审美价值，我们可以有极为细致丰富的论述，但我们往往会忽略了其他如历史价值、发展价值、特殊价值、和谐价值及综合性价值。而作为设计评判，必须掌握设计价值类型的全部，确立多元的、动态的、整合的设计价值观，只有这样，才能让设计的评判更有力，更符合实践的需要。

设计价值评判是问题的产物，因设计问题而起或针对设计问题，并不直接解决问题，而是为解决问题提供科学的依据，因此，要求设计价值评判活动尽可能做到合理和公正。所谓"合理"即尊重设计艺术规律的、符合设计艺术之理的恰如其分的评判；所谓"公正"，是在合理的基础之上，尽量做到客观的、公平的、公允的评价。而要做到这两个方面，就要归纳设计批评实践的一些尺度，建立一个接近合理公正的设计价值评判原则，这也是设计价值评判甚至设计价值论的重要的理论问题。

设计价值评判需要遵循一些基本原则，以下结合批评实践提出设计评判的四大原则：历史人文原则、环境生态原则、艺术审美原则和多元化原则，以期为设计价值评判作出规范。

## 11.4.1　历史人文原则

设计的历史理性问题是一个设计家、一项设计活动对待历史与现实应具有的态度，对于评判家而言，更应有历史理性的眼光和清醒的思考。设计价值评判强调历史理性，是要不为流行的设计观念影响与干扰，具有明察秋毫的慧眼，揭示设计在历史社会中的真实面貌，引起广泛关注。文丘里提出设计的"历史文脉性"正是这种历史理性评判的反思，有一种"众人皆醉我独醒"的智慧。同时，设计家、批评家应具有一定的历史责任感，尊重历史的逻辑性。设计家通过作品、批评家通过评判来表明自己对待历史的立场和倾向，而不是以自己的理想和倾向去冒充历史的逻辑。在这一点上现代主义风格、国际主义风格的设计家正是犯了这样一种错误。在全球一体化的浪潮中，设计家和评判家对历史理性的诉求是十分重要的，也是更为迫切的。

人文关怀是与历史理性相连的，是站在历史理性的基础上和人性、人道的立场上，对于人的生命和生存质量的关怀，源于轴心时代人性的第一次觉悟和在文艺复兴及启蒙运动时期再次唤醒的人文思想。"人是万物的尺度"、"尸礼废而像事兴"这样的古老话题就是人文关怀的最初命题。在现代，表现为对于人的现实处境和生存状态的道德关注，"为生活有障碍者设计"、"为第三世界而设计"、"为年老病弱者设计"、"为幼童设计"、"人机工学"、"感性工学"、"艺术化生存设计"等虽然并未受到广泛的关注，但都是设计人文关怀的具体表现。在这样的设计活动和行为中，已经超越了一定的历史阶段、意识形态和设计流派的局限，体现出对人的因素与生存命运的思考，是提高人的生存质量和捍卫人的尊严的设计价值关怀。在设计的人文关怀已经缺失的年代，设计价值评判应该高度重视设计的人文关怀。

历史理性与人文关怀是相互关联不可分离的两个方面，无论从历史逻辑还是人性、人道的意义上讲，历史人文都应该成为设计价值评判与遵守的首要原则。

**[案例 11-02] Life Link 老年人生命安全的监护系统**

Life-Link 是智能化的用于保护老年人生命安全的监护系统。该系统分为终端产品（手环+领夹式蓝牙设备）及后台云端服务两部分。可对老年人的位置及心脏健康状况的进行实时监控、异常报警，可与监护人进行通话。其重力感应系统，可感应突然摔倒并发出 SOS 信号。

Life-Link 整合了硬件开发、云服务、后台监控等多个领域，为老年人提供安全可靠的服务保障，较为深度地串联新兴行业（见图 11-7）。

图 11-7　Life Link 老年人生命安全的监护系统

**[案例 11-03] Empiria 经典未来主义汽车概念设计**

Empiria（经验在希腊）概念设计灵感来源于古典风格和 20 世纪 50 年代的典型跑车形象。为了远离纯粹的复古灵感的现代解读，设计师专注于最初的核心价值观的简单性和重要性，使得这个设计不只停留在外观，而是体现在价值。Empiria 是黑色和白色的完美结合，黑色的长罩推舱设计使它别具特色，飘逸线条融入了独特的中心元素，更加流畅和协调。它的图形符号灵感来自于 ∞（无限）符号，从前向后，比喻时间的流逝。前方黑色部分表达出了古典风格的优雅和智慧，后方白色部分则用一种现代雕刻形式表现出青年的疯狂（见图 11-8）。

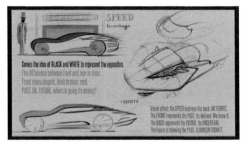

图 11-8　Empiria 经典未来主义汽车概念设计

## 11.4.2　环境生态原则

在科学技术急速发展的时代，人类正面临环境生态的危机，征服自然的最终代价就是葬送自己。面对日益严重的环境污染与生态危机，设计家与设计评判家应该抛弃设计"技术至上"、"消费至上"的观念，承担起保护自然环境、维护自然生态的责任。评判家将环境生态的思考纳入设计价值评价的视野，以人与自然的关系为基点，建立起一个新的价值评判形态。设计的环境生态突出的是自然生态，只有自然生态才能带来环境的生态平衡。因此，设计评判应该把设计的自然属性置于一个相当的高度。在评判中，对于设计的第一步即材料选择的评判就必须遵守这一原则，择取自然材质或环保材料是设计及其消费减少对环境产生影响的重要保证，实际上，许多再生材料的使用也是遵守着这一自然生态的准则的。

在环境生态的评判原则上，自然生态是基本的评判准则，而坚守环境生态的整体性则是其核心思想。环境生态的整体性就是将设计置于自然大系统中去考察，看其是否破坏了自然环境，干扰了自然生态的整体均衡。过去我们习惯于设计大尺寸的作品，居住的房屋要大，使用的汽车要大，就连手机也要大而宽的屏幕，并经常更换，却很少将这种大的设计放在生态整体中去考察评判。从生态整体的角度，大的设计势必造成材料能源的高消耗，频繁地更换使废弃物越来越多，同样造成极大的浪费与污染。生态的整体性不只是材质选择上的自然性，也包括各个设计客体、生活使用者在耗能、节俭、功能变换及再利用等方面对于自然环境整体所产生的和谐稳定作用，把影响自然环境的因素降到最低，真正在生活中显现出一种生态保护状态。环境生态作为原则，是设计价值评判必须遵守的，也是设计家与生活使用者义不容辞的责任。

**[案例 11-04] 加拿大悬崖屋**

该别墅位于马斯科卡湖边悬崖，力求通过建筑元素与场地和地形的自然资源一体化，提升非凡的周边景致。这种住宅形式的出现形成了基地的悬崖，使用相同的当地花岗岩形成的基础。一个核心作为锚，循环光线和空气进入生活空间。尽管其规模不大，但住宅可以轻松容纳一家四口居住，提供舒适的餐饮，烹饪，生活，读书和睡觉设施，每处均有充足的光线和独特的景致，并享受悬崖的微风（见图 11-9）。

图 11-9　加拿大悬崖屋

### 11.4.3　艺术审美原则

设计是工学与艺术的结合，设计的生产制作属于工科领域，而最后产生的造型一定是与艺术相关的形态，所以设计价值的评判要坚持艺术审美这一原则。设计艺术，在给人舒适的同时，要升华到审美的层次，而不能仅仅以生理上的舒适为目的。生理的舒适只属于应用价值，而心理上的、精神上的愉悦则是审美价值的体现。设计的艺术审美价值同时也与设计的政治、宗教、社会、生活价值交融一起，政治、宗教、社会价值是通过艺术审美形式呈现出来的。而设计本体的形式，也包含着设计家对于历史、人文、自然生态的思考，凝聚着真、善、美三者的统一，因此，设计的艺术审美是设计作品形成中的客观存在，是多和少、降和升的关系，而不是有与没有的关系。

德国乌尔姆造型学院强调的办学理念和精神是"理性优先"、"科学优先"，否定将"美"作为设计口号，将设计中的艺术审美价值降到最低。这种解构"艺术审美"的思想行为也许正是导致它 15 年历史终结的根本原因。我们当前设计的现实状况，一方面正在对应西方设计的"全球化"、"一体化"，一方面又提出"艺术化生存"，强调设计要"日常生活审美化"，设计的一体化必将使艺术审美单调得不到真正的升华，而过分强调日常生活审美化也会带来设计的泛美化，使生活的审美趣味丧失。这两种倾向都有可能导致设计负价值的产生。设计历史的经验已经证实，对设计艺术美的否定和过度提升均会使设计乏味和庸俗化，而坚守设计的艺术审美评判，把握艺术之度，是设计家与评判人必须遵守的一项原则。

[案例 11-05] Young Norgate 座椅设计

Young Norgate 工作室位于德文南海岸，由一群设计师和手工艺人组成，致力于创造独特、别致并能长久使用的家具。对于设计美学，他们有着不懈的追求，并使用经得起时间考验的手工技术精心制作每一件家具，以此取代工业的批量化生产。Young Norgate 的 Wellington 椅子的关键就是简约，削减后背椅可以被完美地用于餐桌椅和课桌椅。手形的坚实木材和层压式的靠背支撑提供了最好的舒适程度（见图 11-10）。

图 11-10　Young Norgate 座椅设计

### 11.4.4 多元化原则

对当前设计价值的评判，需要将设计多元化纳入评判的范畴，并作为一项原则遵守。这会给价值评判带来一个新的理念，突破设计的"西方中心"、"一体化"和"全球化"倾向，赋予设计以多样存在的方式，完成服务使命和社会责任，逐步从西方设计的价值意识到地域性、文化性、民族性价值意识的转换。设计的现代性始于西方，在工业技术的作用下，首先在生产制作上改变了设计的方式，之后，在生活、社会、文化意义上又改变了设计的价值观，逐步形成了功能突出、形式统一、价值单元化的现代西方设计状态，并影响到世界各国。现代西方设计关注的角度、立足点、研究方向、价值观念等都与西方生活社会及现代工业化相联系，适合某一时期，而不适合所有时期的社会生活，更不适合在思想、文化、生活、社会等方面与西方不同的其他国家和地区。因此，在设计评判活动中需要有求同存异的观念思想，每个设计家、评判家，每一种设计活动面对现代性的时候，应该学习研究西方现代设计及其价值理论，看到其发展存在的合理性，同时，充分关注自己的文化、历史传统，发掘本土资源，承续先民们留给我们的宝贵财富以研究设计价值、构建评判理论。

设计价值评判强调设计的多元化，其中包含着价值观的多元化和形式的多样性。价值观的多元化反映人类社会生活的多元化、功能形式的多样性，表现出设计服务人类生活方式的多样性。无论哪种设计价值观或哪种功能形式，都是源于人类生活从物质到精神的需求，都出于人类自身的使命感，源于对人类生活未来的一种焦虑和期待，其目标都是为了人类生存的和谐幸福。所不同的是每一种设计价值观、每一种设计功能形式都只能适合特定的服务对象，而不具有长效的普遍意义。我们提出设计多元化，在设计价值评判中强调多元化并作为一项原则来遵守，目的是在设计领域为人类社会生活的多样性作出贡献，为提倡设计价值观的多样、消除设计一体化带来单调的方式作出贡献，最终通过设计多元化而走向人类的终极目标。

# 第 12 章　设计趋势

设计的历史是一部纷繁复杂的人类行为变迁和文化演进的历史,无论在其历史进程中发生了多少更迭、争斗和交融,我们总会看到一条清晰的脉络,那就是——设计,总在探讨如何更好地满足我们的需求和关切、更尊重人性、更尊重人所在的周遭环境。随着数字化时代新技术的发展和信息革命的到来,未来的设计一定彰显以下三个最基本的属性(或特征)——绿色、虚拟和人性化。

## 12.1　基于生态学理论上的未来绿色设计

绿色设计(Green Design)也称为生态设计(Ecological Design)、环境设计(Design for Environment)等。虽然叫法不同,内涵却是一致的,其基本思想是:在设计阶段就将环境因素和预防污染的措施纳入产品设计之中,将环境性能作为产品的设计目标和出发点,力求使产品对环境的影响为最小。对工业设计而言,绿色设计的核心是"3R",即 Reduce, Recycle, Reuse,不仅要减少物质和能源的消耗,减少有害物质的排放,而且要使产品及零部件能够方便地分类回收并再生循环或重新利用。但是,未来的绿色设计的内涵更为丰富。

基于生态学的意义,人类也是生态循环系统的一个组成部分,人虽然可以在一定范围内按照自己的需要改变环境,但倘若人类的活动打破了生态系统稳定性的极限值,生态平衡就会被破坏,甚至导致生态系统的大崩溃,即便不是彻底的崩溃,一定量的破坏也会招致我们生存的环境不断恶化。人类设计的初衷是为我所用,从自然界攫取的自然资源被设计制造成为人类所用的产品,人类被人为创造的人工自然引导进行生产、运输、储存和消费,忽视了对自然环境的影响,如若一意孤行,人类必自食其果。绿色设计考虑了部分的生态问题,但并没有从本质上解决。

利用生态学理论弥补传统绿色设计的局限,用生态学的基本原理指导未来设计,真正达到绿色设计倡导的设计目的。

生态学与设计学都是多学科交叉的综合性边缘学科,二者由于学科研究上的重叠与交叉,使得"生态设计"的概念应时而生,也在生态学界和设计界获得共识。这也促使将生态学原理运用于设计,进而弥补传统绿色设计的局限性成为可能,或者说未来的绿色设计就是生态设计,也即利用生态学原理和思想,在产品开发阶段综合考虑与产品相关的生态问题,设计出环境友好型且能满足人的需求的新产品。与传统的绿色设计相比,设计转向既考虑人的需求,又考虑生态系统安全,在产品开发阶段就引进生态变量和参数权重,并与传统的设计因素综合考量，将产品的生态环境特性看做是提高产品市场竞争的一个主要因素。

**[案例 12-01]　撕封勺洗衣粉袋包装**

　　人们常常会在洗衣粉包装后面看见使用说明，告诉使用者多少件衣服应该用多少勺洗衣粉洗涤为最佳，但大部分的洗衣粉包装内却并非标配量勺，因此使用时往往只能按个人经验随意增加。

　　这块全新的洗衣粉袋概念包装设计采用了环保的纸料，更独特的是封口是道弯弯的虚线，使用时沿着虚线将封口撕下来就是一个小量勺，方便我们勺出洗衣粉定量清洗衣服(见图 12-1)。

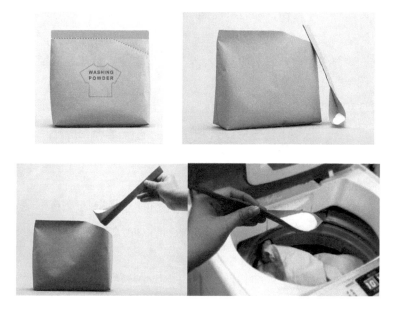

图 12-1　撕封勺洗衣粉袋包装

## 12.2　虚拟设计是未来设计的重大趋势

　　虚拟设计是 20 世纪 90 年代发展起来的一个新的研究领域，是计算机图形学、人工智能、计算机网络、信息处理、机械设计与制造等技术综合发展的产物。在机械行业、产品设计和包装设计领域均有着广泛的应用前景，虚拟设计对传统设计方法的影响已逐渐显现出来。由于虚拟设计基本上不消耗可见资源和能量，也不生产实际产品，而是产品的研发、设计、包装和加工。其过程和制造相比较，具有高度集成、快速成型、分布合作、修改快捷等特征。未来的设计将从有形的设计向无形的设计转变，从物的设计向非物质的设计转变，从产品的设计向服务设计转变，从实物产品的设计向虚拟产品的设计转变。

　　基于虚拟现实技术的虚拟制造技术，是在一个统一模型之下对设计和制造等过程进行集成，即将与产品制造相关的各种过程与技术集成在三维的、动态的仿真过程的实体数字模型之上。虚拟制造技术也可以对想象中的制造活动进行仿真，它不消耗现实资源和能量，所进行的过程是虚拟过程，所生产的产品也是虚拟的。

虚拟设计和制造技术的应用将会对未来的设计业与制造业（包含制造业的生产流程全过程，当然也包括其包装设计环节）的发展产生深远影响，它的重大意义主要表现为以下几点。

（1）运用软件对制造系统中的五大要素（人、组织管理、物流、信息流、能量流）进行全面仿真，使之达到前所未有的高度集成，为先进制造技术的进一步发展提供了更广大的空间，同时也推动了相关技术的不断发展和进步。

（2）可加深人们对生产过程和制造系统的认识和理解，有利于对其进行理论升华，更好地指导实际生产，即对生产过程、制造系统整体进行优化配置，推动生产力的巨大跃升。

（3）在虚拟制造与现实制造的相互影响和作用过程中，可以全面改进企业的组织管理工作，而且对正确决策有着不可估量的影响。比如，可以对生产计划、交货期、生产产量等做出预测，及时发现问题并改进现实制造过程。

（4）虚拟设计和制造技术的应用将加快企业人才的培养速度。我们都知道，模拟驾驶室对驾驶员、飞行员的培养起到了良好作用，虚拟制造也会产生类似的作用。比如，可以对生产人员进行操作训练、异常工艺的应急处理等。

### 1. 虚拟现实在中国的发展

起源于 20 世纪 60 年代的虚拟现实在经过半个多世纪的演进和积累抵达了技术临界点，并在 2016 年达到了高潮。硬件、资本并购等一系列活动让 2016 年深深打上了"虚拟现实元年"的烙印。

投资银行 Digi-Capital 报告显示，2016 年国内虚拟现实市场规模将达到 56.6 亿元，2020 年市场规模预计超过 550 亿元。目前国内的虚拟现实产业还处于起步阶段，尚未形成明确的领跑者，参与到虚拟现实领域的企业大幅增加，主要集中于硬件研发及应用配套领域。国内互联网三巨头腾讯、阿里及百度都在虚拟现实领域有所动作：百度旗下的爱奇艺计划打造全球最大的中文虚拟现实服务，发力建设 VR 内容分发平台，百度视频增设 VR 频道，打造国内 VR 内容聚合平台，为不同类型的用户提供视频、游戏、资讯等内容资源；腾讯试水通过虚拟现实技术直播韩国人气组合 Big Bang 演唱会，并购买了逾 300 部日本动漫专营权进行 VR 内容建设；阿里投资了 AR 硬件制造商 Magic Leap，并将致力于通过虚拟现实技术与电商业务的结合带来全新的线上购物体验。

同时，2016 年我国虚拟现实硬件出货量中移动 VR 设备将高于 PC VR 设备。移动 VR 在国内潜在用户基数极大，据 eMarket 的数据统计，2016 年中国智能手机用户超过 6 亿，以发展初期有 1%的用户购买移动 VR 设备计算，将会形成数百万的用户规模。

而在内容方面，VR 内容已经告别了简短影片的单一模式，诸如游戏、电影、社交和直播等多种载体已经形成，而其中游戏则渐渐成为最快的变现方式，尤其是在 PS VR 后 VR 游戏变现更是一个高潮。而在如此的浪潮下，国内的创业团队也涌现出一批优秀的 VR 创业团队及公司。可以说，在资本和政策的推动下，中国的 VR 游戏行业开始了一个快速膨胀的阶段。

另外，在医疗应用方面，中国内地首个虚拟现实医院已于 2016 年 11 月 30 日在广州启动。虚拟现实医院计划采用 VR/AR/MR（虚拟现实技术/增强现实技术/介导现实）等前沿科技作为技术支撑核心，在医疗教学培训、远程医疗及心理治疗等多方面展开，惠及医患。

而在远程医疗方面，虚拟现实技术可以让外地病人的各种生理参数都反映在医疗专家面前的虚拟病人身上，专家们便能及时作出结论，并给出相应的治疗措施。远程外科手术是远程医疗中的重要组成部分。在手术时，手术医生在一个虚拟病人环境中操作，控制实际给病人做手术的机器人的动作。

### 2. 国外虚拟现实的发展情况

2016 年 12 月，美联社宣布与一芯片制造商建立合作关系，推动虚拟现实技术在新闻报道领域的应用。而《赫芬顿邮报》消息显示，美联社推出的"虚拟现实主页"上，已经可以找到一系列虚拟现实报道内容，包括让读者"亲临"法国加来难民营及切身体会全球最大的仓储仓库。

与美联社宣布使用机器人写作一样，美联社的互动和数字新闻制作总监认为，这项新技术也将带来一场新的新闻革命，虚拟现实能利用最新的图形技术来为新闻和纪录片的内容构建逼真的虚拟现实环境，能让读者身临其境。

除了美联社的新鲜尝试，2016 年 12 月，马克·扎克伯格和印度尼西亚总统佐科威在加州举行的一场 20 分钟零重力乒乓球赛，则将虚拟现实技术的应用前景引到了社交领域。

这场"零重力乒乓球赛"借助全新的虚拟现实头盔完成。该款头盔不仅能捕捉用户的头部运动，连手部动作也能感应得到。所以，尽管没有真实器材，但扎克伯格和佐科威可以通过头盔看得见对方动作、横飞的乒乓球，双方均可尽情舒展身体、体验零重力，使身体得以"沉浸"于自由式的虚拟现实的环境中（见图 12-2）。

另一个虚拟现实"大玩家"微软则借助头戴设备的帮助，使用户无需任何信息载体，即可在实际环境中实时处理、获取虚拟信息：在墙上获取消息、查找联系人，在地上、家具间玩游戏，在客厅墙上直接进行视频通话、观看球赛。

而据《华尔街日报》报道，谷歌也在积极开发独立的虚拟现实设备，在并不需要与手机、计算机等驱动设备配合的情况下，仅利用相机追踪用户的运动。苹果 CEO 库克则公开承认"苹果进入虚拟现实领域太晚"，目前正在大肆招揽人才。这场争夺"风口"的战火已经点燃。

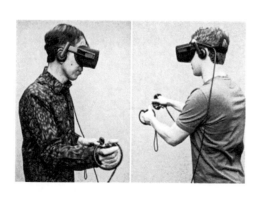

图 12-2　印度尼西亚总统和扎克伯格打零重力乒乓球

[案例 12-02] 靠意念控制的虚拟现实游戏系统原型 MindLeap 交互设计

虚拟现实（VR）正在努力成为游戏领域的主流，但是一些医生认为 VR 也可以在医疗领域发挥巨大的作用。

2015 年 3 月，在旧金山举行的游戏开发者大会（GDC）上，瑞士的神经技术初创企业 MindMaze发布了全球第一款靠意念控制的虚拟现实游戏系统原型 MindLeap，同时宣布获得了 850 万美元的天使投资。

MindMaze 成立于 2012 年，总部位于瑞士洛桑、其研究领域主要是神经科学、虚拟现实和增强现实，此前主要应用于医疗，用来帮助中风、截肢及脊髓损伤患者康复。创始人兼 CEO 是 Tej Tadi 博士。创办公司前他曾在瑞士联邦理工学院从事过 10 年的虚拟现实研究。

我们知道，人的动作是由大脑控制的，比方说移动手臂这个动作的执行过程首先是大脑想要手臂移动，这个决定由神经网络经过数毫秒之后传递给相关肌肉才执行动作。MindMaze 则是通过跟踪大脑和肌肉的活动来侦听相关的神经信号（见图 12-3）。

图 12-3　MindMaze 通过跟踪大脑和肌肉的活动来侦听相关的神经信号

MindMaze 的应用一开始并不是游戏，而是医疗。比方说，截肢病人有时候会出现幻觉痛，即感到被切断的肢体仍在，且在该处发生疼痛。Tadi 介绍了一个例子，某位左臂被截肢的女患者就出现了幻肢痛。MindMaze 利用技术跟踪患者正常的右臂的活动和神经信号，然后在屏幕上呈现出其左臂在作相应动作的图像，如此来"欺骗"她的大脑认为自己左臂也能动，从而缓解幻肢痛。这里的关键是屏幕的动作展示必须是实时的——时延不能超过 20 毫秒（触觉传递到大脑需要 20 毫秒，视觉则需要 70 毫秒，这些似乎是能够区分出相关信号的关键）。正是无时延方面的努力让 MindMaze 想到可以把它用在游戏上，以此开发出了 MindLeap 这套游戏装置的原型。

这套装置由动作捕捉系统、脑电波读取系统及集成平台组成。其 HMD（头戴式显示器）外观上跟 Oculus Rift DK2、Razer OSVR 有些类似（见图 12-4）。比较奇特的是它的头箍，像一张网，其实那是用来采集脑电波信号的装置，不过未来 MindMaze 计划改进成跟目前的 HMD 的头带类似的东西。无线 3D 摄像头运动捕捉系统类似于 Kinect，可进行 3D 的全身运

图 12-4　头戴式显示器

**图 12-5　靠意念控制的对抗游戏**

动跟踪，但是需要进行一些调整以适应医疗用途。目前这套原型可提供 720p 的显示及 60°的视野范围，未来计划升级为 1080p 及 120°的视角。

佩戴上 MindLeap 之后，头向右转即开始 AR 模式，此时头部的摄像头开始跟踪在面前晃动的手指动作。屏幕上则呈现出用户手部的动作及周围的环境，不仅如此还会在手指上渲染火焰（增强现实）。而且头箍会跟踪用户的精神状态，如果是放松的，火焰是蓝色的，而如果用户紧张，火焰则会变成红色。

不过最有趣的是 MindMaze 展示的仅靠意念控制的对抗游戏（见图 12-5）。游戏里面屏幕两头各有一个会伸缩的魔法球，中间则是一个小球。魔法球靠对战双方的意念控制，双方均佩戴植入前额传感器的头带，游戏目标是利用能量爆发将屏幕中央的球膨胀推开对方的球。球膨胀得越大代表脑力越强。不过，不习惯的玩家一开始必须靠缓慢的深呼吸来放松精神。原型演示中仍有一些时延，而且还需要校准。不过看起来整个游戏呈现的效果的确不错。

## 12.3　从尊重人性出发，人性化设计创造出更和谐的人—物关系

人性化设计就是以人的本质需要为根本出发点，并以满足人的本质需求为最终目标的设计思想。而所谓的人性化设计就是指在设计的过程中以人为中心来展开设计思考。当然，以人为中心并不是仅仅片面地考虑个体的人，而是要综合考虑群体的人、社会的人，考虑群体与社会的整体结合，考虑社会的发展与更为长远的人类的生存环境的和谐与统一。

人性化设计的角度是未来设计的主要出发点。目前，设计无论在功能或者形式上都出现了多元化的态势，新产品给人们的生活带来了很多的方便，美丽的外观也让人们在使用产品的同时感受到了美，满足了现代人追求高品质精神生活的需要。

在人类发展的历史长河中，人们生活的各方面都是以改善自身的需要作为主要内容，现代设计对于"人性化"的体现也触及到人们的生活的各个方面。人性化设计的目的和核心是"关爱人、发展人"，同时，"人性化"的内涵不会随着时间、空间、地域的变化而发生变化，但"人性化"的表现是具体的，受时间、空间的转变而变化，所以必须与具体的外部环境相联系。目前，"人性化"设计主要表现在以下几个方面。

（1）回归自然的人性化设计情怀，在生活中尽量地选择自然的材质作为设计素材。现代家庭装饰设计中，把人与自然结合的设计思维受到现代都市人的广泛青睐。

（2）体现人体工程学原理，以人体的生理结构出发的空间设计。比如，城市中随处可见的电动扶梯、舒适的家居布置、使用方便的家用电器等。同时也把少数弱势群体列入设计的

行列中，残疾人坡道、盲道、老年人专用通道等使得整个社会感受到"人性化"的关怀。

（3）以人的精神享受为主旨的环境保护和以人文资源保护与文化继承为目标的设计。

"人性化"在未来设计中深层次的体现就显得意义重大，不能以短暂的、静止的目光去理解，而要放眼于全人类的发展。人类与自然的关系经历了第一个阶段的惧怕自然，第二个阶段的征服自然，到如今第三个阶段，强调的是与自然的和谐相处。进入 21 世纪以来，人类的生存面临着许多重大的难题，如能源危机、生态平衡、环境污染等。现代设计应该把这些与人类生存息息相关的问题作为设计的标准。

### [案例 12-03] Livsrum 癌症咨询中心

Livsrum 癌症咨询中心旨在为病人提供一种有关"人生"的诊疗服务。五栋砖红色的建筑组成了整个中心，这种温暖的外观设计加上绿色屋顶，使其看起来完全不像是一个医疗机构。设计团队希望中心可以给患者带来轻松、积极、愉悦的就诊环境。

咨询中心是整个大楼的重点单元，并且这部分的设计元素被运用到了整个中心内。诊疗中心的基地与周围住宅区非常靠近，所以不论从建筑体量和尺度，以及设计样式上都力求给患者一种类似"家"的体验，这样他们才能无所顾忌、全身心放松的投入治疗。五个诊疗单元大小各异，内部设计各具特色。整个设计中都采用了环保型建筑材料，避免使用烈火烧的硬砖从而降低了二氧化碳的排放。绿色屋顶的设计不仅仅是为了吸引眼球，同时可以收集雨水（见图 12-6）。

图 12-6  Livsrum 癌症咨询中心

# 参考文献

[1] Burton J J，Garten R L. 新型催化材料[M]. 林西平，译. 北京：石油工业出版社，1984.

[2] 代尔夫特理工大学工业设计工程学院. 设计方法与策略：代尔夫特设计指南[M]. 倪裕伟，译. 武汉：华中科技大学出版社，2014.

[3] 波伊尔. 设计项目管理[M]. 邱松，邱红，编译. 北京：清华大学出版社，2009.

[4] 程能林. 工业设计概论（第 3 版）[M]. 北京：机械工业出版社，2011.

[5] 王受之. 世界现代设计史（第 2 版）[M]. 北京：中国青年出版社，2015.

[6] 王受之. 世界平面设计史[M]. 北京：中国青年出版社，2002.

[7] 阿历克斯伍怀特. 平面设计原理[M]. 王敏，译. 重庆：重庆大学出版社，2015.

[8] 马库斯·韦格. 平面设计完全手册[M]. 张影，周秋实，译. 北京：北京科学技术出版社，2015.

[9] 周洁. 商业建筑设计[M]. 北京：机械工业出版社，2015.

[10] 周昕涛，闻晓菁. 商业空间设计基础[M]. 上海：上海人民美术出版社，2012.

[11] 周樱. 环艺设计[M]. 上海：上海人民美术出版社，2009.

[12] 布莱恩·布朗奈尔. 建筑设计的材料策略[M]. 田宗星，杨轶，译. 南京：江苏科学技术出版社，2014.

[13] 李延龄. 建筑设计原理[M]. 北京：中国建筑工业出版社，2011.

[14] 来增祥，陆震纬. 室内设计原理（第 2 版）[M]. 北京：中国建筑工业出版社，2007.

[15] 九儿设计. 视觉营销：打造网店吸引力[M]. 北京：电子工业出版社，2012.